사출금형산업기사 ● 사출금형설계기사 시험대비

최신
사출금형설계편람

전대선 · 이춘규 · 이영주 · 이상민 공저

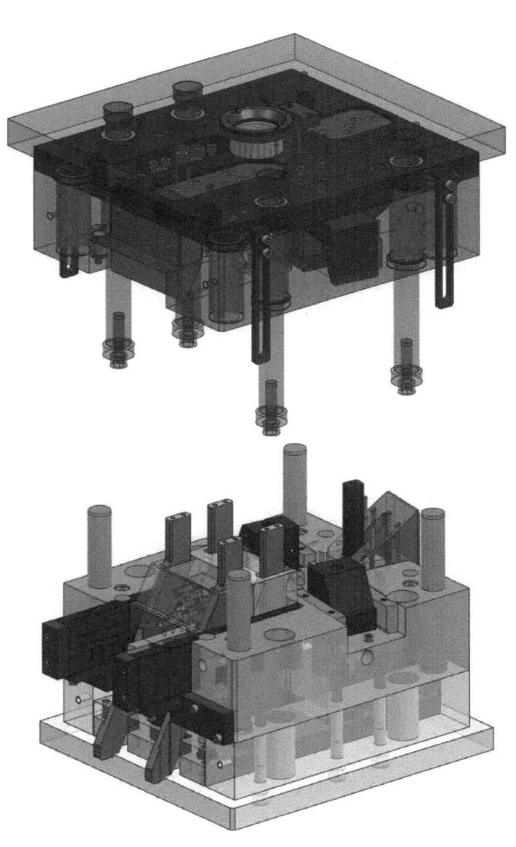

기전연구사

Introduce | 머리말

우리 주변에서는 범용 플라스틱, 엔지니어링 플라스틱, 금속 인젝션 몰드 등 사출제품이 널리 사용되고 있다. 다양한 시장의 요구는 제품의 life cycle을 더욱 짧게 하고 있어 금형 설계, 제작시간 단축에 의한 상품화 기간 감축효과는 상당한 것이다. 그 중 사출 금형의 수요는 다종소량 생산 추세에 맞추어 증대되고 있다.

이러한 점을 감안할 때 금형기술을 보다 체계적이고 산업 현장과의 연계성을 고려한 실천적인 금형기술교육이 절실히 필요하게 되어 산업현장 경험과 금형기술교육 경험을 토대로 사출 금형 편람을 집필하였는데 이는 사출 금형을 처음 대하는 사람일지라도 쉽게 이해, 응용할 수 있도록 하기 위함이다.

이 책의 특징은 다음과 같다.
1. 사출 금형 설계의 이론은 사출 금형의 전반적인 이론을 토대로 하여 상세하게 설명하였다.
2. 사출 금형 설계시 단계별 필요한 이론 및 설계기준과 부품 설계 기준을 수록하여 실제 사출 금형 설계시 필요한 자료집이다.
3. 사출 금형 편람의 이론과 부품 설계 기준은 사출 금형 산업기사 이론 및 실기와 사출 금형 설계기사 이론 및 실기에 대비하였다.
4. 사출 금형 설계 실제를 실어 사출 금형을 이해하는데 도움이 되도록 하였다.
5. 본 교재는 제1장 사출 금형의 구조, 제2장 부품 설계기준, 제3장 스프링 설계, 제4장 2단 몰드 베이스 설계기준, 제5장 3단 몰드 베이스 설계기준, 제6장 사출 금형 설계이론, 제7장 사출 금형 설계 실제로 구성되어 있다.

이 책의 공부한 내용을 통해서 사출 금형 산업기사 이론 및 실기와 사출 금형 설계기사 이론 및 실기 검정에 도움이 된다면 그보다 더 큰 보람이 없으리라 생각되며, 향후 계속 보완해 나갈 것이며 또한 사출 금형을 처음 접하는 초보자나 현장에서 실무에 접하는 분에게 도움이 되었으면 하는 바람입니다.

끝으로 본 교재가 나오기까지 협조하여 주신 기전연구사 사장님과 편집부 여러분과 폴리텍대학 교수님과 인력개발원 여러 교수님께 깊은 감사를 드립니다.

저 자

Contents | 차 례

제1장 사출 금형의 구조 ◆ 7

1. 2단 사출 금형(INJECTION MOLD)의 구성도 ································· 9
2. 3단 사출 금형(INJECTION MOLD)의 구성도 ································· 10
3. 사출 금형(INJECTION MOLD)의 구조 ·· 11
   1) 2단 사이드 게이트 금형 ··· 11
   2) 2단 다이렉트 게이트 금형 ·· 12
   3) 2단 터널(서브마린) 게이트 금형 ··· 13
   4) 2단 G(코끼리) 게이트 금형 ··· 14
   5) 3단 핀 포인트 게이트 금형 ··· 15
   6) 스트리퍼 판 / 슬리브 이젝션 방식의 금형 ································· 16
   7) 사각 밀핀 이젝션 방식의 금형 ··· 17
   8) 외측 언더컷 처리 금형(슬라이드 코어) ····································· 18
   9) 내측 언더컷 처리 금형(경사 코어) ·· 19

제2장 부품 설계기준 ◆ 21

1. 육각 구멍붙이 볼트(SOCKET HEAD CAP SCREW) ························· 23
2. 육각 접시머리 볼트(SOCKET FLAT HEAD CAP SCREW) ·················· 25
3. 스크류 플러그(SCREW PLUG) ·· 26
4. 가이드 핀(GUIDE PIN) ·· 27
5. 가이드 부시(LEADER BUSHING) ·· 28
6. 서포트 핀(SUPPORT PIN) ·· 30
7. 인장 볼트(PULLER BOLT) ··· 31
8. 스톱 볼트(STOP BOLT) ··· 32
9. 리턴 핀(RETURN PIN) ·· 34
10. 스트레이트 이젝터 핀(STRAIGHT EJECTOR PIN) ·························· 35
11. 이단 이젝터 핀(STEPPED EJECTOR PIN) ····································· 36

12. 스트레이트 이젝트 슬리브(STRAIGHT EJECTOR SLEEVE) ······················· 37
13. 이단 이젝트 슬리브(STEPPED EJECTOR SLEEVE) ····························· 38
14. 런너 록 핀(RUNNER LOCK PIN) ·· 39
15. 스프루 록 핀(SPRUE LOCK PIN) ·· 41
16. 스톱 핀(STOP PIN) ··· 43
17. 로케이트 링(LOCATING RING) ··· 44
18. 스프루 부시(SPRUE BUSHING) ··· 46
19. 앵귤러 핀(ANGULAR PIN) ·· 48
20. 로킹 블록(LOCKING BLOCK) ·· 49
21. 이젝터 가이드 핀(EJECTOR LEADER PIN) ·· 50
22. 이젝터 가이드 부시(EJECTOR LEADER BHSHING) ·································· 51
23. 서포트 필러(SUPPORT PILLAR) ·· 52
24. 맞춤핀(DOWEL PINS) ·· 53
25. 볼 플런저(BALL PLUNGERS) ·· 54
26. 오 링(O RING) ··· 55

제3장 스프링 설계 ◆ 57

1. 스프링의 사용 횟수와 압축비와의 관계 ·· 59
2. 경소하중(經少荷重, SWF, 노란색) ·· 60
3. 경하중(經荷重, SWL, 파랑색) ·· 63
4. 중하중(中荷重, SWM, 적색) ·· 66
5. 중하중(重荷重, SWH, 녹색) ·· 69

제4장 2단 몰드베이스 설계기준 ◆ 71

1. 2플레이트 타입(S 시리즈) 구조와 명칭 ·· 73
2. 2플레이트 타입(S 시리즈)의 종류 ·· 74
3. 2단 몰드베이스 설계 ·· 75

제5장 3단 몰드베이스 설계기준 ◆ 123

1. 3플레이트 타입(D, E 시리즈) 구조와 명칭 ·· 125
2. 3플레이트 D타입의 종류 ·· 126
3. 3플레이트 E타입의 종류 ·· 127
4. 3단 몰드베이스 설계 ·· 128

제6장 사출 금형 설계이론 ◆ 175

1. 국제 SI 단위계 ··· 177
2. 입체 형상의 체적 계산 ··· 178
3. 끼워 맞춤 선택 기준 ··· 179
4. 표면 거칠기(조도) ··· 183
5. 금형의 강도 계산 ··· 184
6. 사출이론 관련 계산식 ··· 187
7. 사출 성형기의 구조 ··· 189
8. 성형 수축률 적용 기준 ··· 191

제7장 사출 금형 설계 실제 ◆ 193

1. 2단-사이드 게이트 금형 ·· 195
2. 2단-터널 게이트 금형 ·· 199
3. 사출 산업기사 기출문제 ··· 203

제 1 장

사출 금형의 구조

금형구조 설계
DS1-001

2단 사출 금형(INJECTION MOLD)의 구성도

 2단 금형은 파팅라인(parting line)에 의해 스프루, 런너, 게이트가 고정측과 가동측으로 나누어지는 금형으로 고정측에 고정측코어, 가동측에는 가동측코어 부분이 설치되어 있다.
이 사이에서 금형이 열려 성형품을 뽑을 수 있도록 되어있는 사이드 게이트 방식이 가장 일반적인 금형의 구조이다.

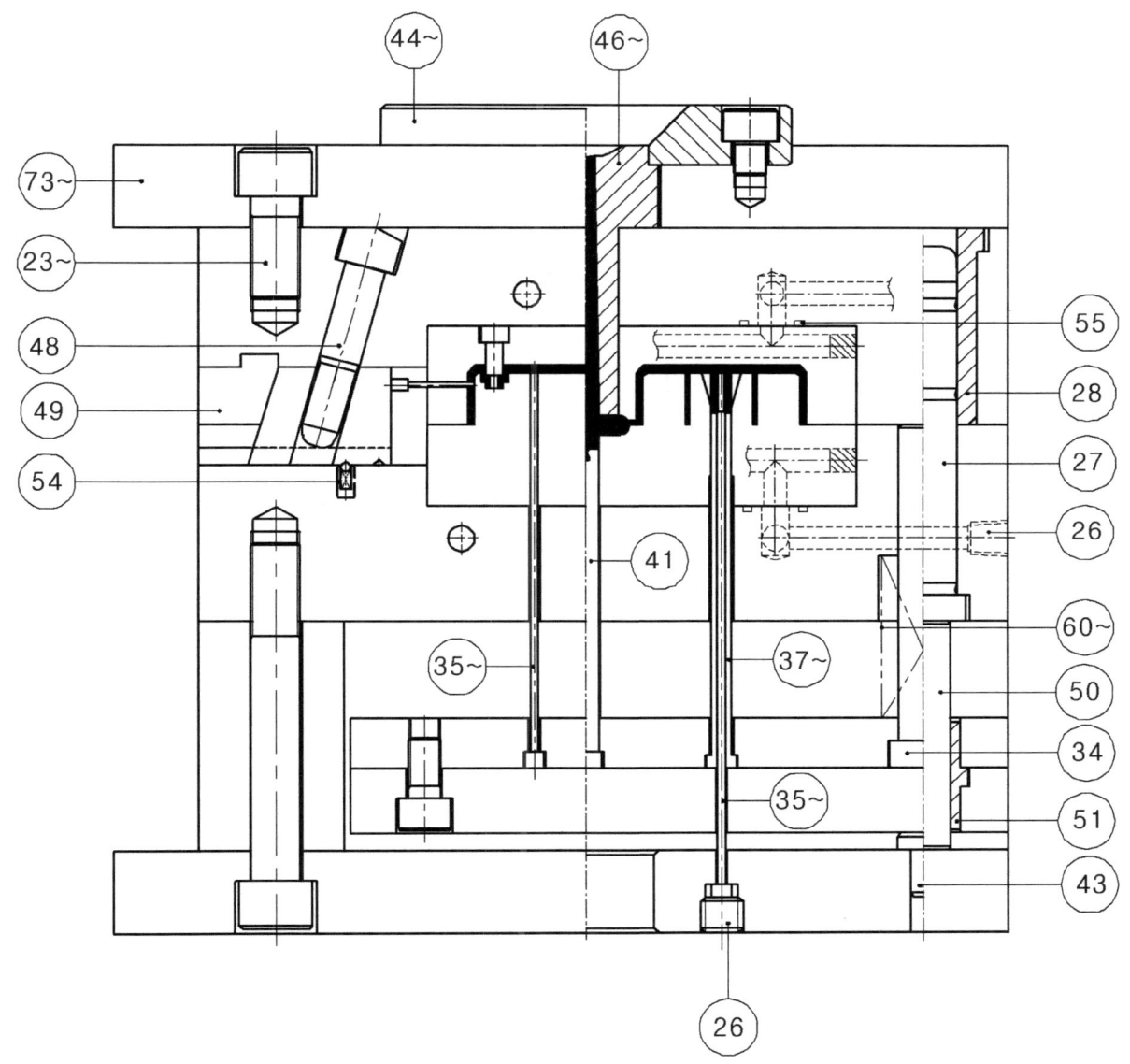

- 2단 금형의 특징 -
① 구조가 간단하고 조작이 쉽고 성형품의 자동낙하가 용이하다.
② 게이트의 형상과 위치 선정 및 임의의 변경이 용이하다.
③ 금형의 설계 변경이 쉽고 금형 값이 비교적 싸다.
④ 고장이 적고 내구성이 크고 성형사이클을 빨리 할 수 있다.
⑤ 성형품과 게이트는 성형후 절단가공을 하는 단점이 있다.
⑥ 게이트의 위치는 비교적 성형품 측면에 설치하는 경우가 많다.

금형구조 설계	
DS1-002	**3단 사출 금형(INJECTION MOLD)의 구성도**

 3단 금형은 고정측 형판과 가동측 형판 사이에 런너를 빼기 위한 런너 스트리퍼판이 있고 이 플레이트와 고정측형판 사이에 런너가 있으며, 고정측 형판과 가동측형판 사이에 코어가 있도록 구성된 금형이다.

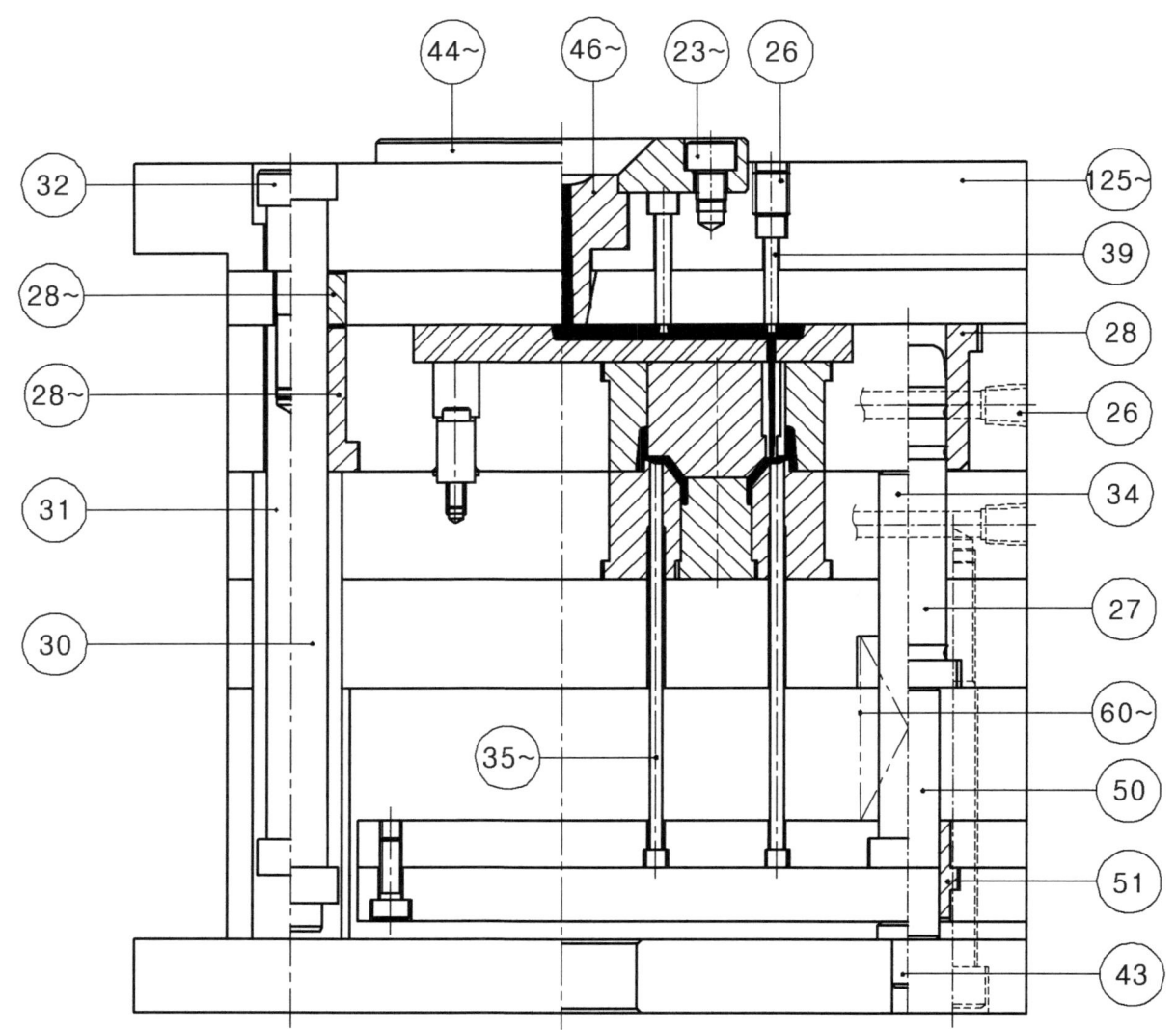

-3단 금형의 특징-

① 게이트의 위치를 성형품의 중앙 또는 임의 위치에 선정이 가능하다.
② 게이트가 자동 분리되므로 후가공을 없앨 수 있다.
③ 핀 포인트 게이트의 사용이 가능하다.
④ 성형품과 스프루, 런너, 게이트을 따로 빼내야 하며 스트로크가 큰 성형기가 필요하다.
⑤ 성형 사이클이 길어지게 된다.
⑥ 금형값이 2단 금형에 비해 비싸다.
⑦ 금형구조가 복잡하고 고장요인이 많아 내구성이 떨어진다.

| 금형구조 설계 DS1-003 | 사출 금형(INJECTION MOLD)의 구조 |

1. 2단 사이드 게이트 금형

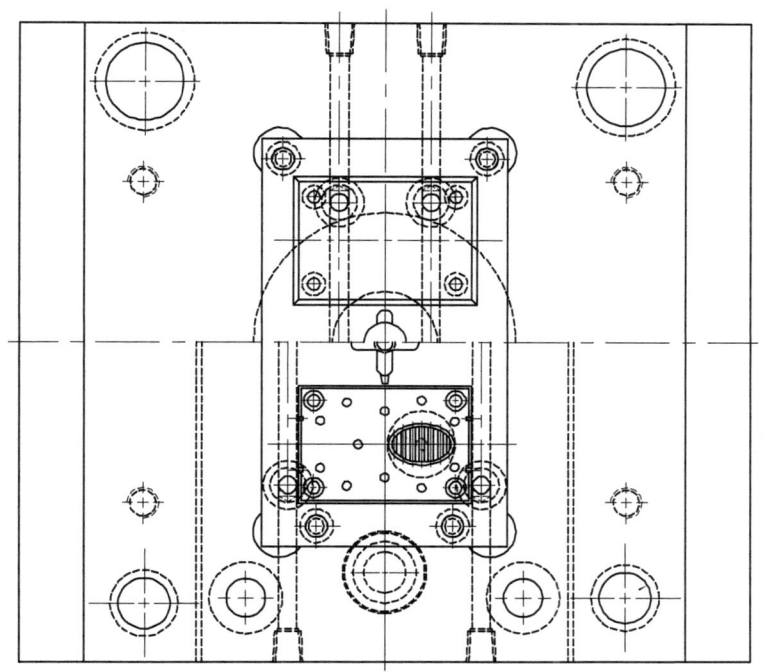

21	스르푸록핀	STD61	1
20	스프링	규격품	4
19	밀핀	STD61	22
18	가이드핀	STB2	4
17	가이드부시	STB2	4
16	스톱핀	SM45C	4
15	밀판가이드핀	STB2	2
14	리턴핀	STB2	4
13	가동측코어편	STD61	2
12	가동측코어	KP4M	1
11	고정측코어편	STD61	8
10	고정측코어	KP4M	1
9	스프루부시	STD61	1
8	로케이트링	SM45C	1
7	가동측설치판	SM55C	1
6	하밀판	SM55C	1
5	상밀판	SM55C	1
4	스페이서블록	SM25C	2
3	가동측형판	SM55C	1
2	고정측형판	SM55C	1
1	고정측설치판	SM55C	1
품번	품 명	재질	수량
2단-사이드 게이트 금형			

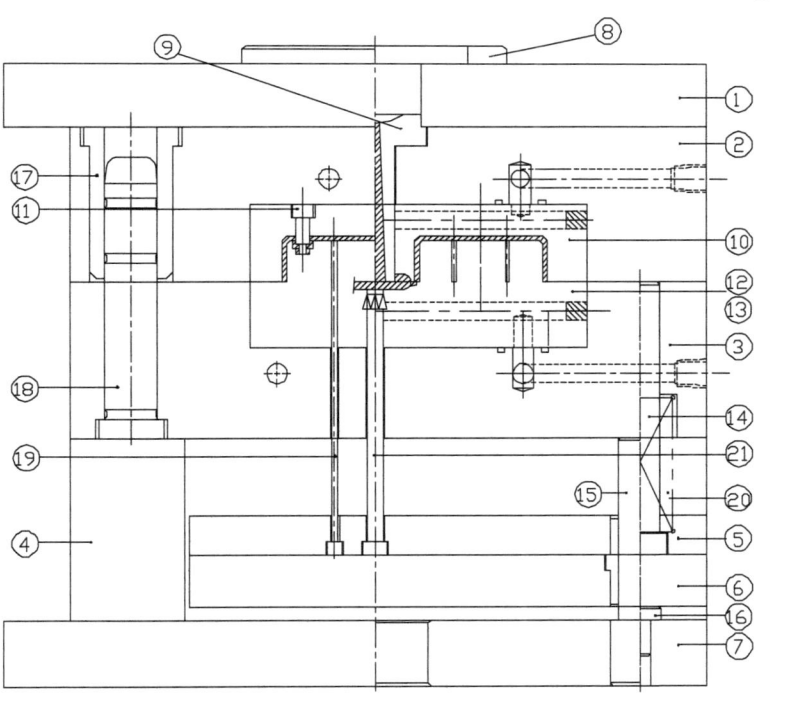

사이드 게이트 특징

- 게이트의 치수 변경이 용이하여 일반적으로 많이 사용한다.
- 단면형상이 단순하여 가공이 용이하다.
- 보통 성형재료는 대부분 사이드 게이트를 사용할 수 있다.
- 일반적으로 다수 캐비티의 제품성형에 사용된다.
- 게이트의 위치는 일반적으로 성형품 측면에 설치하는 경우가 많다.

| 금형구조 설계 DS1-004 | 사출 금형(INJECTION MOLD)의 구조 |

2. 2단 다이렉트 게이트 금형

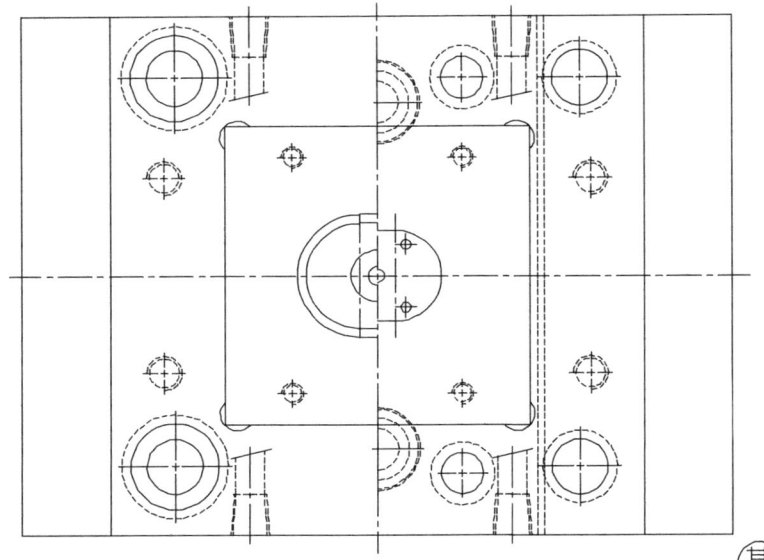

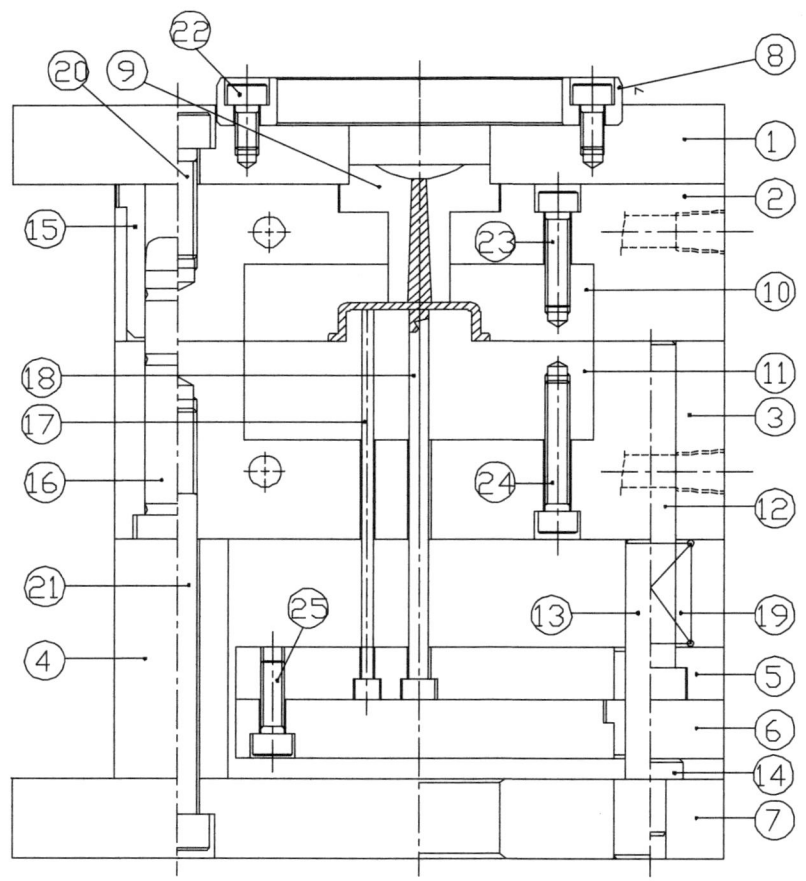

25	육각구멍붙이볼트	규격품	4
24	육각구멍붙이볼트	규격품	4
23	육각구멍붙이볼트	규격품	4
22	육각구멍붙이볼트	규격품	2
21	육각구멍붙이볼트	규격품	4
20	육각구멍붙이볼트	규격품	4
19	스프링	규격품	4
18	스프루록핀	STD61	1
17	밀핀	STD61	4
16	가이드핀	STB2	4
15	가이드부시	STB2	2
14	스톱핀	SM45C	4
13	밀판가이드핀	STB2	2
12	리턴핀	STB2	4
11	가동측코어	KP4M	1
10	고정측코어	KP4	1
9	스프루부시	SKD61	1
8	로케이트링	SM45C	1
7	가동측설치판	SM55C	1
6	하밀판	SM55C	1
5	상밀판	SM55C	1
4	스페이서블록	SM25C	2
3	가동측형판	SM55C	1
2	고정측형판	SM55C	1
1	고정측설치판	SM55C	1
품번	품 명	재질	수량
2단-다이렉트 게이트 금형			

다이렉트 게이트 특징

- 케비티 내에 수지가 직접 유입되기 때문에 사출압력 손실이 적다.
- 성형성이 좋아 모든 수지에 적용할 수 있다.
- 스프루의 고화 시간이 길어 성형 사이클이 길어진다.
- 고점도 수지는 조금 굵게, 저점도 수지에는 조금 가늘게 한다.
- 2단 금형에서는 1개 빼기에 한정된다.

| 금형구조 설계 DS1-005 | 사출 금형(INJECTION MOLD)의 구조 |

3. 2단 터널(서브마린) 게이트 금형

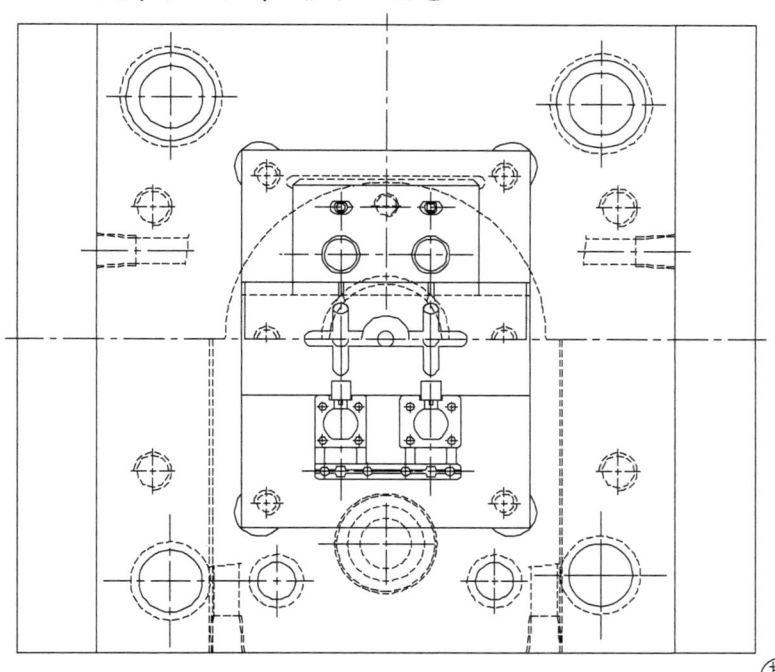

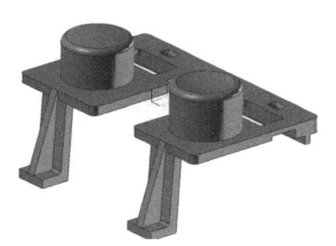

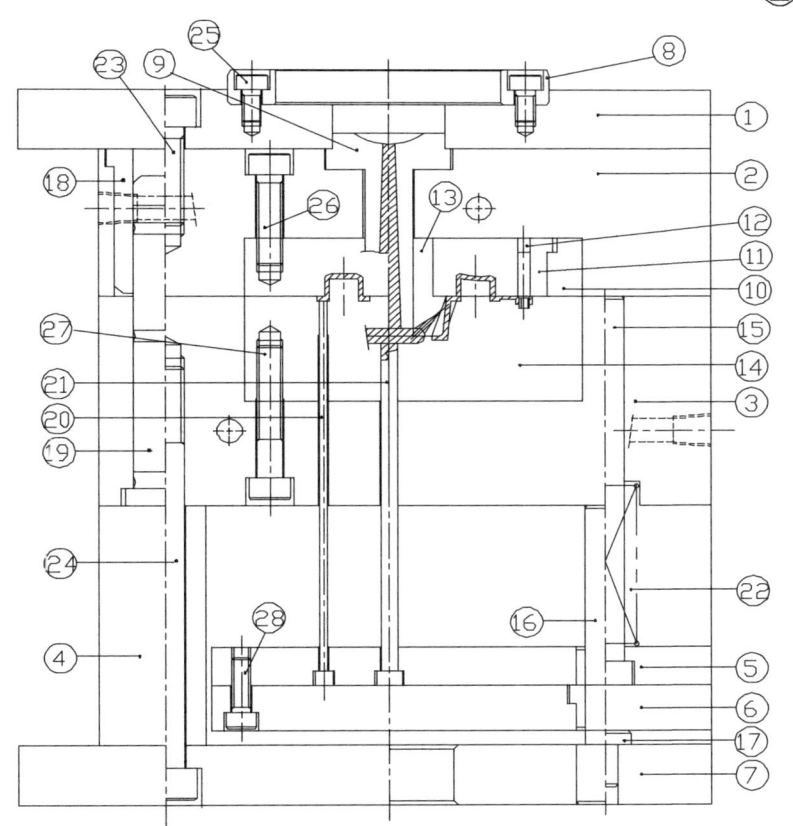

품번	품 명	재질	수량
28	육각구멍붙이볼트	규격품	4
27	육각구멍붙이볼트	규격품	4
26	육각구멍붙이볼트	규격품	4
25	육각구멍붙이볼트	규격품	2
24	육각구멍붙이볼트	규격품	4
23	육각구멍붙이볼트	규격품	4
22	스프링	규격품	4
21	스르푸록핀	STD61	1
20	밀핀	STD61	8
19	가이드핀	STB2	4
18	가이드부시	STB2	4
17	스톱핀	SM45C	4
16	밀판가이드핀	STB2	2
15	리턴핀	STB2	4
14	가동측코어	KP4M	1
13	고정측코어핀"D"	STC3	4
12	고정측코어"C"	STB2	1
11	고정측코어"B"	KP4M	2
10	고정측코어"A"	KP4	2
9	스프루부시	STD61	1
8	로케이트링	SM45C	1
7	가동측설치판	SM55C	1
6	하밀판	SM55C	1
5	상밀판	SM55C	1
4	스페이서블록	SM55C	2
3	가동측형판	SM55C	1
2	고정측형판	SM55C	1
1	고정측설치판	SM55C	1
품번	품 명	재질	수량

2단-터널 게이트 금형

터널(서브마린) 게이트 특징

- 형개시 게이트가 자동절단 되어 마무리 공정이 필요 없다.
- 게이트 위치에 흔적이 생기는 결점이 있다.
- 주로 2단 금형에서 사용된다.
- 밀핀에 2차 런너를 설치하여 성형부 내측에 주입할 수 있다.
  (외관 면에서 게이트 흔적을 보이지 않게 하는 경우에 사용)

사출 금형(INJECTION MOLD)의 구조

금형구조 설계
DS1-006

4. 2단 G(코끼리) 게이트 금형

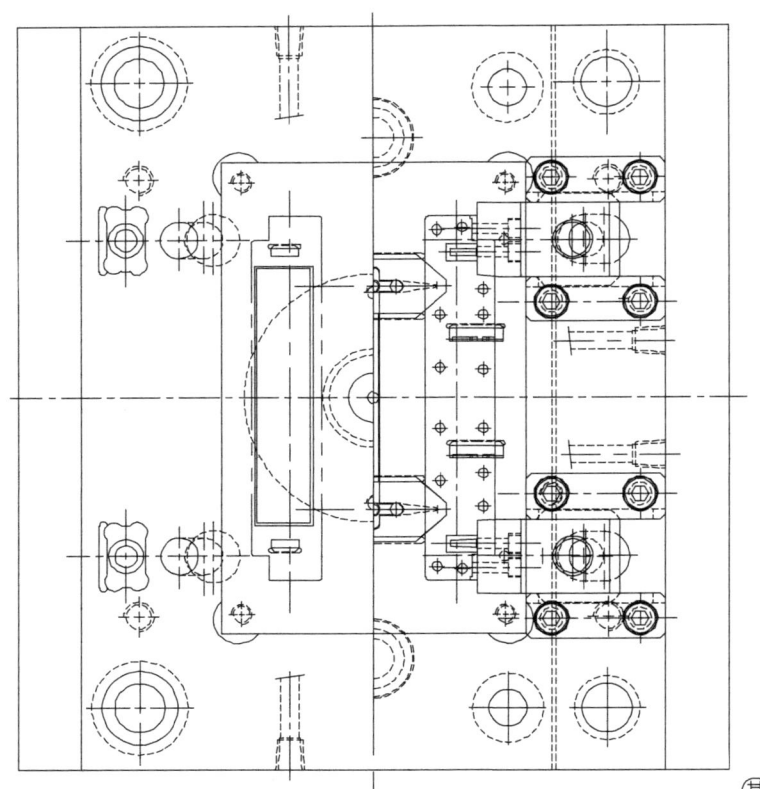

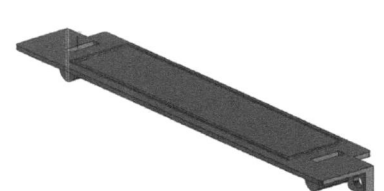

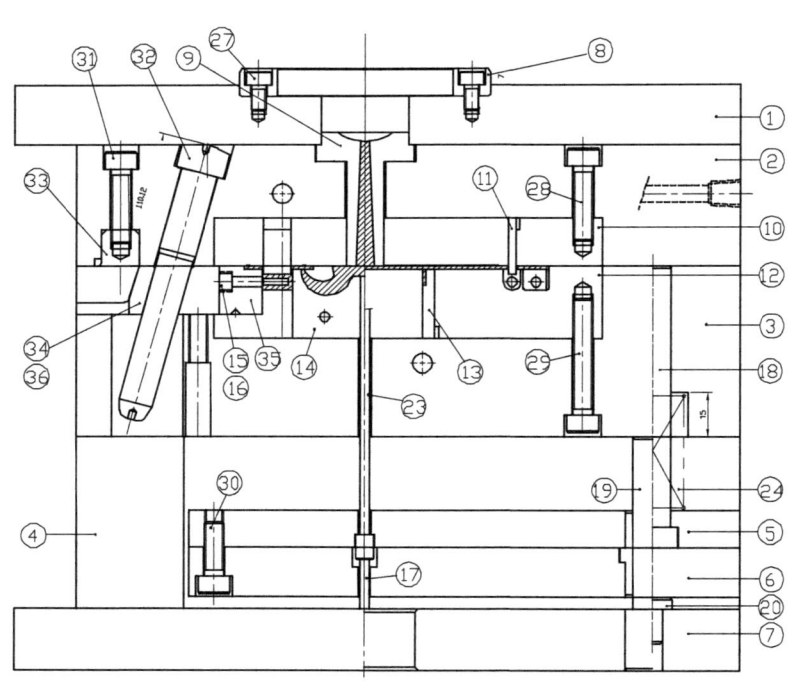

36	가이드레일	STC3	4
35	슬라이드코어편	KP4M	4
34	슬라이드코어	KP4	4
33	로킹블록	STC3	4
32	앵귤러핀	STB2	4
31	육각구멍붙이볼트	규격품	4
30	육각구멍붙이볼트	규격품	4
29	육각구멍붙이볼트	규격품	4
28	육각구멍붙이볼트	규격품	4
27	육각구멍붙이볼트	규격품	2
26	육각구멍붙이볼트	규격품	4
25	육각구멍붙이볼트	규격품	2
24	스프링	규격품	4
23	밀핀	STD61	4
22	가이드핀	STB2	4
21	가이드부시	STB2	4
20	스톱핀	SM45C	4
19	밀판가이드핀	STB2	4
18	리턴핀	STB2	4
17	2단취출가이드핀	SM45C	4
16	슬라이드코어핀"B"	STB2	2
15	슬라이드코어핀"A"	STB2	4
14	가동측코어"C"	KP4M	2
13	가동측코어"B"	KP4M	4
12	가동측코어"A"	KP4M	1
11	고정측코어"B"	KP4M	4
10	고정측코어"A"	KP4M	1
9	스프루부시	STD61	1
8	로케이트링	SM45C	1
7	가동측설치판	SM55C	1
6	하밀판	SM55C	1
5	상밀판	SM55C	1
4	스페이서블록	SM55C	2
3	가동측형판	SM55C	1
2	고정측형판	SM55C	1
1	고정측설치판	SM55C	1
품번	품 명	재질	수량
2단-G 게이트 금형			

G(코끼리) 게이트 특징

- 형개시 게이트가 자동절단 되어 마무리 공정이 필요 없다.
- 게이트 위치 선정시 제품의 외관에 보이지 않는 부분에 설치한다.
- 제품의 외관을 중요시 하는 두께가 얇은 제품에 사용한다.

| 금형구조 설계 DS1-007 | 사출 금형(INJECTION MOLD)의 구조 |

5. 3단 핀 포인트 게이트 금형

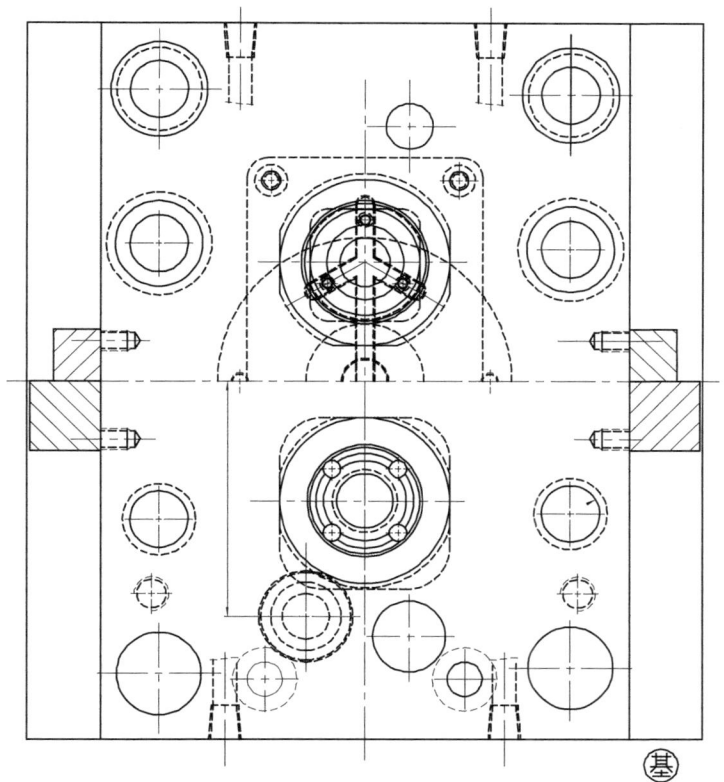

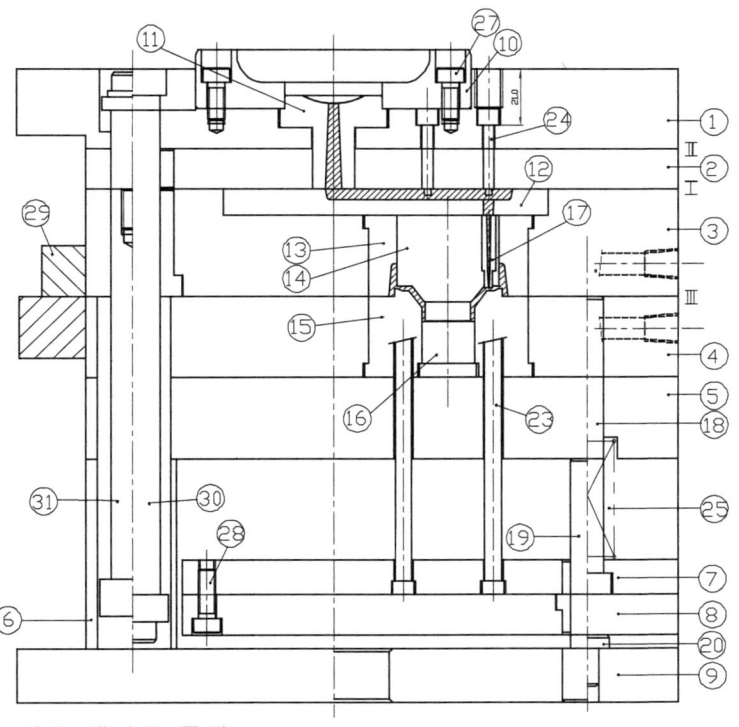

31	풀러볼트	SCM435	2
30	서포트핀	STB2	4
29	롤로노크세트	규격품	2
28	육각구멍붙이볼트	규격품	4
27	육각구멍붙이볼트	규격품	2
26	육각구멍붙이볼트	규격품	4
25	스프링	규격품	4
24	런너록핀	SKH51	6
23	밀핀	STD61	6
22	가이드핀	STB2	4
21	가이드부시	STB2	4
20	스톱핀	SM45C	4
19	밀판가이드핀	STB2	2
18	리턴핀	STB2	4
17	핀포인트게이트부시	SKH51	6
16	가동측코어"B"	KP4M	4
15	가동측코어"A"	STC3	2
14	고정측코어"C"	KP4M	1
13	고정측코어"B"	KP4M	4
12	고정측코어"A"	KP4	2
11	스프루부시	STD61	1
10	로케이트링	SM45C	1
9	가동측설치판	SM55C	1
8	하밀판	SM55C	1
7	상밀판	SM55C	1
6	스페이서블록	SM55C	2
5	받침판	SM55C	1
4	가동측형판	SM55C	1
3	고정측형판	SM55C	1
2	런너스트리퍼판	SM55C	
1	고정측설치판	SM55C	1
품번	품 명	재질	수량
3단-핀 포인트 게이트 금형			

핀 포인트 게이트 특징

- 게이트가 자동절단 된다.
- 성형품의 게이트 자국이 거의 보이지 않으므로 후가공이 용이하다.
- 투영 면적이 큰 성형품, 변형하기 쉬운 성형품을 다점 게이트로 성형함으로써 수축 및 변형을 적게 할 수 있다.
- 초기 제작시 게이트 위치는 비교적 제약을 받지 않으나 금형 수정 시 게이트 위치 변경은 어렵다.

금형구조 설계
DS1-008
사출 금형(INJECTION MOLD)의 구조

6. 스트리퍼 판 / 슬리브 이젝션 방식의 금형

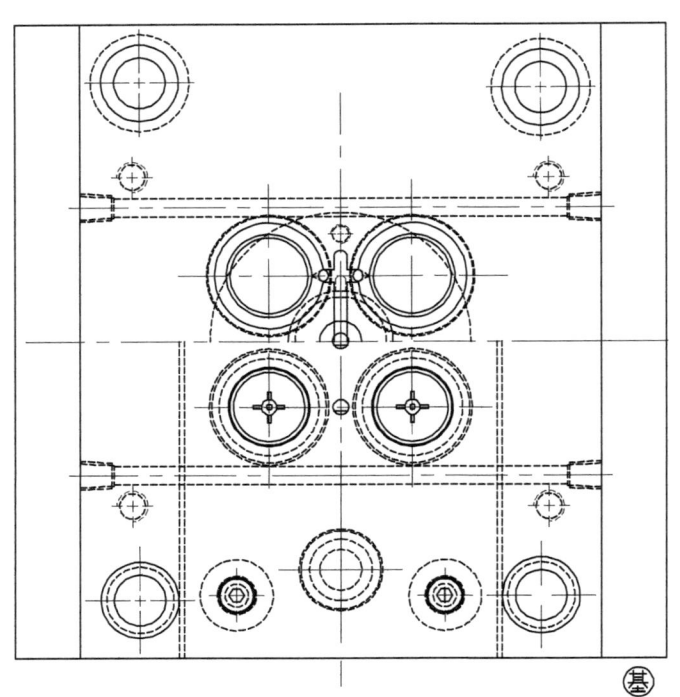

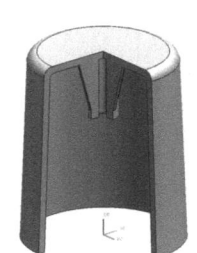

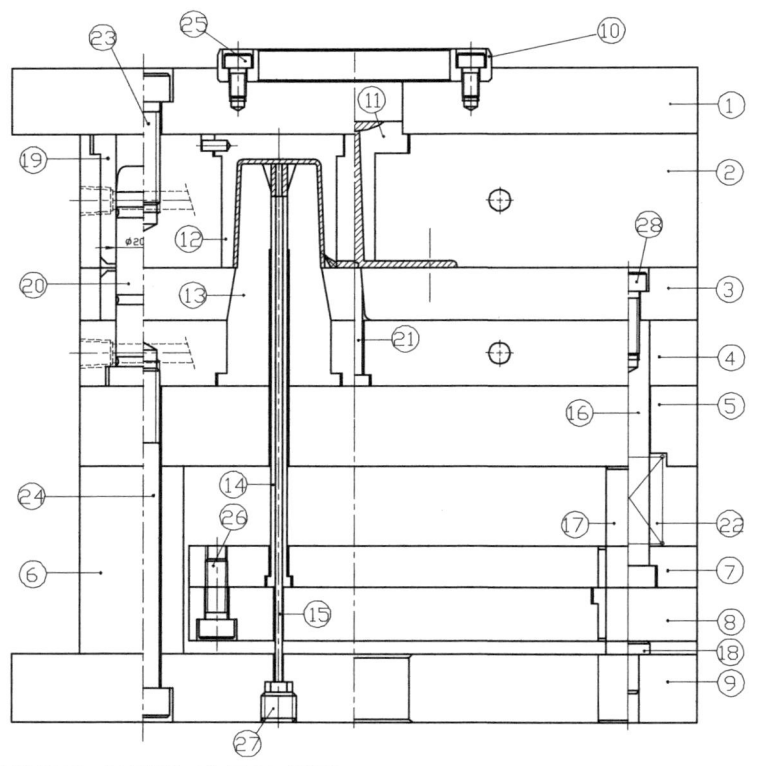

28	육각구멍붙이볼트	규격품	4
27	코어핀고정나사	STB2	4
26	육각구멍붙이볼트	규격품	4
25	육각구멍붙이볼트	규격품	2
24	육각구멍붙이볼트	규격품	4
23	육각구멍붙이볼트	규격품	4
22	스프링	규격품	4
21	스프루록핀	STD61	3
20	가이드핀	STB2	4
19	가이드부시	STB2	4
18	스톱핀	SM45C	4
17	밀판가이드핀	STB2	2
16	리턴핀	STB2	4
15	센터핀	SKH51	4
14	이젝터 슬리브	SKH51	4
13	가동측코어	STD61	4
12	고정측코어	KP4	2
11	스프루부시	STD61	1
10	로케이트링	SM45C	1
9	가동측설치판	SM55C	1
8	하밀판	SM55C	1
7	상밀판	SM55C	1
6	스페이서블록	SM55C	2
5	받침판	SM55C	1
4	가동측형판	SM55C	1
3	스트리퍼판	SM55C	1
2	고정측형판	SM55C	1
1	고정측설치판	SM55C	1
품번	품 명	재질	수량

2단-터널 게이트 금형

스트리퍼판 이젝터 방식의 특징
- 가늘고 깊은 리브나 매우 얇은 성형품의 이젝션에 사용하여 성형품의 전체를 파팅 라인에 두고 균일하게 밀어내는 방식

슬리브 이젝터 방식의 특징
- 보스나 둥근 원통상의 성형품의 이젝팅에 많이 사용되며 코어 주위를 균일하게 밀어내기 때문에 성형품의 표면에 흰 자국이 생기는 백화 현상을 일으키지 않고 원활하게 이젝션 할 수 있다.

금형구조 설계	사출 금형(INJECTION MOLD)의 구조
DS1-009	

7. 사각 밀핀 이젝션 방식의 금형

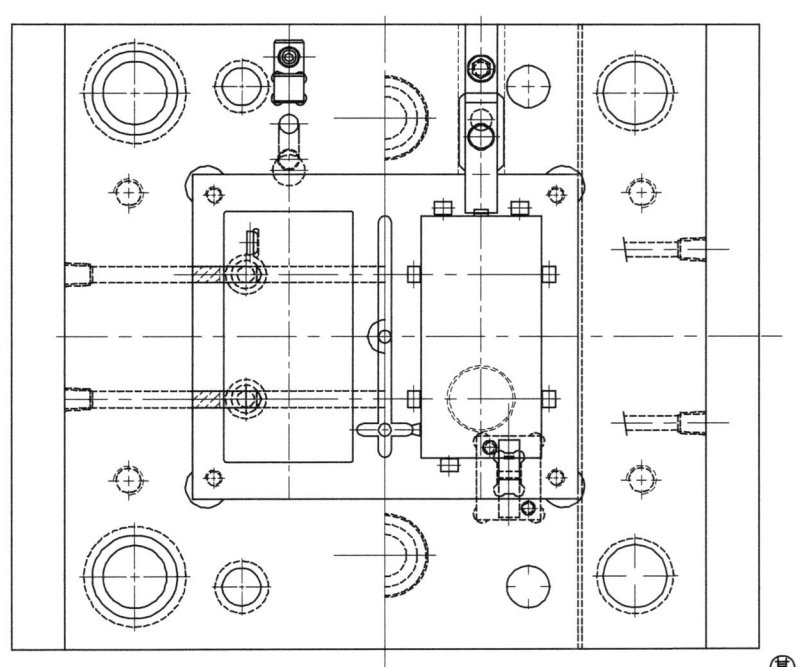

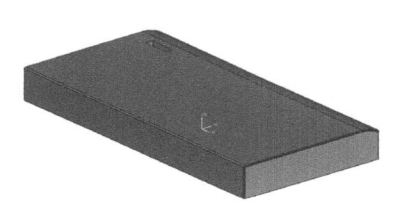

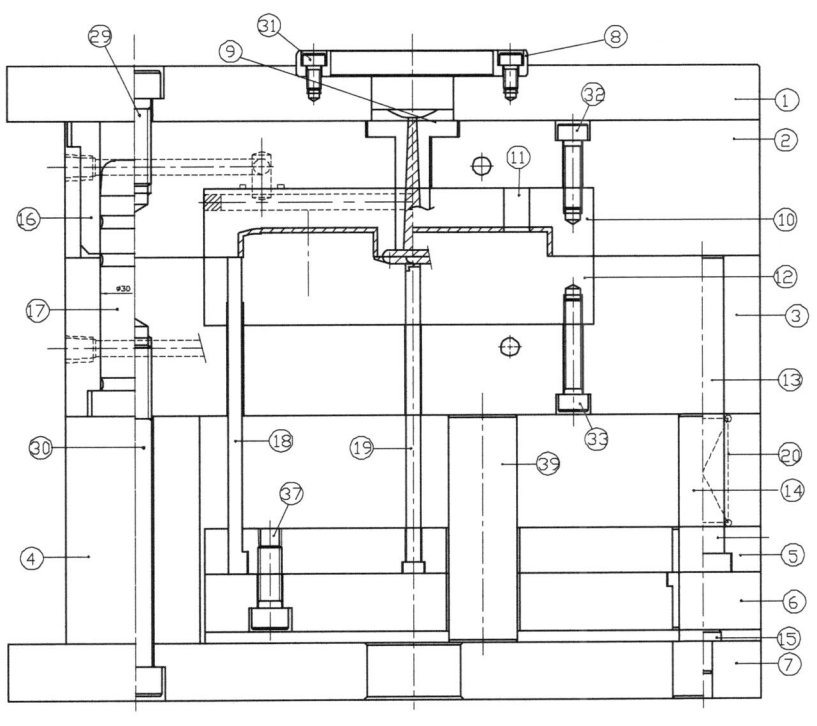

20	스프링	규격품	4
19	스프루록핀	STD61	3
18	사각밀핀	STD61	14
17	가이드핀	STB2	4
16	가이드부시	STB2	4
15	스톱핀	SM45C	4
14	밀판가이드핀	STB2	2
13	리턴핀	STB2	4
12	가동측코어	NAK80	4
11	고정측코어"B"	KP4M	2
10	고정측코어"A"	NAK80	1
9	스프루부시	STD61	1
8	로케이트링	SM45C	1
7	가동측설치판	SM55C	1
6	하밀판	SM55C	1
5	상밀판	SM55C	1
4	스페이서블록	SM55C	2
3	가동측형판	SM55C	1
2	고정측형판	SM55C	1
1	고정측설치판	SM55C	1
품번	품 명	재질	수량
2단-사이드 게이트 금형			

핀 이젝터 방식의 특징

- 밀핀 배치시 이형 저항의 밸런스를 고려해야 한다.
- 밀핀의 끼워 맞춤 공차는 H7으로 한다.
- 성형품에 밀핀 자국이 있어서는 안 될 경우와 이젝션 할 부분의 제품 살두께가 얇은 경우에는 원형 밀핀 대신 사각 밀핀을 사용하는 경우가 있다.
- 밀핀 틈새로 에어벤트 역할을 하기도 한다.

사출 금형(INJECTION MOLD)의 구조

금형구조 설계 DS1-010

8. 외측 언더컷 처리 금형 (슬라이드 코어)

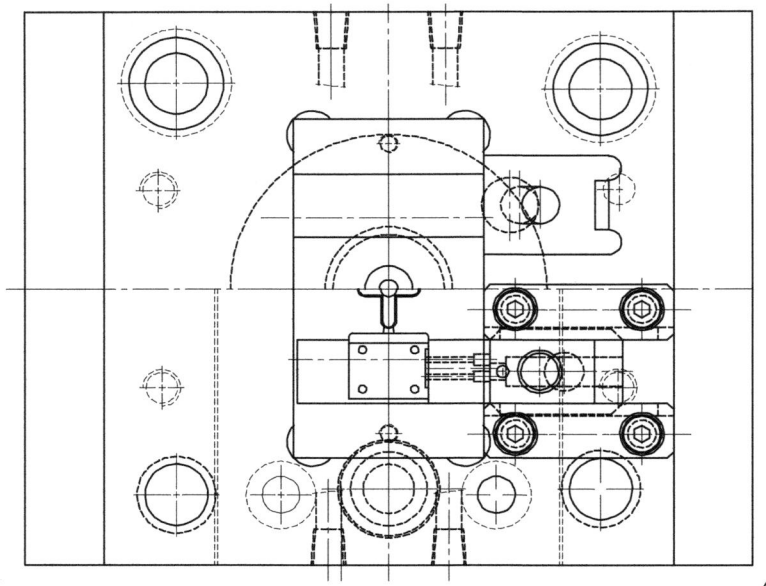
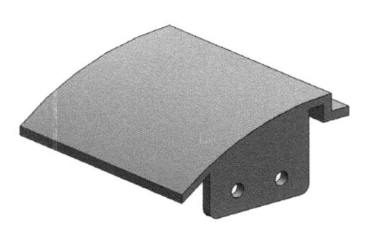

28	가이드레일	STC3	2
27	육각구멍붙이볼트	규격품	4
26	육각구멍붙이볼트	규격품	4
25	육각구멍붙이볼트	규격품	2
24	육각구멍붙이볼트	규격품	2
23	경사핀	STB2	2
22	스프루록핀	STD61	1
21	스프링	규격품	4
20	밀핀	STD61	8
19	가이드핀	STB2	4
18	가이드부시	STB2	4
17	스톱핀	SM45C	4
16	밀판가이드핀	STB2	2
15	리턴핀	STB2	4
14	슬라이드코어핀	STC3	2
13	슬라이드코어편	KP4M	2
12	슬라이드코어	KP4	2
11	가동측코어	KP4M	1
10	고정측코어	KP4M	1
9	스프루부시	STD61	1
8	로케이트링	SM45C	1
7	가동측설치판	SM55C	1
6	하밀판	SM55C	1
5	상밀판	SM55C	1
4	스페이서블록	SM55C	2
3	가동측형판	SM55C	1
2	고정측형판	SM55C	1
1	고정측설치판	SM55C	1
품번	품 명	재질	수량

2단-사이드 게이트 금형

외측 언더컷 처리 금형 특징

- 성형품의 내·외측에 돌기 부분이나 구멍이 되어 있어 이젝션시 걸리는 부분을 언더컷(undercut)이라 한다.
- 외측 언더컷은 일반적으로 슬라이드 코어에 의해 처리한다.
- 분할 캐비티의 작동은 경사핀을 이용하며, 금형 형개와 동시에 양 측으로 움직인다.
- 경사핀의 각도는 일반적으로 15°로 하고 로킹블록의 각도는 17°로 한다. (경사핀의 각도 +2°)

| 금형구조 설계 DS1-011 | 사출 금형(INJECTION MOLD)의 구조 |

9. 내측 언더컷 처리 금형 (경사 코어)

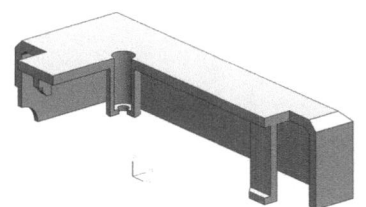

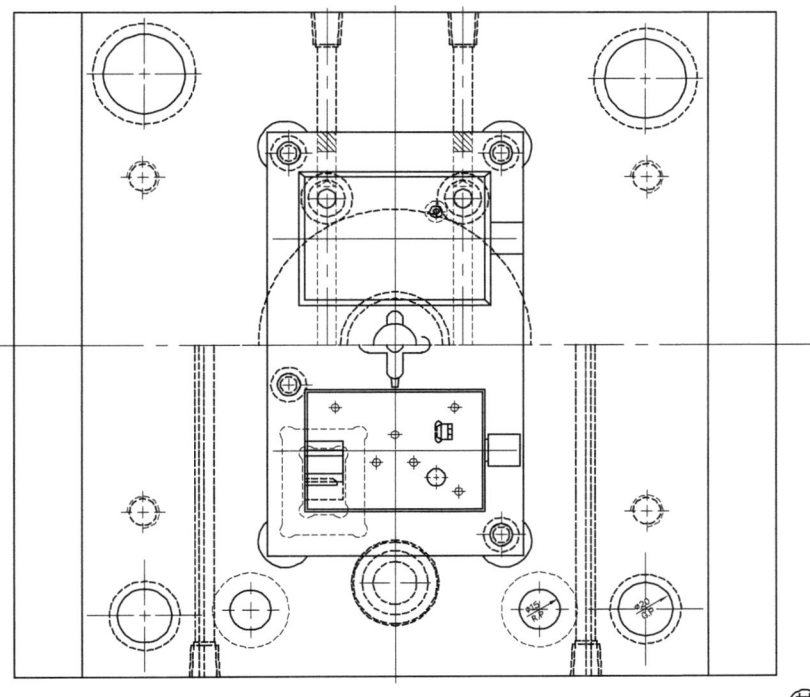

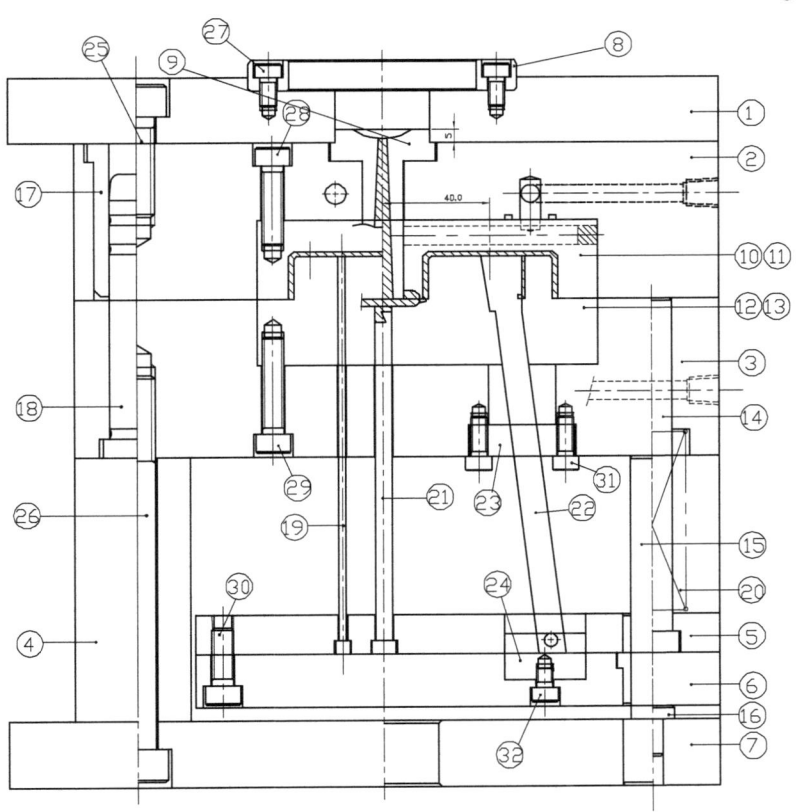

32	육각구멍붙이볼트	규격품	2
31	육각구멍붙이볼트	규격품	4
30	육각구멍붙이볼트	규격품	4
29	육각구멍붙이볼트	규격품	4
28	육각구멍붙이볼트	규격품	4
27	육각구멍붙이볼트	규격품	2
26	육각구멍붙이볼트	규격품	4
25	육각구멍붙이볼트	규격품	4
24	사각경사받침판	STC3	2
23	사각경사안내편	STC3	2
22	사각경사핀	STD61	2
21	스프루록핀	STD61	1
20	스프링	규격품	4
19	밀핀	STD61	12
18	가이드핀	STB2	4
17	가이드부시	STB2	4
16	스톱핀	SM45C	4
15	밀판가이드핀	STB2	2
14	리턴핀	STB2	4
13	가동측코어편"B"	KP4M	2
12	가동측코어"A"	KP4M	1
11	고정측코어편"B"	STC3	2
10	고정측코어"A"	KP4M	1
9	스프루부시	STD61	1
8	로케이트링	SM45C	1
7	가동측설치판	SM55C	1
6	하밀판	SM55C	1
5	상밀판	SM55C	1
4	스페이서블록	SM55C	2
3	가동측형판	SM55C	1
2	고정측형판	SM55C	1
1	고정측설치판	SM55C	1
품번	품 명	재질	수량
2단-사이드 게이트 금형			

내측 언더컷 처리 금형 특징

- 성형품의 내측에 개폐 방향으로 빠지지 않는 코어형의 요철부를 내측 언더컷 이라고 한다.
- 경사코어는 금형이 열린 후 밀판이 전진하면 코어가 분할되어 언더컷 제품을 뽑게 된다.

제 2 장

부품 설계기준

| 부품설계기준 DS2-001-1 | 육각 구멍붙이 볼트 (SOCKET HEAD CAP SCREW) |

1) 적 용 : 금형 부품 체결 요소인 육각 구멍 붙이 볼트에 대하여 규정한다.
2) 재 질 : SCM435
3) 열처리: HRc 38~43 (사삼산화철 피막 - Fe_3O_4)
4) 모양 및 치수

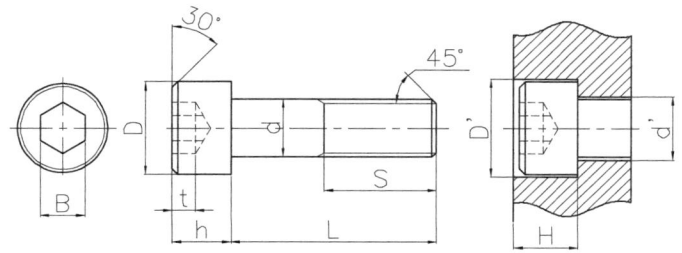

(단위:mm)

나사호칭	M3	M4	M5	M6	M8	M10	M12	M14	M16	M18	M20
P(피치)	0.5	0.7	0.8	1.0	1.25	1.5	1.75	2	2	2.5	2.5
d	3	4	5	6	8	10	12	14	16	18	20
D	5.5	7	8.5	10	13	16	18	21	24	27	30
h	3	4	5	6	8	10	12	14	16	18	20
d`	3.4	4.5	5.5	6.5	9	11	14	16	18	20	22
D`	6.5	8	9.5	11	14	17.5	20	23	26	29	32
H	3.5	4.5	5.5	7	9	11	13	15	17	20	22
B	2.5	3	4	5	6	8	10	12	14	14	17
t	1.6	2.2	2.5	3	4	5	6	7	8	9	10
S	12	14	16	18	22	26	30	34 40	38 44	42 48	46 52
L	4	4	8	10	12	14	20	20	25	30	35
	5	5	10	12	14	16	25	25	30	35	40
	6	6	12	14	16	20	30	30	35	40	45
	8	8	14	16	20	25	35	35	40	45	50
	10	10	16	20	25	30	40	40	45	50	55
	12	12	20	25	30	35	45	45	50	55	60
	14	14	25	30	35	40	50	50	55	60	65
	16	16	30	35	40	45	55	55	60	65	70
	20	20		40	45	50	60	60	65	70	75
		25		45	50	55	65	65	70	75	80
				50	55	60	70	70	75	80	85
					60	65	75	75	80	85	90
					65	70	80	80	85	90	100
					70	75	85	85	90	100	110
					75	80	90	90	100	110	120
					80	85	100	100	110	120	130
					85	90	110	110	120	130	140
					90	100	120	120	130	140	150
					100	110		130	140	150	160
						120		140	150	160	170
								150	160	170	180
										180	

| 부품설계기준 DS2-001-2 | 육각 구멍붙이 볼트 (SOCKET HEAD CAP SCREW) |

5) 육각 구멍붙이 볼트 도시(예)

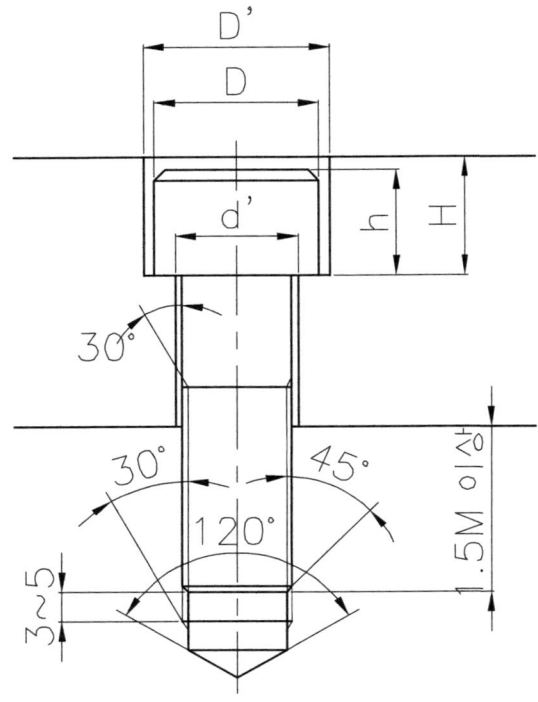

볼트간의 최대 거리 (단위:mm)

플레이트 두께	사용 볼트	볼트간 거리(max)
10~19	M6	80
16~25	M8	100
22~34	M10	125
34이상	M12	150

6) 탭 가공을 위한 드릴링 구멍 치수

(단위:mm)

나사호칭	M3	M4	M5	M6	M8	M10	M12	M14	M16	M18	M20
드릴직경(∅)	2.4	3.3	4.1	5	6.8	8.5	10.2	12	14	15.5	17.5

7) 조임용 볼트 구멍 위치

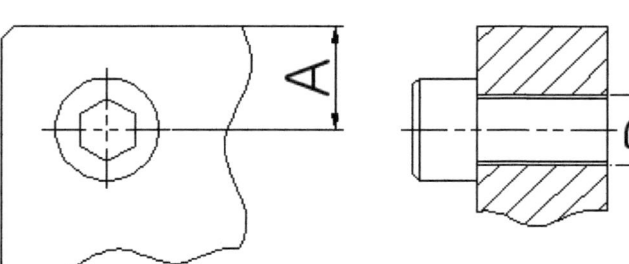

(단위:mm)

소재	A min
연강	1.13D
담금질강	1.25D

8) 주문예 : TYPE M - L
   (CB 3 - 5)

| 부품설계기준 DS2-003 | 육각 접시머리 볼트 (SOCKET FLAT HEAD CAP SCREW) |

1) 적 용 : 금형 부품 체결 요소인 육각 접시머리 볼트에 대하여 규정한다.
2) 재 질 : SCM435
3) 열처리: HRc 38~43 (사삼산화철 피막 - Fe_3O_4)
4) 모양 및 치수

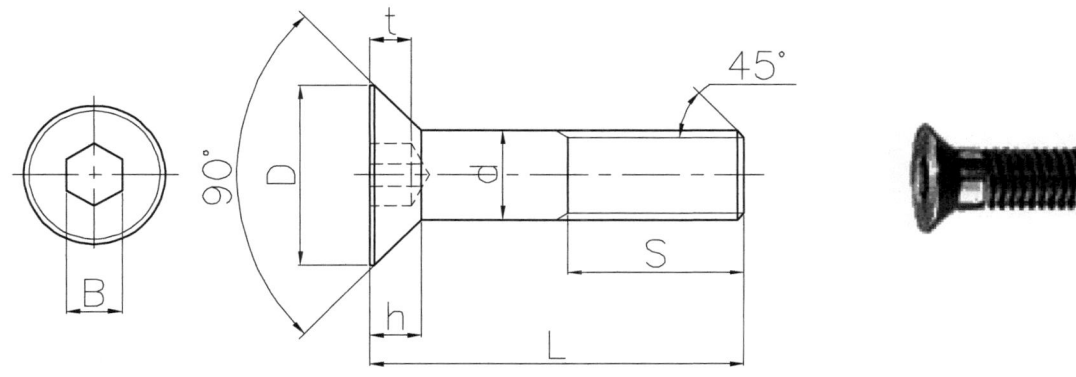

(단위:mm)

나사호칭		M3	M4	M5	M6	M8	M10
P(피치)		0.5	0.7	0.8	1.0	1.25	1.5
d		3	4	5	6	8	10
D		6	8	10	12	16	20
h		1.7	2.3	2.8	3.3	4.4	5.5
B		2	2.5	3	4	5	6
t		1.2	1.8	2.3	2.5	3.5	4.4
S		12	14	16	18	22	26
L	Fully Threaded (2mm단위)	8~20	8~20	10~20	12~20	14~20	16~20
	Half Threaded (5mm단위)	25~40	30~40	35~50	40~60	45~80	40~100

5) 주문예 : TYPE M - L
   (FB 5 - 10)

| 부품설계기준 DS2-004 | 스크류 플러그 (SCREW PLUG) |

1) 적 용 : 금형 부품 체결 요소 및 냉각 막음용 플러그로 사용되는 스크류 플러그에 대하여 규정한다.
2) 재 질 : SM45C
3) 열처리: HRc 32~42 (사삼산화철 피막 - Fe_3O_4)
4) 모양 및 치수

(표준 TYPE)　　　　　　　　(테이퍼 TYPE)

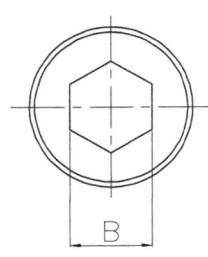
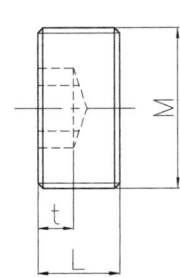
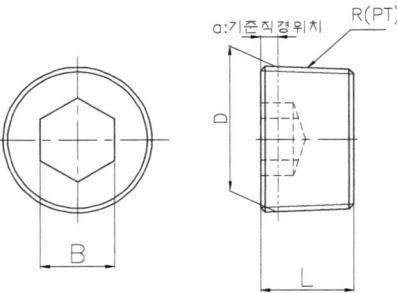

(표준 TYPE 치수표)　　　　　　　　　　　　　　　　　　　　(단위:mm)

호칭치수(M)	M3	M4	M5	M6	M8	M10	M12	M14	M16	M18	M20	M22	M24	M26	M28	M30	M33
피 치(P)	0.5	0.7	0.8	1.0	1.25	1.5	1.5	1.5	1.5	1.5	1.5	1.5	1.5	1.5	1.5	1.5	1.5
B	1.5	2	2.5	3	4	5	6	6	8	10	10	12	14	14	14	17	17
L	10	10	10	10	10	10	10	10	10	10	12	12	12	12	12	12	12
t	1.2	1.5	2	3.5	5	6	5	5	5	5	6	6	6	6	6	6	6

(테이퍼 TYPE 치수표)　　　　　　　　　　　(단위:mm)

호칭치수(R)	1/8	1/4	3/8	1/2	3/4	1
피 치(P)	0.91	1.34	1.34	1.81	1.81	2.31
D	9.728	13.157	16.662	20.955	26.441	33.249
B	5	6	8	10	14	17
L	7	8.9	10	12	14	16.5
a	0.45	0.7	0.7	0.9	0.9	1.1

5) 주문예 : TYPE M
　　　　　(표준 TYPE 예 : MWS 10)
　　　　　(테이퍼 TYPE 예 : MWST 10)
6) 비고
　① 테이퍼 TYPE 의 구배 양은 1/16 이다. (설계시 편측으로 약 2° 적용)
　② 테이퍼 TYPE은 냉각 막음 플러그로 스테인레스 (SUSXM7)재질을 사용하기도 함.

가이드 핀 (GUIDE PIN)

부품설계기준 DS2-005

1) 적용 : 금형의 고정측 형판과 가동측 형판이 정확이 맞춰지도록 안내 역할을 하는 가이드 핀에 대하여 규정한다.
2) 재질 : STB2 (SUJ2)
3) 열처리: HRc 58^{+2}_{0} (고주파 열처리)
4) 모양 및 치수

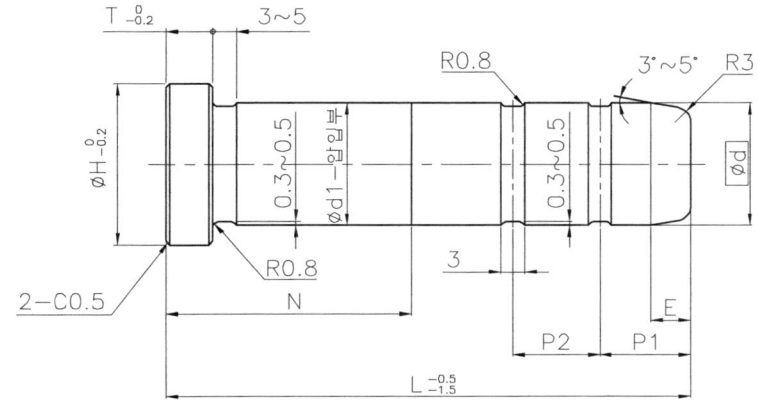

(단위:mm)

호칭 치수	Ød (슬라이딩부)		Ød1 (압입부)		ØH	T	E	P1 / P2
	치수	허용차	치수	허용차(m5)				
8	8	-0.015 -0.020	8	+0.012 +0.006	11	5	3	8
10	10		10		13		4	10
12	12	-0.020 -0.025	12	+0.015 +0.007	17	6	5	12
13	13		13		18			13
16	16		16		21			16
20	20	-0.025 -0.030	20	+0.017 +0.008	25	8		20
25	25		25		30			25
28	28		28		33			28
30	30		30		35			30
32	32	-0.030 -0.040	32	+0.020 +0.009	37			32
35	35		35		40			35
40	40		40		45	10		40
50	50		50		56	12	8	50
60	60	-0.030 -0.040	60	+0.024 +0.011	65	15		60

5) 주문예 : **TYPE d - L - N**
   (GPJ-XL 25 - 180 - 100)

6) 비고
   ① L 및 N 치수는 사용자가 지정한다.
   ② L 치수는 5.0mm 단위로 선택하고, 선단부가 고정판에 닿지 않도록 주의한다.
   ③ L 및 N 치수는 원판 두께보다 1.0mm 작게 한다.
   ④ 오일 홈 간격 P1 및 P2는 직경의 1~1.5배의 등간격으로 슬라이드 전 길이에 대해 설치한다.

| 부품설계기준 DS2-006-1 | 가이드 부시 (LEADER BUSHING) |

1) 적 용 : 금형 개폐시 가이드핀을 정확히 안내해 주며, 베어링 역할을 하는 가이드 부시에 대하여 규정한다.
2) 재 질 : STB2 (SUJ2)
3) 열처리: HRc 58^{+2}_{0} (고주파 열처리)
4) 종 류 : 종류는 A형(헤드붙이형)과 B형(스트레이트형)으로 한다.
5) 모양 및 치수

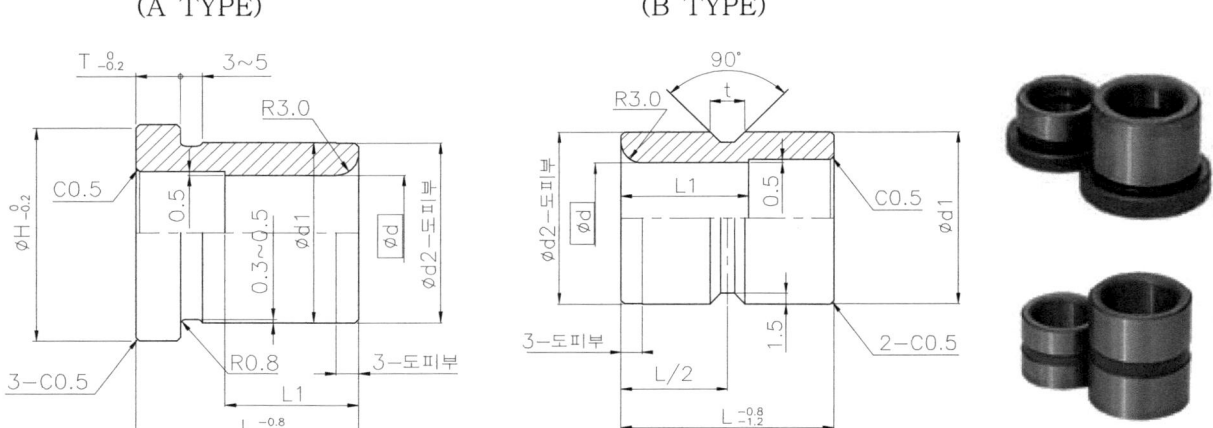

(단위:mm)

호칭 치수	Ød		Ød1		ØH	T	t	L
	치수	허용차(G6)	치수	허용차(m5)				
8	8	+0.014 +0.005	12	+0.015 +0.007	14	5	4	15,20,25
10	10		14		16			15,20,25,30,35,40
12	12	+0.017 +0.006	18	+0.017 +0.008	22		5	15,20,25,30,35,40,45,50
13	13		20		25			
16	16		25		30	6		15,20,25,30,35,40,45,50,60
20	20	+0.020 +0.007	30		35	8	6	15,20,25,30,35,40,45,50,60, 70,80,90,100
25	25		35		40			25,30,35,40,45,50,60, 70,80,90,100,110,120
28	28		40		45			
30	30		42	+0.020 +0.009	47		8	30,35,40,45,50,60,70,80,90, 100,110,120130,140,150
32	32		45		50	10		
35	35	+0.025 +0.009	48		54			
40	40		55		61		9	
50	50		70	+0.024 +0.011	76	12	11	40,45,50,60,70,80,90, 100,110,120130,140,150
60	60	+0.029 +0.010	80		86			60,70,80,90, 100,110,120130,140,150

부품설계기준	
DS2-006-2	가이드 부시 (LEADER BUSHING)

6) 가이드핀 / 가이드 부시 설치(예)

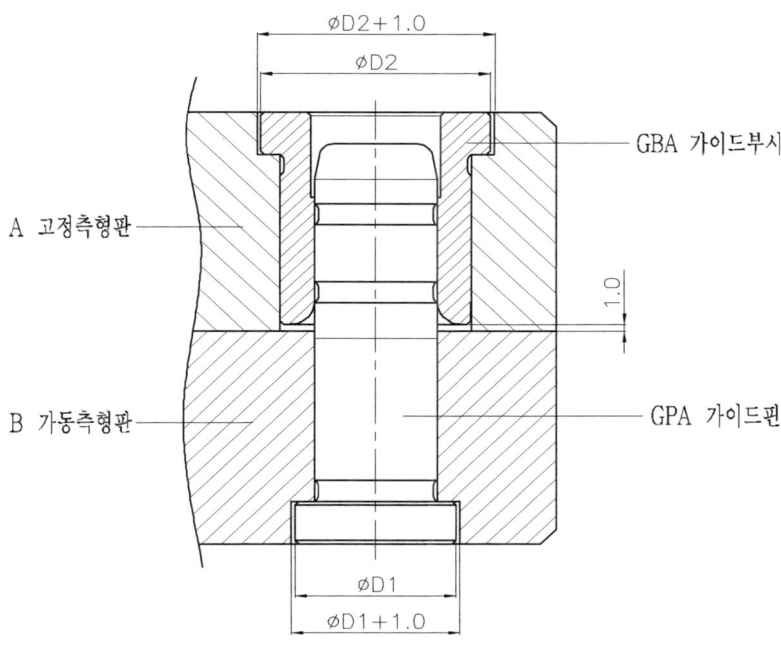

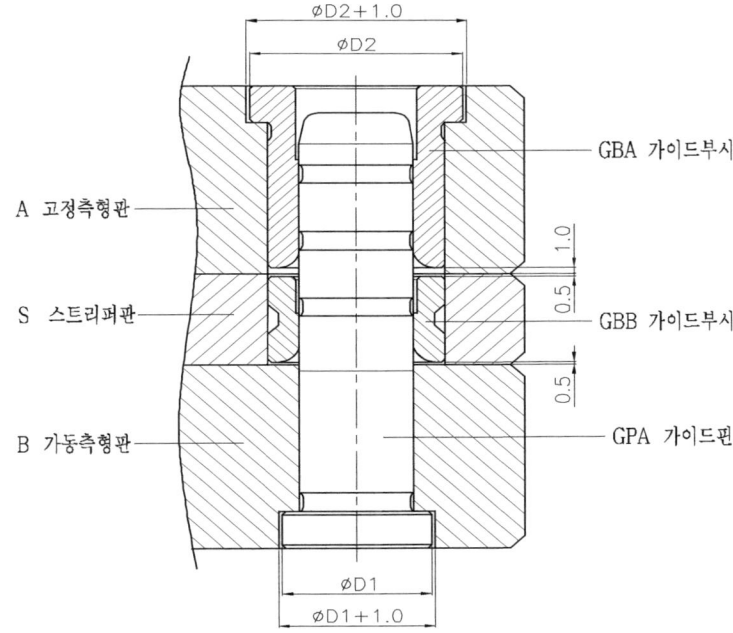

7) 주문예 : TYPE d - L
    (A TYPE 예 : GBAMV 25 - 60)
    (B TYPE 예 : GBBMV 25 - 60)

8) 비고
  ① L 치수는 원판 두께보다 1.0mm 작게 한다.
  ② L1치수는 ⌀d의 1.5~2배 정도를 적용한다.
  ③ B TYPE 의 t부는 빠짐 방지를 위한 SET SCREW 체결부임.

부품설계기준	서포트 핀 (SUPPORT PIN)
DS2-007	

1) 적 용 : 3단 금형에서 가이드핀과 함께 런너 스트리퍼판, 고정측 형판, 가동측 형판의 위치를 잡아주는 서포트 핀에 대하여 규정한다.
2) 재 질 : STB2 (SUJ2)
3) 열처리: HRc 58^{+2}_{0} (고주파 열처리)
4) 모양 및 치수

(서포트 핀)   (서포트 핀 칼라)

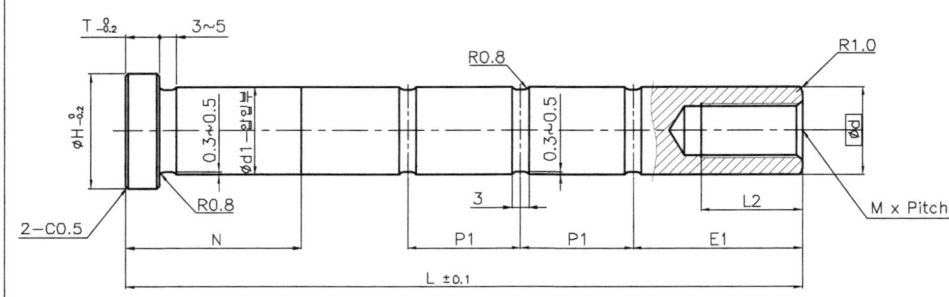
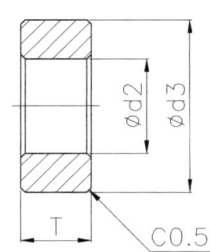

재 질 : SM45C

(단위:mm)

호칭 치수	Ød (슬라이딩부)		Ød1 (압입부)		ØH	T	E1	P1	M	L2	Ød2	Ød3	T
	치수	허용차(f6)	치수	허용차(m5)									
12	12	-0.016 -0.027	12	+0.018 +0.007	17	6	20~30	20	M6	12	6.1	16	5
16	16		16		20	8			M10	20	10.1	20	8
20	20	-0.020 -0.033	20	+0.021 +0.008	25	10	25~37	25	M12	25	12.1	26	10
25	25		25		30	12			M14	30	14.1	31	12
30	30		30		35	14	30~35	30	M16	35	16.1	38	14
35	35	-0.025 -0.041	35	+0.025 +0.009	40	16		35				43	16
40	40		40		45	18						48	18

5) 주문예 : TYPE d - L - N
(SPP-OC 25 - 60 - 200 - N30)

6) 비고
① L 및 N 치수는 사용자가 지정한다.
② L 치수는 5.0mm 단위로 지정한다.
③ N 치수는 원판 두께보다 1.0mm 작게 한다.
④ 오일홈 간격 P는 직경의 1~1.5배의 등간격으로 슬라이드 전 길이에 대해 설치한다.
⑤ 서포트 핀은 일명 삼단봉 이라고도 한다.

부품설계기준
DS2-008

인장 볼트 (PULLER BOLT)

1) 적 용 : 3단 금형에서 금형이 열릴 때 스트리퍼판을 잡아 당겨 주는 기능과 고정측 형판과 가동측 형판 사이를 열어 성형품을 이젝팅하기 위한 인장볼트 대하여 규정한다.
2) 재 질 : SCM435
3) 열처리: HRc 33~38
4) 모양 및 치수

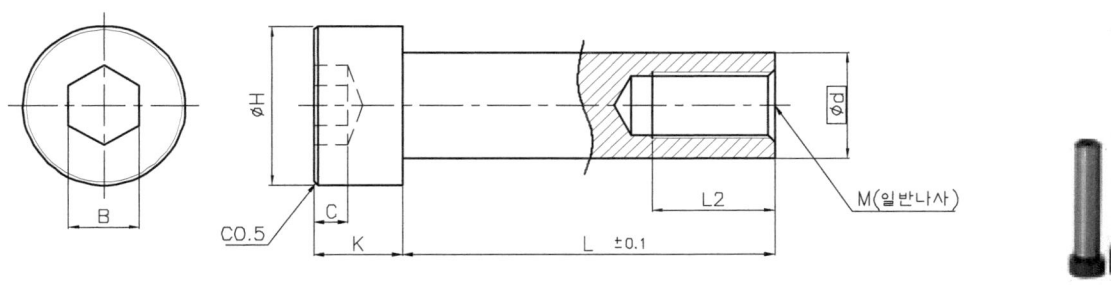

(단위:mm)

호칭치수	Ød		ØH		K		C	M	L	L2	B
	치수	허용차	치수	허용차	치수	허용차					
10	10	0 -0.15	16	0 -0.43	8	0 -0.36	4	M6	40~180	12	6
13	13		18		10			M8	20~280	23	8
16	16		24	0 -0.43	14	0 -0.43	7	M10	100~300	25	10
20	20	0 -0.20	28				9	M12	120~400	30	14
25	25		33	0 -0.62	18		10	M16	170~400	35	17

5) 주문예 : TYPE   d - L
　　　　　(PBTN 13 - 100)

6) 비고
① 인장볼트 L 치수는 300mm 이하는 10mm 단위로 지정하고, 300mm 이상은 50mm 단위로 지정한다.
② 인장볼트는 일명 풀러볼트 라고도 한다.
③ 인장볼트는 스톱볼트와 조립하여 사용한다.
④ 3단 금형에서 인장 링크 및 체인을 사용하여 금형을 형개 시키기도 함.

부품설계기준	스톱 볼트 (STOP BOLT)
DS2-009-1	

1) 적 용 : 3단 금형에서 런너 스트리퍼판이 인장볼트에 의해 당겨질 때 스프루를 취출하기 위하여 고정측 설치판과 런너 스트리퍼판 사이의 틈새를 제한하는 스톱볼트에 대하여 규정한다.
2) 재 질 : SCM435
3) 열처리: HRc 33~38
4) 모양 및 치수

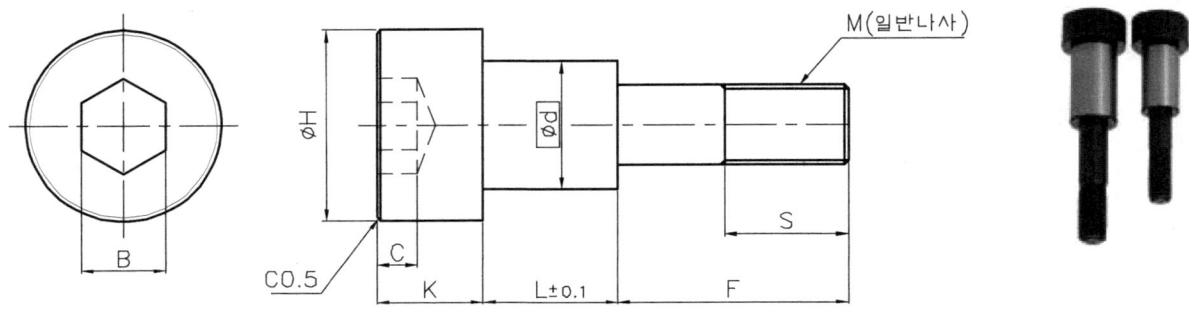

(단위:mm)

호칭 치수	Ød		ØH		K		C	M	L	F	S	B
	치수	허용차	치수	허용차	치수	허용차						
10	10	0 / -0.15	16	0 / -0.43	8	0 / -0.36	4	M6	10	19 24	17	6
									15	19 24 29		
									20	19 24 29 34		
13	13		18					M8	10	22 27	20	8
									15	22 27 32 37		
									20	22 27 32 37 42		
									25	27 32 37 42		
									30	27 32 37 42 47		
									35	37 42 47		
16	16		24		13	0 / -0.43	7	M10	10	30 35	23	10
									15	30 35 40		
									20	30 35 40 45		
									25	30 35 40 45 50		
									30	35 40 45 50 55		
									35	40 45 50 55		
20	20	0 / -0.20	27				9	M12	15	38 43	26	12
									20	38 43 48		
									25	38 43 48 53		
									30	48 53 58		
									35	48 53 58		
									45	53 58		
25	25		33	0 / -0.62	18		10	M16	15	44 49	32	16
									20	49 54 59		
									25	49 54 59		
									30	49 54 59 64		
									40	54 59 64 69		

5) 주문예 : TYPE d - L - F
(STBG 16 - 10 - 30)

| 부품설계기준 DS2-009-2 | 스톱 볼트 (STOP BOLT) |

6) 인장볼트 / 풀러볼트 설치(예)

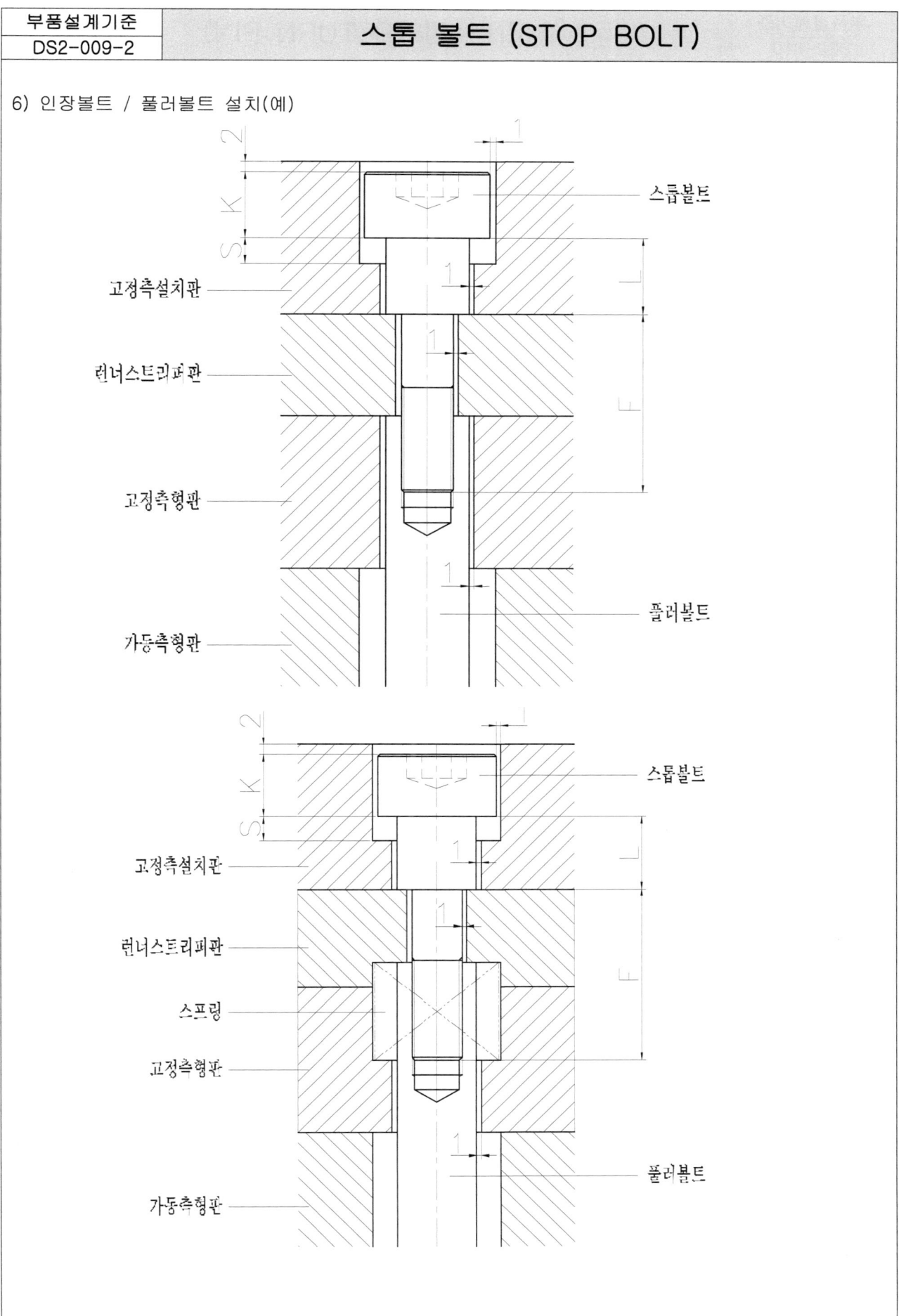

| 부품설계기준 DS2-010 | 리턴 핀 (RETURN PIN) |

1) 적 용 : 이젝터 플레이트에 고정되어 있으며 금형이 닫힐때 밀판의 원래의 위치로 복귀하게 되어
         밀핀이나 스프루 로크핀을 보호하는 리턴핀에 대하여 규정한다.
2) 재 질 : STB2 (SUJ2)
3) 열처리: HRc 58^{+2}_{0} (고주파 열처리)
4) 모양 및 치수

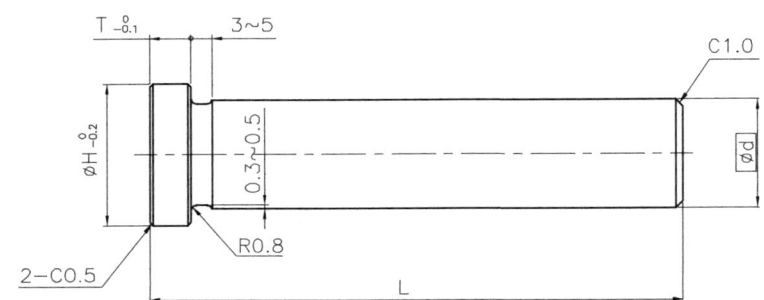

(단위:mm)

호칭치수	Ød		ØH	T
	치수	허용차(f6)		
10	10	-0.013 -0.022	15	8
12	12	-0.016 -0.027	17	
13	13		18	
15	15		20	
16	16		21	
20	20	-0.020 -0.033	25	
25	25		30	
30	30		35	
32	32	-0.025 -0.041	37	
35	35		40	
40	40		45	
50	50		55	

5) 리턴핀 설치(예)

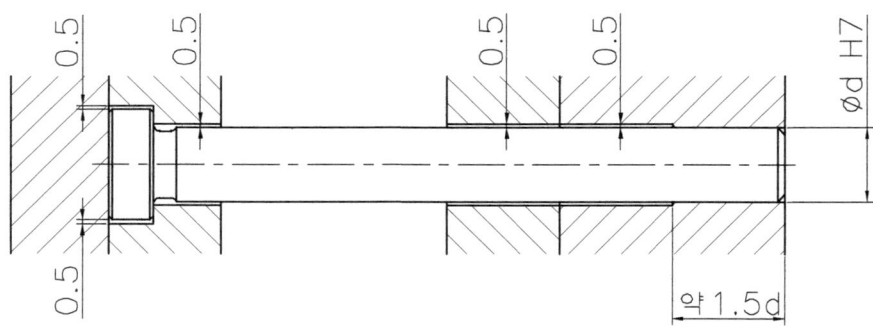

6) 주문예 : TYPE d - L
   (플랜지 두께 4mm 예 : RP4TH 20 - 100)
   (플랜지 두께 8mm 예 : RP8TH 20 - 100)
7) 비고
   ① L 치수는 사용자가 지정한다.
   ② 플랜지 두께 T는 4mm 정밀급도 있음.
   ③ 스트리퍼 판 추출 방식에서는 리턴핀 선단부에 암나사를 가공해 주는 경우도 있다.
   ④ 리턴 핀 슬라이딩부 홀 공차는 H7을 적용한다.

스트레이트 이젝터 핀 (STRAIGHT EJECTOR PIN)

부품설계기준
DS2-011

1) 적 용 : 이젝터 플레이트에 고정되어 있으며 금형이 열릴 때 밀판과 함께 전진하여 성형품을 밀어내는 스트레이트 이젝터 핀에 대하여 규정한다.
2) 재 질 : SKH51 (HRc 58~60) / STD61(HRc 50~55)
3) 모양 및 치수

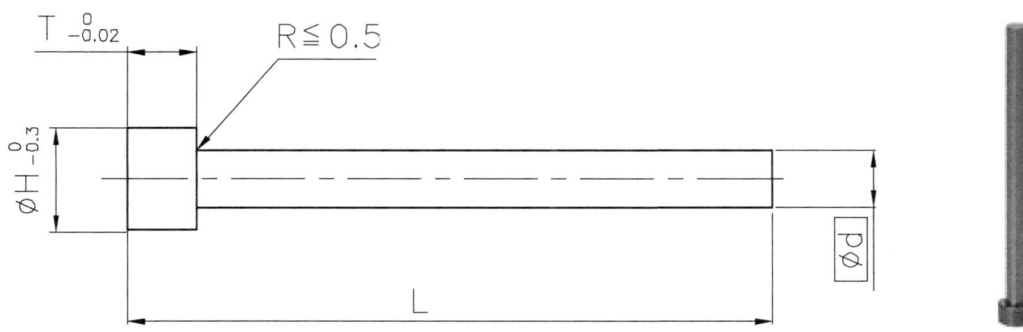

(단위:mm)

호칭치수	Ød 치수	Ød 허용차	ØH	T	호칭치수	Ød 치수	Ød 허용차	ØH	T
1	1	-0.010 -0.030	4	2	6	6	-0.020 -0.050	9	6
1.5	1.5		5	3	7	7		10	
2	2		6	4	8	8		11	8
2.5	2.5				9	9		14	
3	3				10	10		15	
3.5	3.5		7	6	11	11		16	
4	4		8		12	12		17	
4.5	4.5				13	13		18	
5	5		9		14	14		19	

4) 스트레이트 이젝터 핀 설치(예)

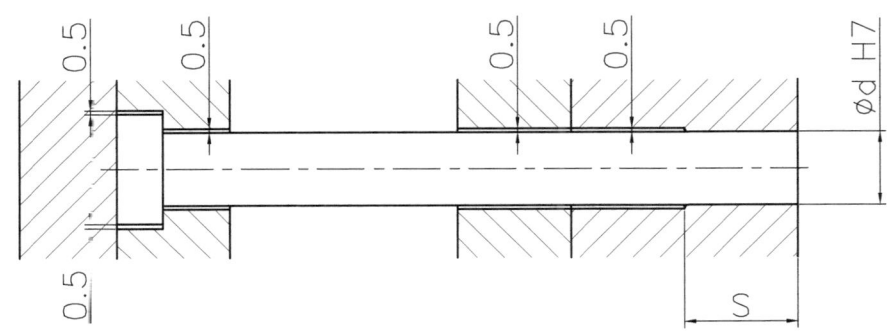

호칭치수	S치수
1~3	8
3.5~6	10
7~10	15
11~14	20

5) 주문예 : TYPE d - L
   (EPHJE - L5 - 210)

6) 비고
   ① L 치수는 사용자가 지정한다.
   ② 플랜지 두께 T는 정밀급 4mm도 있음.
   ③ 이젝터 핀 슬라이딩부(S) 홀 공차는 H7을 적용한다.
   ④ 플랜지 코너부 R max는 0.5mm 이내로 한다.

부품설계기준	이단 이젝터 핀 (STEPPED EJECTOR PIN)
DS2-012	

1) 적 용 : 이젝터 플레이트에 고정되어 있으며 금형이 열릴때 밀판과 함께 전진하여 성형품을 밀어내는 이단 이젝터 핀에 대하여 규정한다.
2) 재 질 : SKH51 (HRc 58~60) / STD61(HRc 50~55)
3) 모양 및 치수

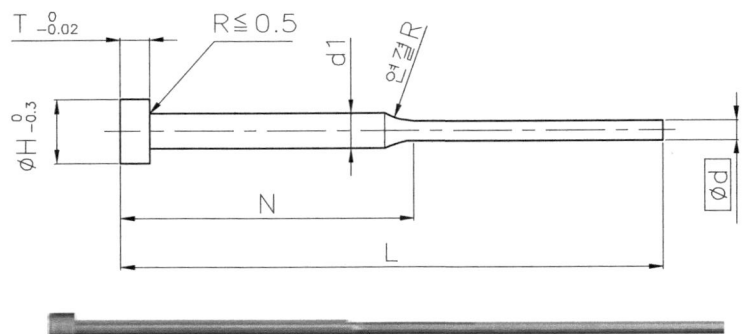

(단위:mm)

호칭치수	Ød 치수	Ød 허용차	Ød1	ØH	T
1	1	-0.010 -0.030	3	6	4
1.5	1.5		3	6	4
2	2		4	8	6
2.5	2.5		4	8	6
3	3		6	10	6
3.5	3.5		6	10	6
4	4		8	13	8
4.5	4.5		8	13	8
5	5		10	15	8
6	6	-0.020 -0.050	10	15	8

4) 이단 이젝터 핀 설치(예)

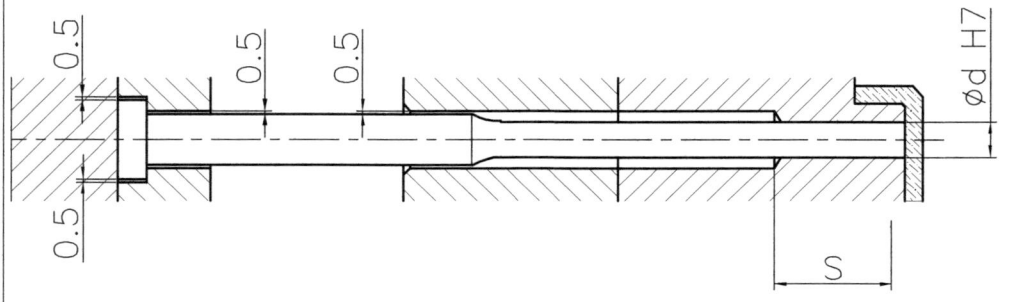

호칭치수	S치수
1~3	8
3.5~6	10

5) 주문예 : TYPE d1 - L - d - N
   (EHS 4 - 100 - 2.0 - 50)
6) 비고
   ① L 및 N 치수는 사용자가 지정한다.
   ② 플랜지 두께 T는 정밀급 4mm도 있음.
   ③ 이젝터 핀 슬라이딩부(S) 홀 공차는 H7을 적용한다.
   ④ 플랜지 코너부 R max는 0.5mm 이내로 한다.

부품설계기준	스트레이트 이젝트 슬리브 (STRAIGHT EJECTOR SLEEVE)
DS2-013	

1) 적 용 : 제품 중앙에 긴 구멍이 있는 부시 모양의 성형품, 구멍이 있는 보스, 빠지기 어려운 가늘고 긴 코어가 있는 성형품의 이젝팅에 사용되는 스트레이트 이젝트 슬리브에 대하여 규정한다.
2) 재 질 : SKH51 (HRc 58~60) / STD61(HRc 50~55)
3) 모양 및 치수

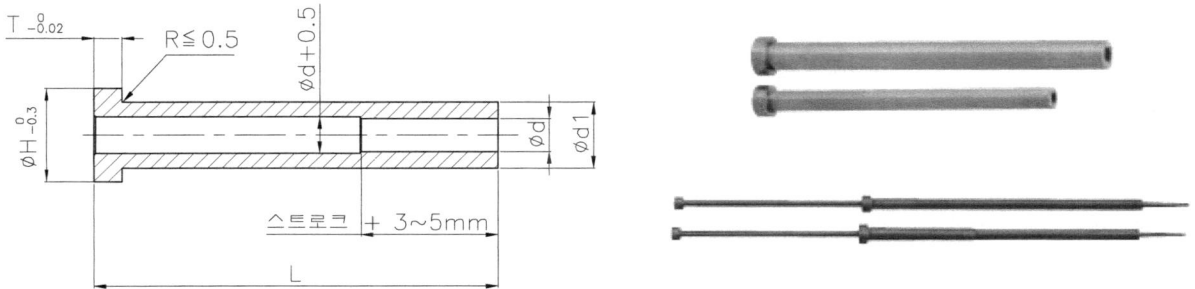

(단위:mm)

호칭치수	∅d		∅d1		∅H	T
	치수	허용차(H7)	치수	허용차		
3	3	+0.009 / 0	6	-0.020 / -0.050	10	6
4	4	+0.012 / 0	7		11	
5	5		8		13	
6	6		10		15	8
8	8	+0.015 / 0	12		17	
10	10		14		19	
12	12	+0.018 / 0	17		22	

4) 스트레이트 이젝터 슬리브 설치(예)

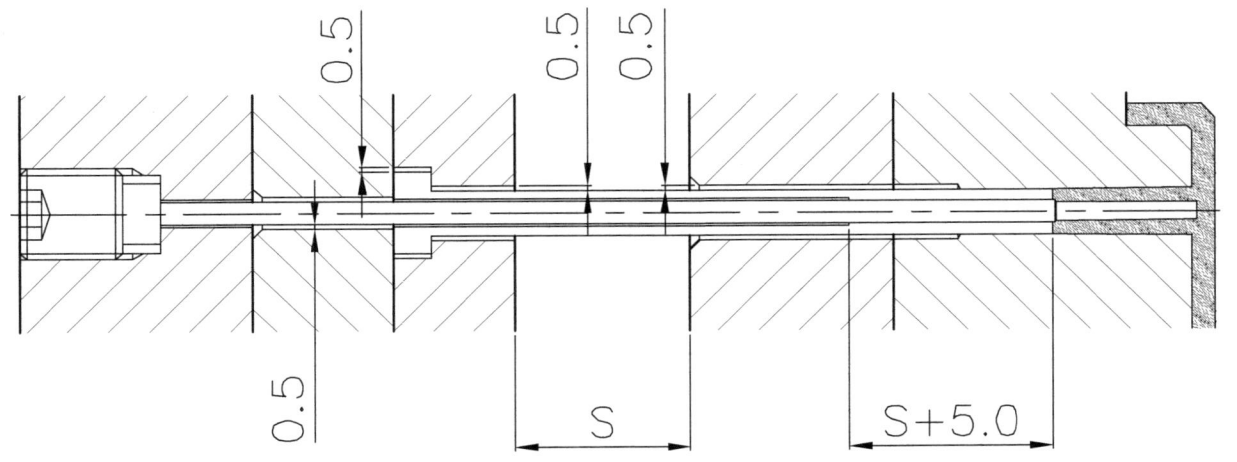

5) 주문예 : TYPE d1 - L - d
   (ESVJB 6 - 100 - 3.0)

6) 비고
   ① L 치수는 사용자가 지정한다.
   ② 플랜지 두께 T는 정밀급 4mm도 있음.
   ③ 센터핀 슬라이딩부 (∅d) 홀 공차는 H7을 적용한다.
   ④ 플랜지 코너부 R max는 0.5mm 이내로 한다.

부품설계기준	이단 이젝트 슬리브 (STEPPED EJECTOR SLEEVE)
DS2-013	

1) 적 용 : 제품 중앙에 긴 구멍이 있는 부시 모양의 성형품, 구멍이 있는 보스, 빠지기 어려운 가늘고 긴 코어가 있는 성형품의 이젝팅에 사용되는 이단 이젝트 슬리브에 대하여 규정한다.
2) 재 질 : SKH51 (HRc 58~60) / STD61(HRc 50~55)
3) 모양 및 치수

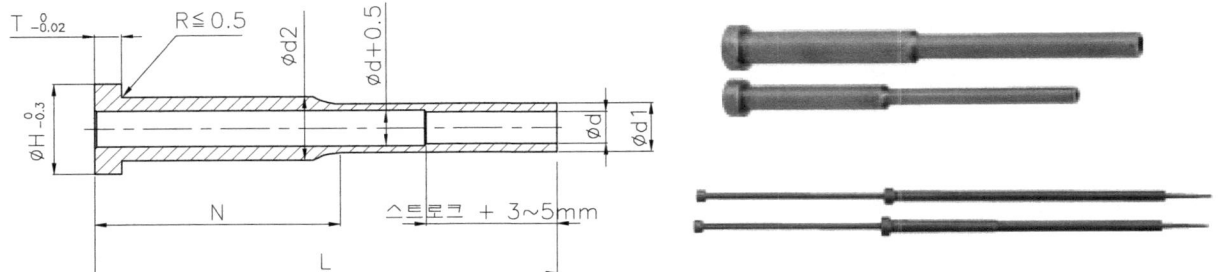

(단위:mm)

호칭치수	Ød		Ød1		d2	ØH	T
	치수	허용차(H7)	치수	허용차			
3.5	3.5	+0.012 0	7	-0.020 -0.050	10	15	8
4	4		7		10	15	
			8		10	15	
4.5	4.5		8		10	15	
5	5		8		10	15	
			9		12	17	
6	6		9		12	17	
			10		12	17	
8	8	+0.015 0	12		15	20	

4) 스트레이트 이젝터 슬리브 설치(예)

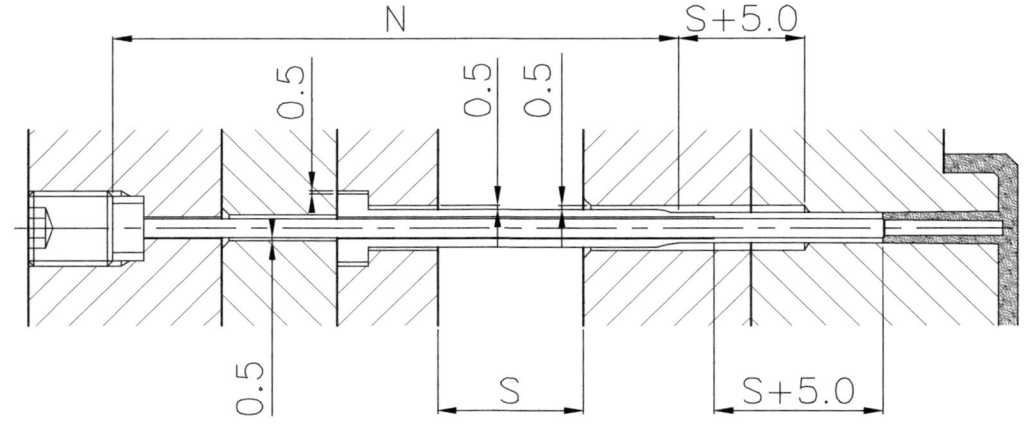

5) 주문예 : TYPE - d2 - L - d - d1 - N
(ESVJFE 12 - 150 - 6.0 - 10 - N80)

6) 비고
① L 및 N 치수는 사용자가 지정한다.
② 플랜지 두께 T는 정밀급 4mm도 있음.
③ 센터핀 슬라이딩부(Ød) 홀 공차는 H7을 적용한다.
④ 플랜지 코너부 R max는 0.5mm 이내로 한다.

런너 록 핀 (RUNNER LOCK PIN)

부품설계기준 DS2-014-1

1) 적 용 : 3단 금형에서 형개시 핀 포인트 게이트와 성형품을 분리하기 위하여 사용되는 런너 록 핀에 대하여 규정한다.
2) 재 질 : SKH51 (HRc 58~60)
3) 모양 및 치수

스트레이트형

| 표준형 (범용형) | 하드로크형 (로크력 강화) | 선단 원추형(냉각시간 단축형) |

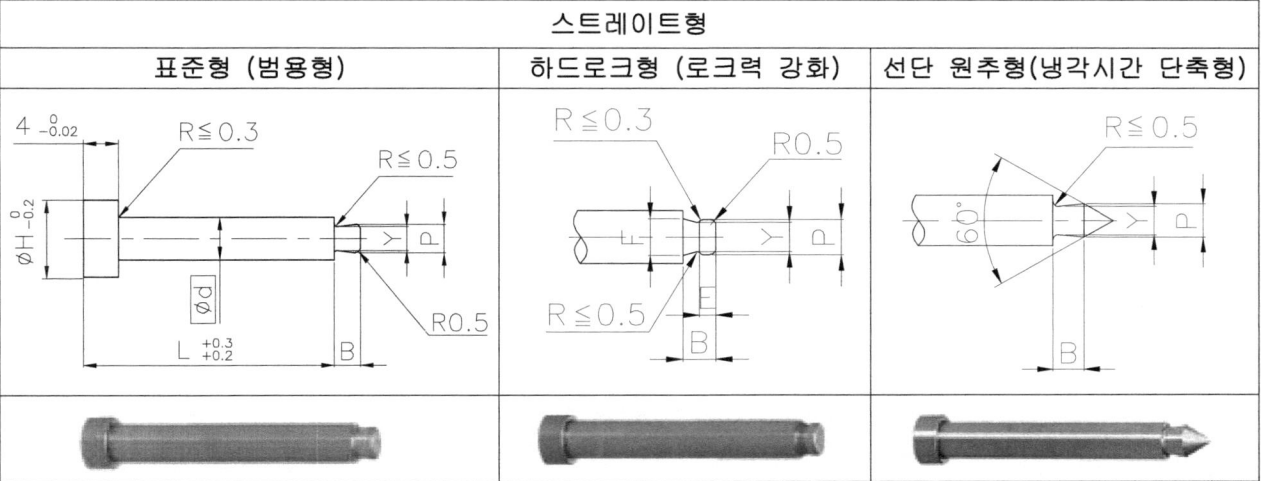

테이퍼형

| 표준형 (범용형) | 하드로크형 (로크력 강화) | 선단 원추형(냉각시간 단축형) |

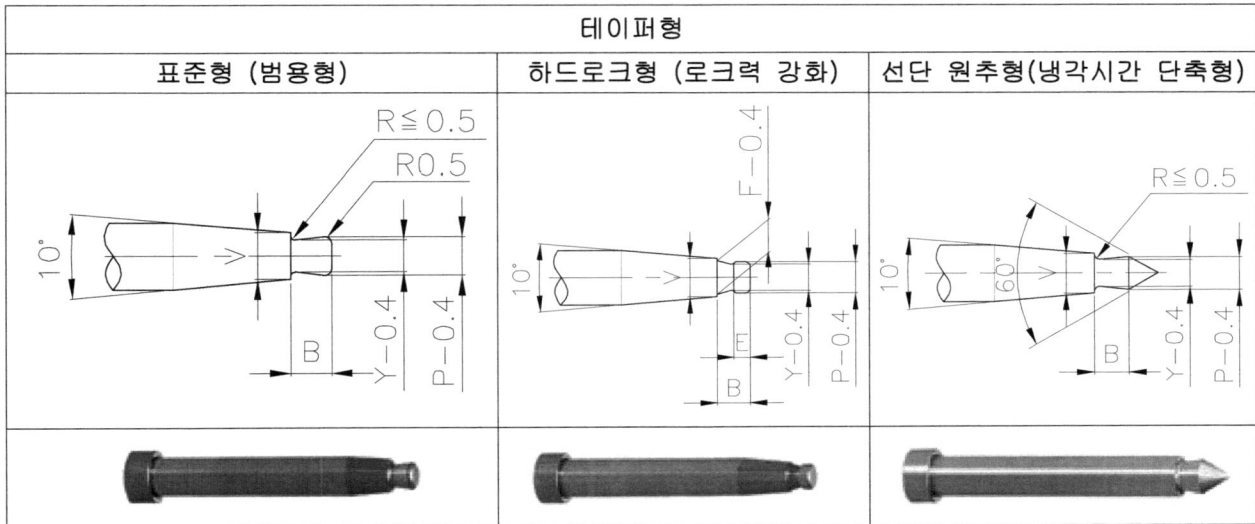

(단위:mm)

호칭치수	Ød 치수	Ød 허용차(f6)	ØH	B	P	Y	E	V	F
2	2	-0.006 / -0.012	4	2	1.5	1.0	1	1.5	1.5
3	3	-0.010 / -0.018	5	2	2.3	1.8	1	2.5	2.5
4	4	-0.010 / -0.018	6	2.5	2.8	2.3	1	3	3
5	5		7	3	3.3	2.8	1.5	3.5	3.5
6	6	-0.013 / -0.022	8	3	3.8	3.0	1.5	4	4
8	8	-0.013 / -0.022	10	4	5.8	5.0	2	6	6

부품설계기준	런너 록 핀 (RUNNER LOCK PIN)
DS2-014-2	

4) 런너 록 핀 사용(예)

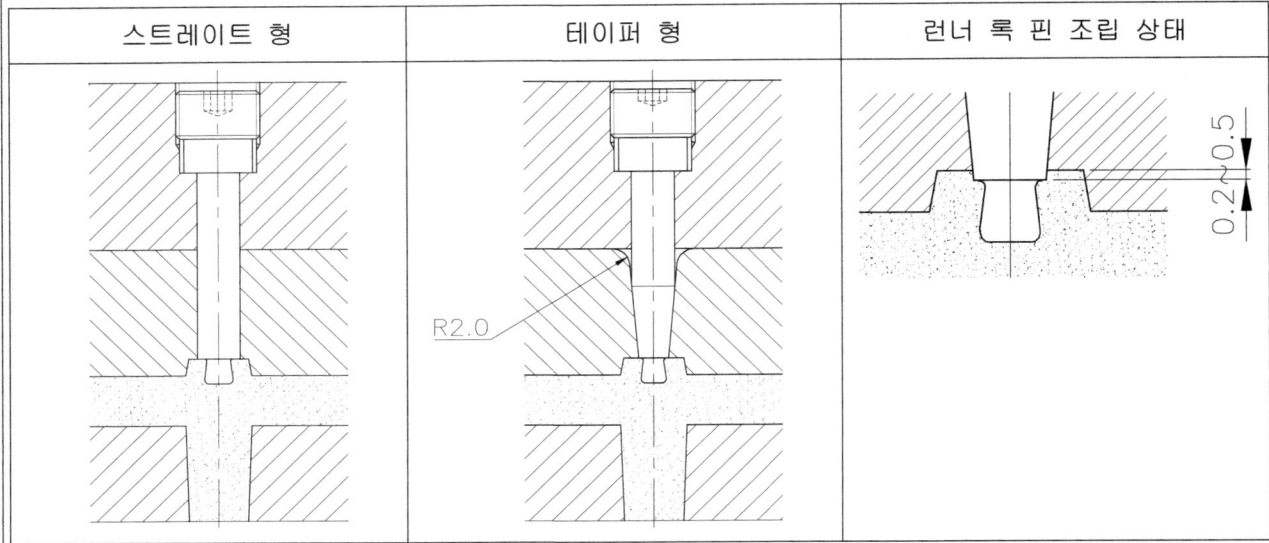

5) 런너 록 핀 고정 방법

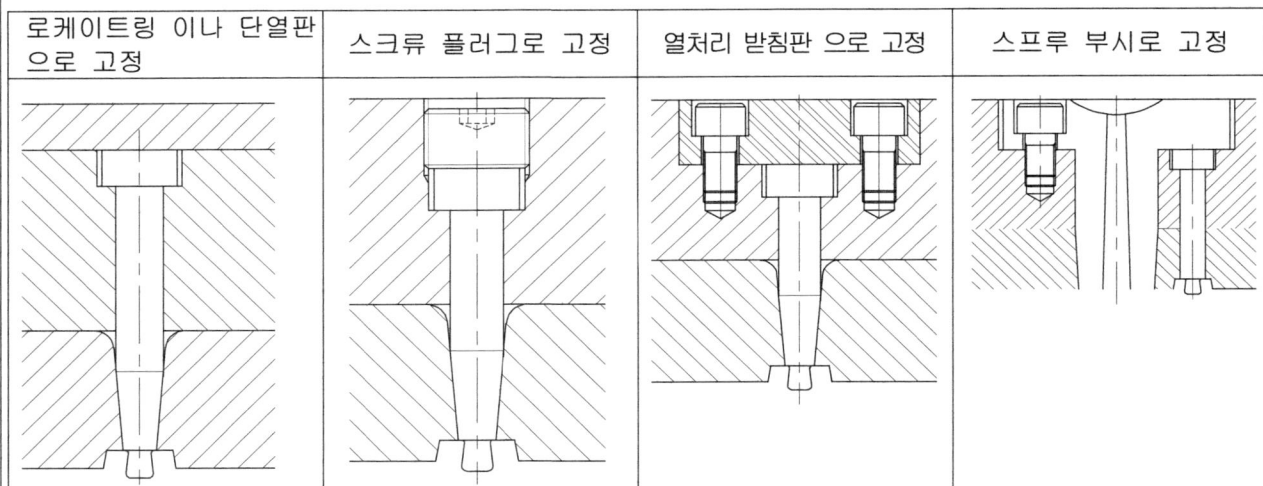

6) 주문예 : TYPE d - L - P - Y - B
   (RLR 4 - 30 - P2.8 - Y2.3 - B2.5)

구 분	TYPE별 호칭		
	표준형	하드 로크형	선단 원추형
스트레이트형	RLR	RLH	RLKL
테이퍼형	RLTB	RHTB	

7) 비고
  ① L 치수는 사용자가 지정한다.
  ② 런너 록 핀 선단부는 런너 형상에서 0.2~0.5mm 정도 돌출되게 설치한다. (언더컷 방지)
  ③ 2단 금형의 스트리퍼 취출 방식에서 스프루 록 핀으로 사용된다.
  ④ 플랜지 코너부 R max는 0.3mm 이내로 한다.

스프루 록 핀 (SPRUE LOCK PIN)

부품설계기준 DS2-015-1

1) 적 용 : 금형 형개시 스프루 및 런너가 고정측에 붙지 않고 가동측으로 딸려가기 위해 설치하는 스프루 록 핀에 대하여 규정한다.
2) 재 질 : SKH51 (HRc 58~60) / STD61(HRc 50~55)
3) 모양 및 치수

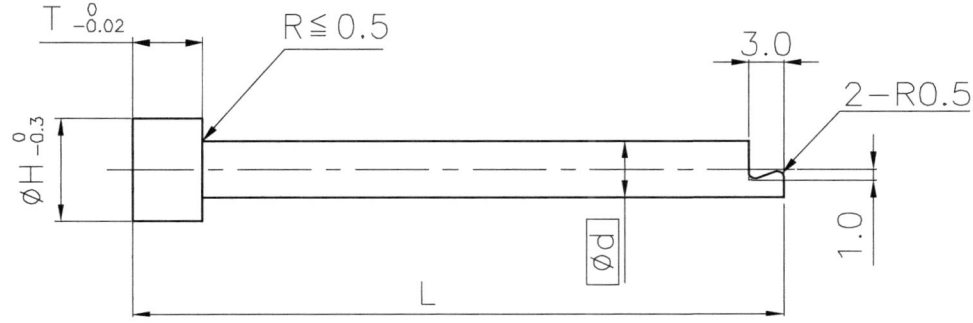

(단위:mm)

호칭치수	Ød 치수	Ød 허용차	ØH	T	S
4	4	-0.010 / -0.030	8	6	10
5	5		9		
6	6		9		
7	7	-0.020 / -0.050	10	8	15
8	8		11		
9	9		14		
10	10		15		
11	11		16		20
12	12		17		

4) 스프루 록 핀 설치(예) - 이젝터 핀 취출 방식

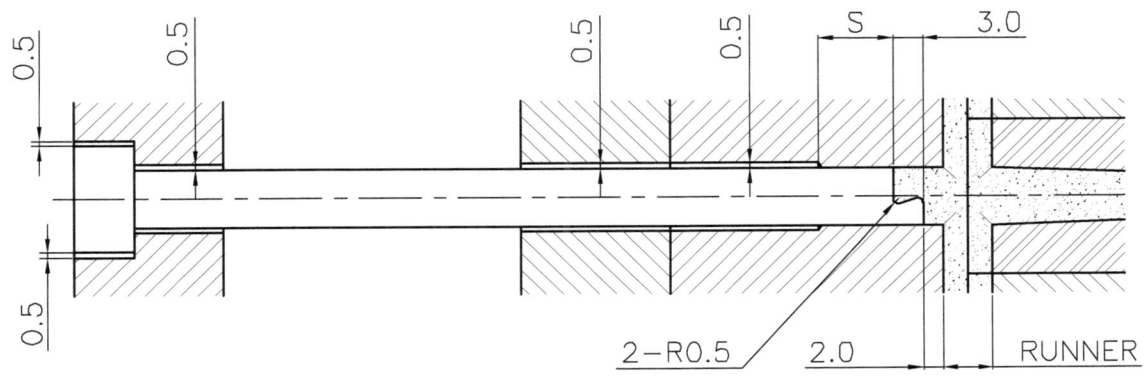

| 부품설계기준 DS2-015-2 | 스프루 록 핀 (SPRUE LOCK PIN) |

5) 스프루 록 핀 설치(예) - 스트리퍼 판 취출 방식

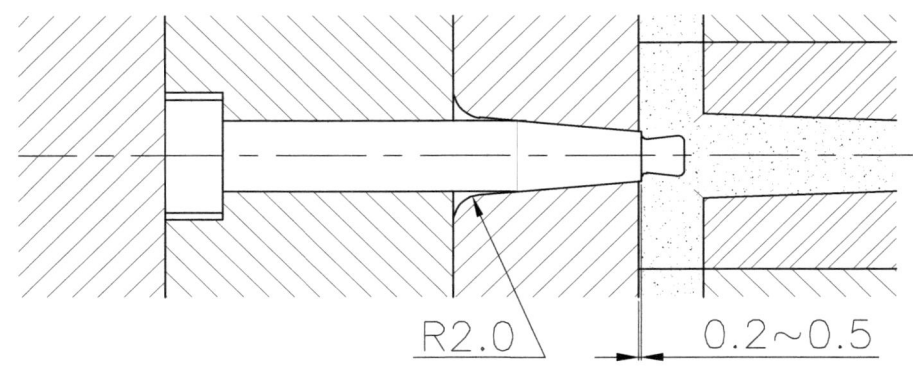

6) 이젝트 HOLE에 LOCK 형상을 사용한 경우

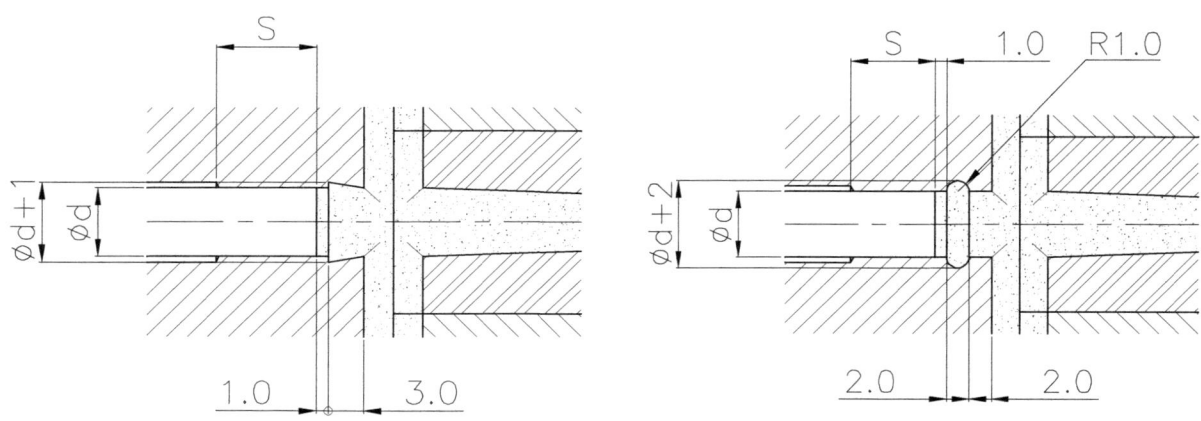

7) 주문예 : TYPE 선단형상 - d - L - P - 선단 형상부 치수
   (EPHJB 5A - 6 - 100 - 5.8 -)

8) 비고
   ① L 치수는 사용자가 지정한다.
   ② 플랜지 두께 T는 정밀급 4mm도 있음.
   ③ 스프루 록 핀 슬라이딩부 홀 공차는 H7을 적용한다.
   ④ 플랜지 코너부 R max는 0.5mm 이내로 한다.
   ⑤ 스프루 록 핀은 칼퀴핀 혹은 Z핀 이라고도 한다.

스톱 핀 (STOP PIN)

부품설계기준
DS2-016

1) 적 용 : 이젝터 플레이트와 가동측 설치판 사이에 장착하여 이물질이 끼어들지 않게 하기 위한 스톱 핀에 대하여 규정한다.
2) 재 질 : SM45C (HRc 46~50)
3) 모양 및 치수

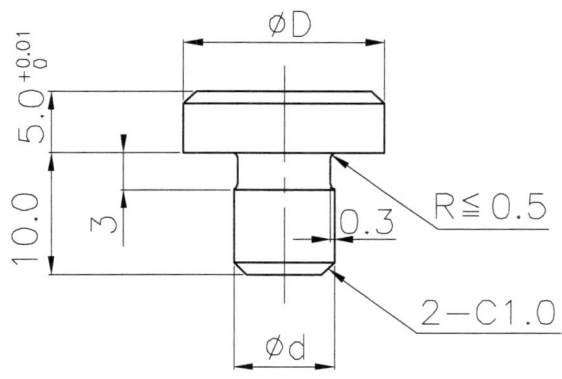

(단위:mm)

호칭치수	ØD	Ød 치수	허용차(k6)
16	16	8	+0.024 +0.015
20	20	10	

4) 스톱 핀 설치(예)

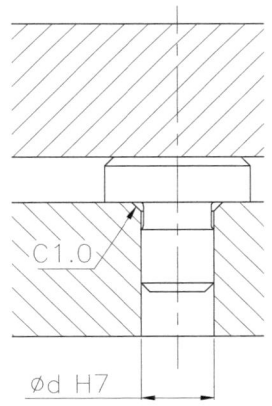

5) 주문예 : TYPE
　　　　　 (열 처 리 용 : STPH)
　　　　　 (비 열처리용 : STPN)

6) 비고
　① 스톱 핀 조립부 홀 공차 H7을 적용한다.
　② 플랜지 코너부 R max는 0.5mm 이내로 한다.
　③ 스톱 핀을 정지핀 이라고도 한다.

| 부품설계기준 DS2-017-1 | 로케이트 링 (LOCATING RING) |

1) 적 용 : 사출기 노즐과 스프루 부시의 구멍을 일치하기 위해 고정측 설치판에 고정하는 로케이트 링에 대하여 규정한다.
2) 재 질 : SM45C (S45C)
3) 종 류 : 종류는 A형(JIS형) / B형(볼트형) / C형(대구경형)으로 한다.
4) 모양 및 치수

(1) A형(JIS형)

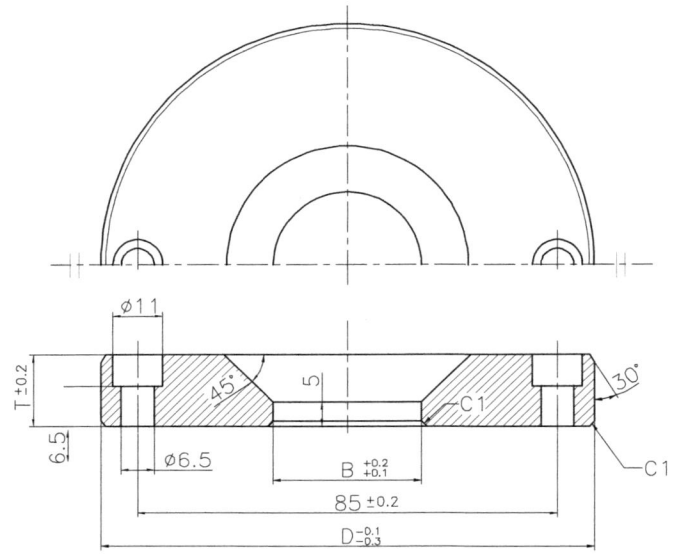

(2) B형(볼트형)

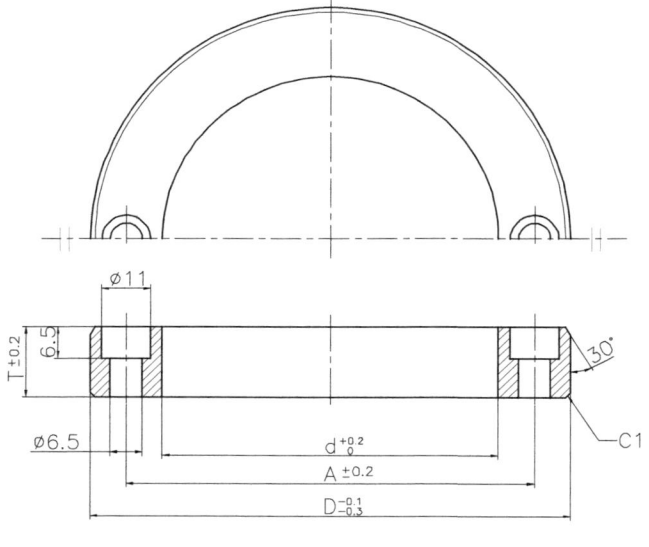

(단위:mm)

호칭치수	D	B	A	T
100	100	35	85	15
		40		20
120	120	50	105	25

| 부품설계기준 DS2-017-2 | 로케이트 링 (LOCATING RING) |

(3) C형 (대구경형)

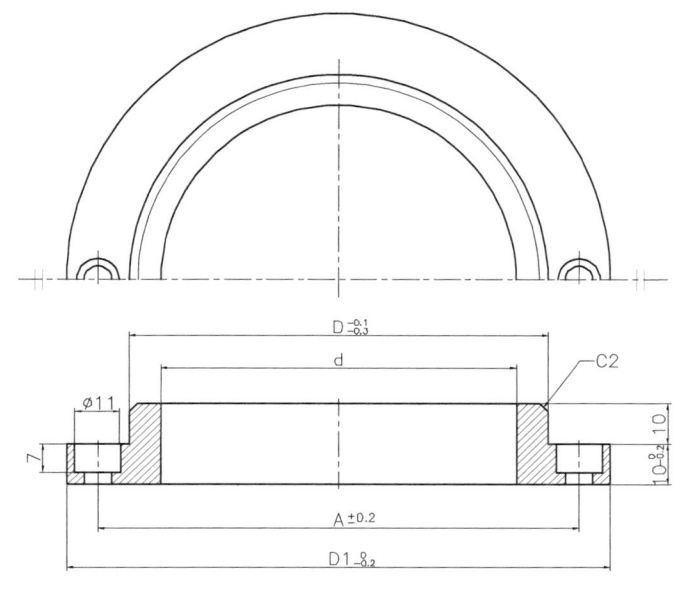

(단위:mm)

호칭치수	D	D1	d	A
100	100	130	85	115
120	120	150	105	135

5) 주문예 : TYPE D - T - B

    (A형(JIS형) 예: LRJS 100 - 15 - 35)
    (B형(볼트형) 예: LRBS 100 - 15 - 35)
    (C형(대구경형) 예: LRK 100)

부품설계기준	스프루 부시 (SPRUE BUSHING)
DS2-018-1	

1) 적 용 : 사출기 노즐로 부터 용융 수지를 공급받아 캐비티 내에 충전시키는 스프루부시 A형 (볼트 고정형)에 대하여 규정한다.
2) 재 질 : SM45C / STD61(HRc 48~53)
3) 모양 및 치수

(1) A형(볼트 고정형)-스트레이트 TYPE

(2) A형(볼트 고정형)-테이퍼 TYPE

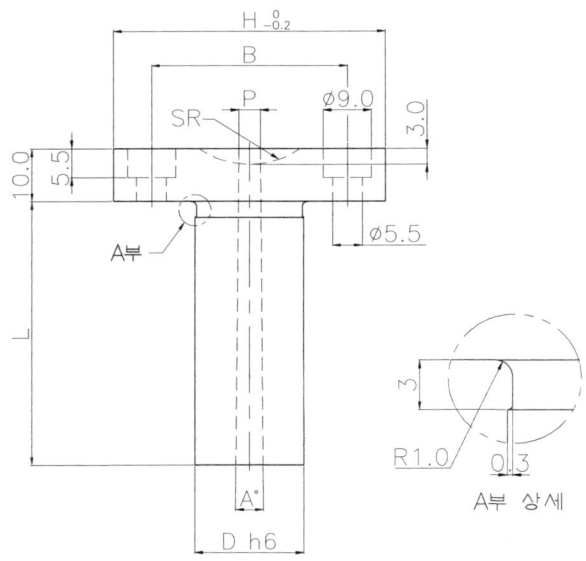
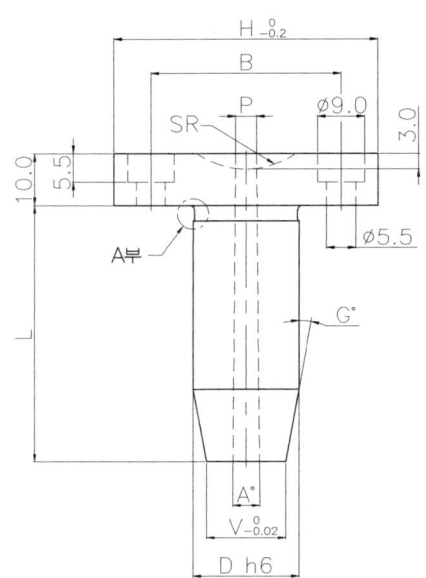

(단위:mm)

호칭치수	D	H	B	P (0.5mm 단위)	A° (0.5° 단위)	V	G° (1° 단위)	SR
8	8	35	25	2~5	1~4	D-(4~5)	1~10	10
10	10							10.5
12	12							11
13	13							12
16	16	50	36					13
20	20							16

4) 주문예 : TYPE   D - L - SR - P - A - V - G
   (스트레이트 TYPE 예: SJAD20 - 85.0 - SR11 - P3 - A2)
   (테이퍼 TYPE 예: SJGD20 - 85.0 - SR11 - P3 - A2 - V18.0 - G8)

5) 비고
  ① L 치수는 사용자가 지정한다. (0.1mm 단위)
  ② 테이퍼 TYPE의 경우 3단 금형에 적용한다.
  ③ SR 값은 사출 성형기의 노즐 선단부 R값보다 1mm 크게 한다. (수지의 역류 방지)

부품설계기준	스프루 부시 (SPRUE BUSHING)
DS2-018-2	

1) 적 용 : 사출기 노즐로부터 용융 수지를 공급받아 캐비티 내에 충전시키는 스프루부시 B형
   (JIS형) 에 대하여 규정한다.
2) 재 질 : SM45C / STD61(HRc 48~53)
3) 모양 및 치수

   (1) B형(JIS형)-스트레이트 TYPE   (2) B형(JIS형)-테이퍼 TYPE

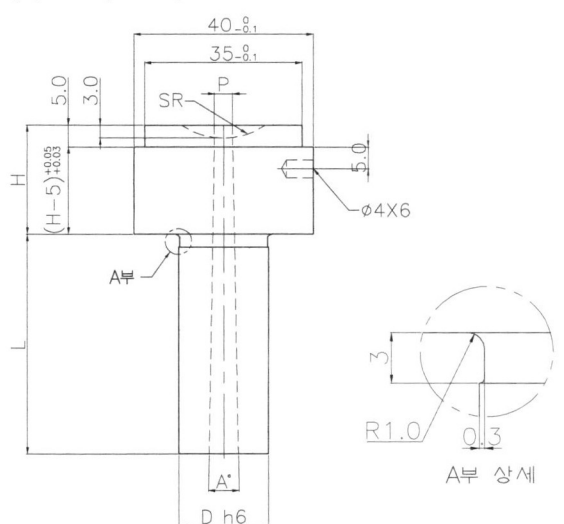
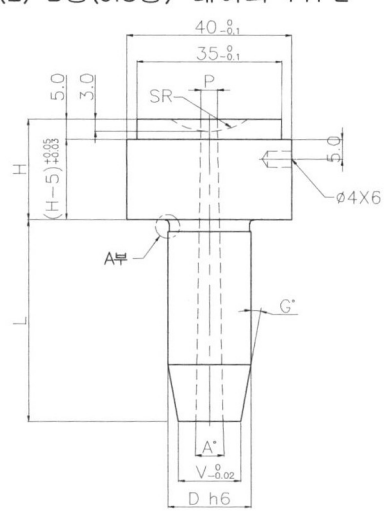

(단위:mm)

호칭치수	D	H	P (0.5mm 단위)	A° (0.5° 단위)	V	G° (1° 단위)	SR
10	10	25 30	2~5	1~4	D-(4~5)	1~10	10 10.5 11 12 13 16 20 21
12	12						
13	13						
16	16						
20	20						

4) 주문예 : TYPE D - H - L - SR - P - A - V - G
   (스트레이트 TYPE 예: SJBD20 - 25 - 40.0 - SR11 - P3 - A2)
   (테 이 퍼 TYPE 예: SJTD20 - 25 - 40.0 - SR11 - P3- A2 - V18.0 - G8)
5) 비고
   ① L 치수는 사용자가 지정한다. (0.1mm 단위)
   ② 테이퍼 TYPE의 경우 3단 금형에 적용한다.
   ③ SR 값은 사출 성형기의 노즐 선단부 R값보다 1mm 크게 한다. (수지의 역류 방지)

| 부품설계기준 DS2-019 | 앵귤러 핀 (ANGULAR PIN) |

1) 적 용 : 제품 형상에 언더컷이 있을 때 금형 개폐시 슬라이드 코어를 이동시키기 위해 사용 되는 앵귤러 핀에 대하여 규정한다.
2) 재 질 : STB2(HRc 58~60) / STD11(HRc 60~63)
3) 모양 및 치수

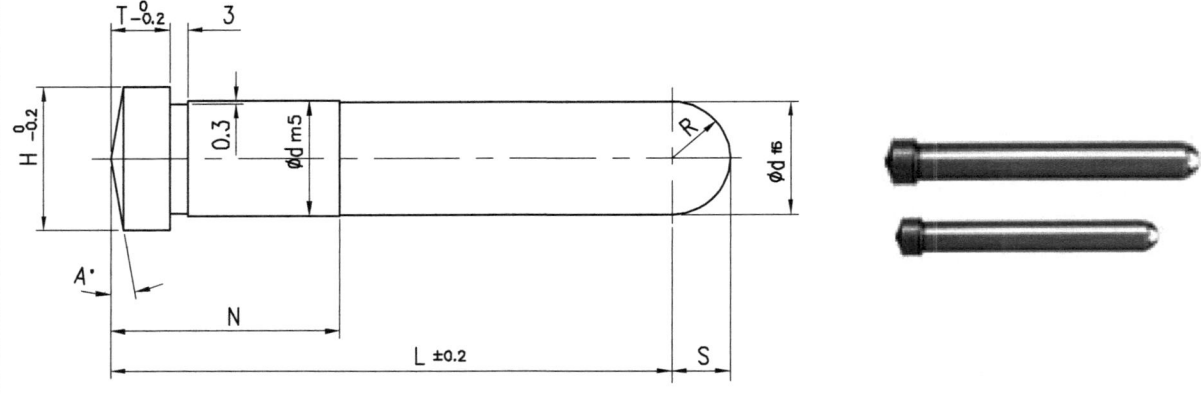

(단위:mm)

호칭치수	d	T	H	A° (1° 단위)	호칭치수	d	T	H	A° (1° 단위)
4	4	5	7	0~30	20	20	13	23	0~30
5	5		8		25	25		28	
6	6		9		30	30	15	35	
8	8		11		32	32		37	
10	10	10	13		35	35		40	
12	12		15		40	40		45	
13	13		16		50	50	20	55	
15	15	13	18						
16	16		19						

4) 주문예 : TYPE d - L - N - A
(AP 15 - 150.0 - N30 - A15

5) 비고
① L 및 N 치수는 사용자가 지정한다. (0.1mm 단위)
② 앵귤러핀의 A부 각도는 일반적으로 15°를 적용한다. (로킹블록은 17° 적용)

부품설계기준	
DS2-020	로킹 블록 (LOCKING BLOCK)

1) 적 용 : 제품 형상에 언더컷이 있을 때 금형 개폐시 슬라이드 코어의 밀림 방지 편으로 사용되는 로킹 블록에 대하여 규정한다.
2) 재 질 : STS3(HRc 53~56) / HPM2T(HRc 37~41)
3) 모양 및 치수

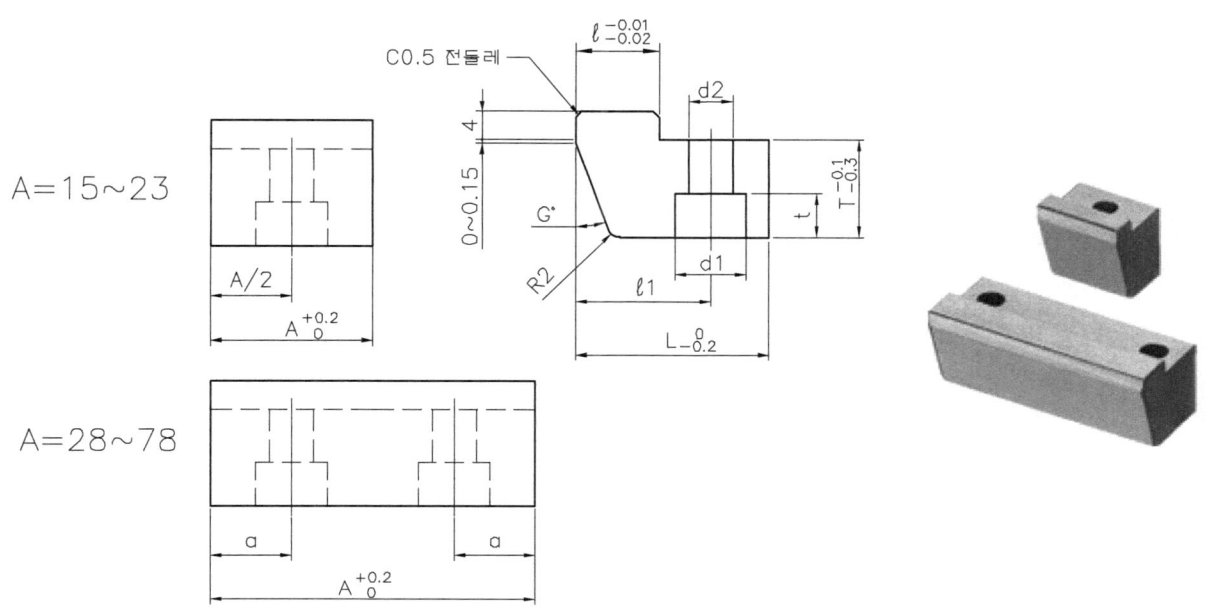

(단위:mm)

호칭 치수	L	T	A	G°	a	ℓ	ℓ1	d1	d2	t
2010		10	13 15 18 23 28 33 38 48	17 20 22						
2015	20	15	15 18 23 28 33 38 48 58	15 17 20 22	6	6	13	9.5	5.5	6
2020		20		15 17						
2510		10	23 28 33 38 48 58	17 20 22						
2515	25	15	18 23 28 33 38 48 58 68 78	15 17 20 22	7	10	17	11	6.5	7
2520		20								
3020		20								
3025	30	25	33 38 48 58 68 78	15 17 20 22	8	13	21	14	9	9
3030		30								

4) 주문예 : TYPE L - T - A - G
        (LBCSM 30 - 25 - A58 - G15)
5) 비고
  ① 로킹블록의 G부 각도는 일반적으로 17°를 적용한다. (앵귤러핀은 15° 적용)

| 부품설계기준 DS2-021 | 이젝터 가이드 핀 (EJECTOR LEADER PIN) |

1) 적 용 : 제품 취출시 이젝터 플레이트의 가이드 역할을 하는 이젝터 가이드 핀에 대하여 규정한다.
2) 재 질 : STB2 (HRc 58~30)
3) 모양 및 치수

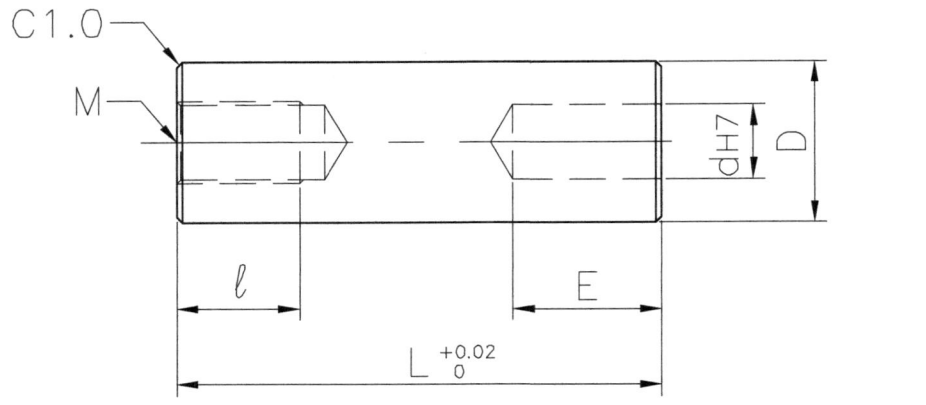

(단위:mm)

호칭치수	D 치수	D 허용차	M	ℓ	d	E	L
8	8	-0.015 -0.020	M5X0.8	10	5	12	40~80
10	10						40~100
12	12	-0.020 -0.025	M6X1.0	12	6	15	40~100
13	13						40~150
16	16						40~100
20	20	-0.020 -0.025	M8X1.25	16	8	20	50~175
25	25				10		50~250
30	30		M10X1.5	20	13	25	50~300
32	32						50~300
35	35						50~300
10	40				16		50~350
50	50						50~350

4) 주문예 : TYPE D - L
    (EGHC 30 - 50)
5) 비고
   ① L 치수는 5mm 단위로 지정한다.
   ② 맞춤핀 조립부 홀 공차는 H7을 적용한다. (맞춤핀은 h7 적용)

| 부품설계기준 DS2-022 | 이젝터 가이드 부시 (EJECTOR LEAER BHSHING) |

1) 적 용 : 제품 취출시 이젝터 플레이트의 가이드 역할을 하는 이젝터 가이드 부시에 대하여 규정한다.
2) 재 질 : STB2 (HRc 58~30)
3) 모양 및 치수

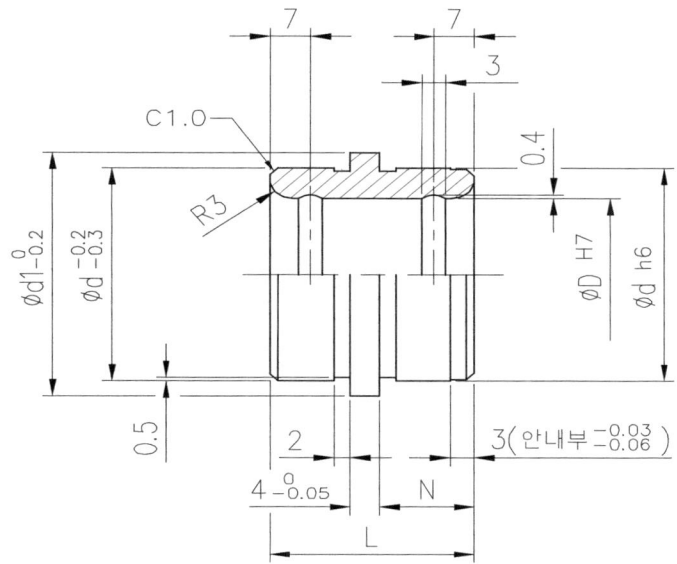

(단위:mm)

호칭치수	D	d	d1	N	L
16	16	25	28	13	28
20	20	30	33		
25	25	35	38	15	30
30	30	40	44		
40	40	50	54	20	40
50	50	60	64	25	50
60	60	70	74	30	60

4) 이젝터 가이드 핀 / 가이드 부시 설치(예)

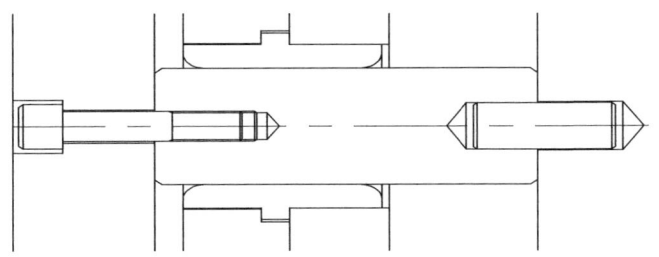

5) 주문예 : TYPE   D - N
(EGBH 30 - 15)

서포트 필러 (SUPPORT PILLAR)

부품설계기준 DS2-023

1) 적 용 : 사출 압력에 의해 금형이 처지는 것을 방지 하기 위해 받쳐주는 서포트 필러에 대하여 규정한다.
2) 재 질 : SM45C (사삼산화철 피막처리-Fe_3O_4)
3) 모양 및 치수

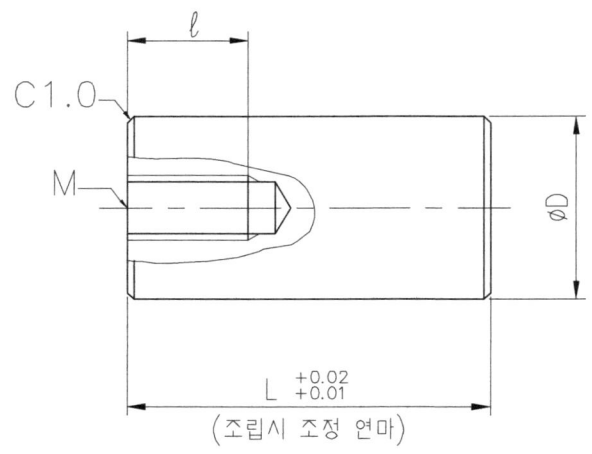

(단위:mm)

호칭치수	D	M	ℓ
12	12	M6X1.0	12
14	14	M6X1.0	12
16	16	M6X1.0	12
18	18	M6X1.0	12
20	20	M6X1.0	12
25	25	M8X1.25	16
30	30	M8X1.25	16
32	32	M8X1.25	16
35	35	M8X1.25	16
40	40	M8X1.25	16
45	45	M8X1.25	16
50	50	M8X1.25	16

4) 서포트 필러 설치(예)

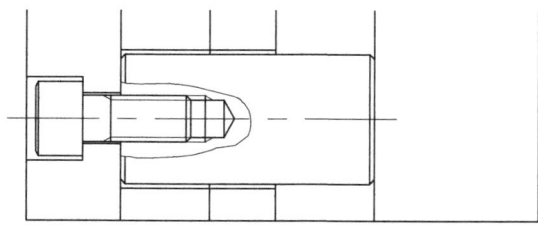

5) 주문예 : TYPE   D - L
   (SPL 30 - 70)

6) 비고
   ① L 치수는 10mm 단위로 지정한다.
   ② 서포트 필러는 일명 받침봉 이라고도 한다.

부품설계기준	맞춤핀 (DOWEL PINS)
DS2-024	

1) 적 용 : 금형 요소간에 위치 결정에 사용 되는 맞춤핀에 대하여 규정한다.
2) 재 질 : STB2 (HRc45~50)
3) 모양 및 치수
(1) 스트레이트형

(단위:mm)

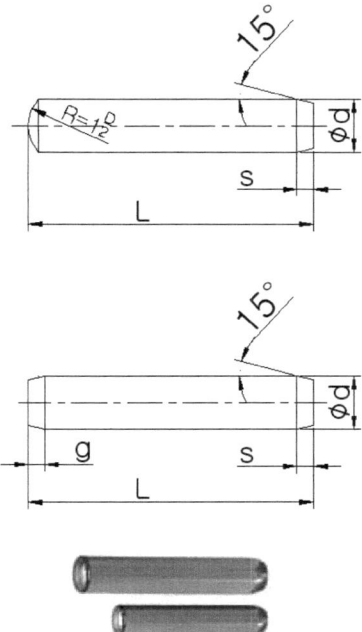

Ød	S	g	L
1.0	1.0	0.2	6,8,10
1.5			6,8,10
2.0			6,8,10,15,20
2.5	1.5	0.5	6,8,10,15,20,25,30
3.0			6,8,10,15,20,25,30,35,40
4.0			6,8,10,15,20,25,30,35,40,45,50
5.0	2		8,10,15,20,25,30,35,40,45,50
6.0			8,10,15,20,25,30,35,40,45,50,55,60
8.0	2.5	1.0	10,15,20,25,30,35,40,45,50,55,60,65,70,80
10.0			15,20,25,30,35,40,45,50,55,60,65,70,80
12.0			20,25,30,35,40,45,50,55,60,65,70,80
13.0			30,40,50,60,70,80
16.0	3.0		40,50,60,70,80
20.0			50,60,70,80

(2) 탭 붙이형 스트레이트형

(단위:mm)

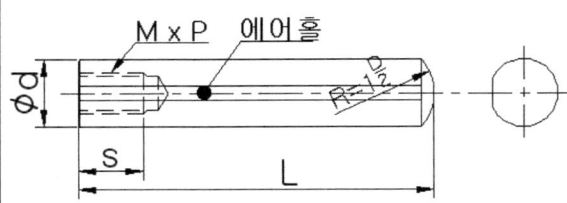

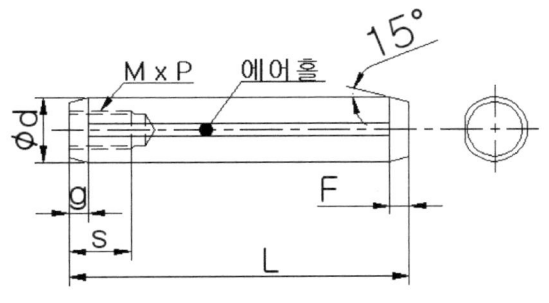

Ød	S	F	g	L
5	6	1.5	0.5	10, 15, 20, 25, 30
6				10, 15, 20, 25, 30, 35, 40, 50
8	8	2.0	0.7	15, 20, 25, 30, 35, 40, 50, 60, 70, 80
10	10	2.5		15, 20, 25, 30, 35, 40, 50, 60, 70, 80
12				20, 30, 40, 50, 60, 70, 80
13	15		1.0	40, 50, 60, 70, 80
16		3.0		40, 50, 60, 70, 80
20	18			50, 60, 70, 80

4) 주문예 : TYPE d - L
  (스트레이트형 : MS 2 - 10)
  (탭붙이형 : MSTP 5 - 10)

| 부품설계기준 DS2-025 | 볼 플런저 (BALL PLUNGERS) |

1) 적 용 : 슬라이드 금형에서 스톱퍼 역할을 하는 볼 플런저에 대하여 규정한다.
2) 재 질 : SCM435 (HRc29~35)
3) 모양 및 치수

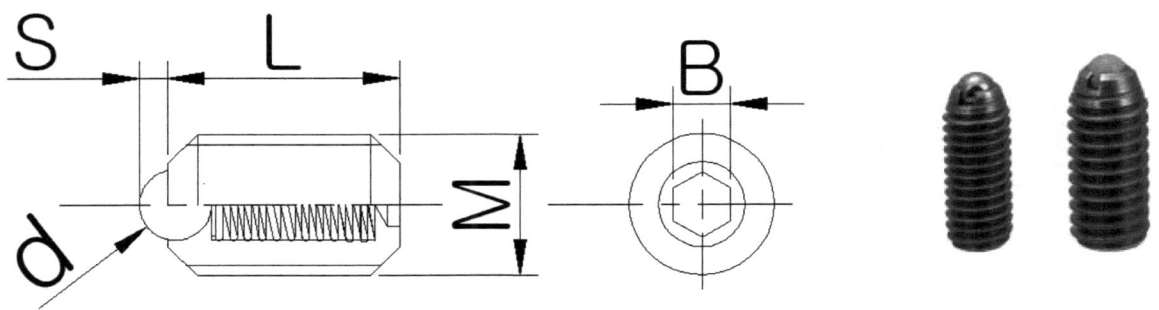

(단위:mm)

금속볼		수지볼		L	M × P	B
d	S	d	S			
1	0.2	-	-	5	M2 × P0.4	0.9
1.5	0.5	-	-	7	M3 × P0.5	1.5
2.5	0.8	2.4	0.8	9	M4 × P0.7	2
3	0.8	3.2	0.8	12	M5 × P0.8	2.5
3	0.8	3.2	0.8	13	M6 × P1.0	3
4	1	4	1	15	M8 × P1.25	4
5	1.2	4.8	1.2	16	M10 × P1.5	5
7	1.8	7.1	1.8	20	M12 × P1.75	6
9.5	2.5	9.5	2.5	25	M16 × P2.0	8

4) 주문예 :   TYPE   M
         (BPJ 16)

오 링 (O RING)

부품설계기준 DS2-026

1) 적 용 : 금형 냉각용 기밀을 유지하기 위해 사용되는 오링에 대하여 규정한다.
2) 재 질 : 내열고무
3) 모양 및 치수

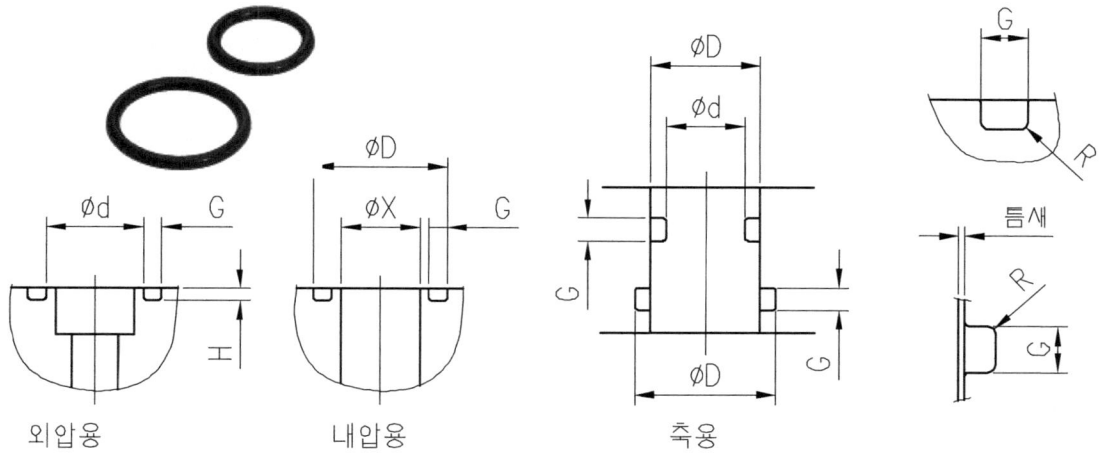

외압용 내압용 축용

호칭 지름	ØX	홈의 치수		$G^{+0.25}_{0}$	$H-0.05$	R	O-RING 굵기	틈새 MAX
		d	D					
P4		4	7					
P6		6	9					
P8	4	8	11.5	$^{+0.05}_{0}$	2.1	1.5		$1.9^{+0.07}_{-0.07}$	
P10	6	10	13.5					
P12	8	12	16.5					
P14	10	14	18.5		2.8	0.4		0.05
P16	12	16	20.5					
P18	14	18	22.3	$^{+0.06}_{0}$				
P20	16	20	24.4		2.9	1.9	$2.4^{+0.07}_{-0.07}$	
P21	18	21	25.3					
P22		22	26.3					
P24	20	24	30.3					
P25	20	25	31.3					
P30	25	30	36.3					
P35	30	35	41.3	$^{+0.08}_{0}$	4.4	2.8	0.7	$3.5^{+0.10}_{-0.10}$	0.08
P40	35	40	46.3					
P50	45	50	56.3					
P55	50	55	65.3	$^{+0.10}_{0}$	7.2	4.7	0.8	$5.7^{+0.15}_{-0.15}$	0.10

(d 공차: P8~P16: $^{0}_{-0.05}$, P18~P22: $^{0}_{-0.06}$, P24~P50: $^{0}_{-0.08}$, P55: $^{0}_{-0.10}$)

4) 주문예 : **호칭지름**
(P 12)

제 3 장

스프링 설계

스프링설계
DS3-001

금형용 스프링

스프링의 사용 횟수와 압축비의 관계

종류 \ 사용 횟수	100만회 (자유장 %)	50만회 (자유장 %)	30만회 (자유장 %)	최대변형 (자유장 %)
경소하중 (F, 노랑색)	40.0	45.0	50.0	58.0
경 하중 (L, 파랑색)	32.0	36.0	40.0	48.0
중(中)하중 (M, 적색)	25.6	28.8	32.0	38.0
중(重)하중(H, 녹색)	19.2	21.6	24.0	28.0
극중 하중(B, 갈색)	16	18.0	20.0	24.0
초기 상태	하 중	하 중	하 중	파 손

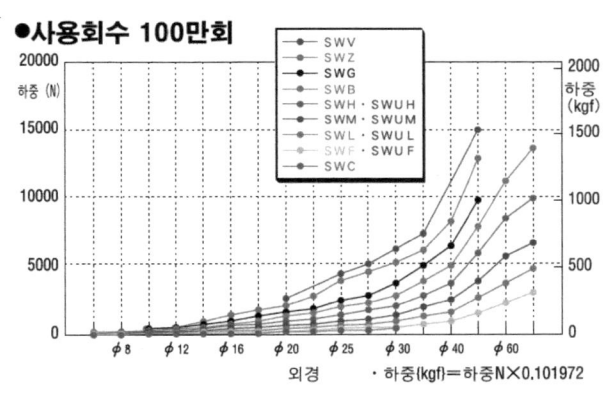

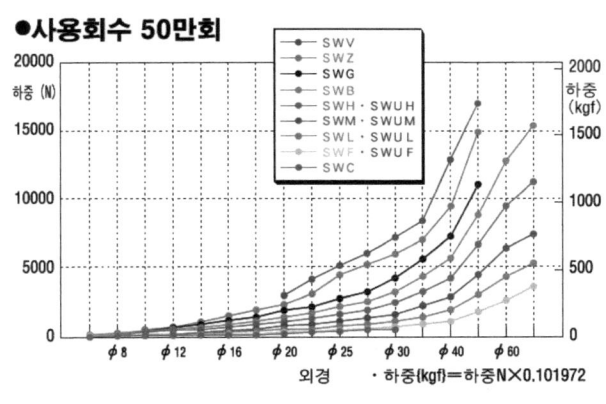

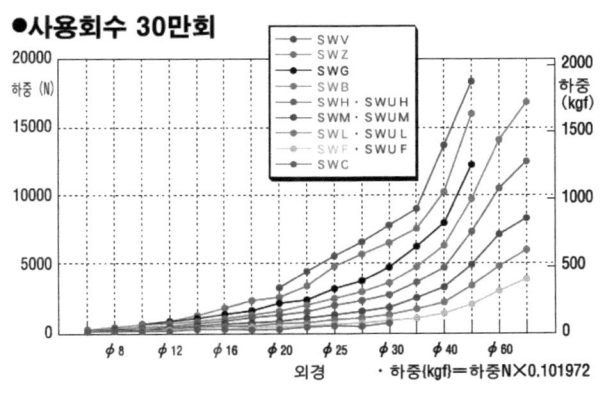

금형용 스프링

스프링설계 DS3-002-1

경소하중(輕小荷重) ----- SWF (노란색)

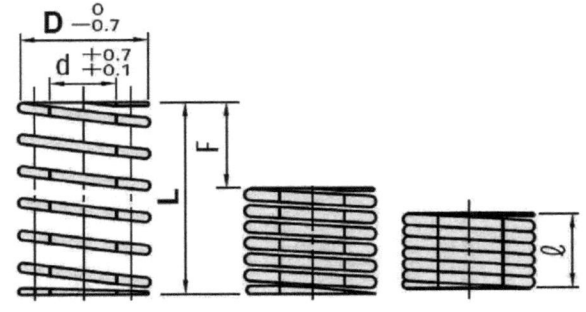

*.스프링 하중 산출 방법
하중 = 스프링정수 × 변형량
N = N/mm × F min
Kgf = Kgf/mm × F min
(Kgf = N ×0.101972)

D	d	L	스프링정수 Kgf/mm	밀착길이 (ℓ)	F=L×40% F min	하중 Kgf	F=L×45% F min	하중 Kgf	F=L×50% F min	하중 Kgf
6	3	15	0.80	7.1	6.0		6.8		7.5	
		20	0.60	9.5	8.0		9.0		10.0	
		25	0.48	11.9	10.0	4.8	11.3	5.4	12.5	6.0
		30	0.40	14.9	12.0		13.5		15.0	
		35	0.34	16.6	14.0		15.8		17.5	
		40	0.30	19.0	16.0		18		20.0	
8	4	10	1.60	4.5	4.0		4.5		5.0	
		15	1.07	6.8	6.0		6.8		7.5	
		20	0.80	9.0	8.0		9.0		10.0	
		25	0.64	11.3	10.0		11.2		12.5	
		30	0.53	13.5	12.0		13.5		15.0	
		35	0.46	15.8	14.0		15.7		17.5	
		40	0.40	18.0	16.0		18.0		20.0	
		45	0.36	20.3	18.0	6.4	20.2	7.2	22.5	8.0
		50	0.32	22.5	20.0		22.5		25.0	
		55	0.29	24.8	22.0		24.7		27.5	
		60	0.27	27.0	24.0		27.0		30.0	
		65	0.25	30.8	26.0		29.3		32.5	
		70	0.23	33.2	28.0		31.4		35.0	
		75	0.21	35.6	30.0		33.8		37.5	
		80	0.20	37.9	32.0		36		40.0	
10	5	10	2.00	4.5	4.0		4.5		5.0	
		15	1.33	6.8	6.0		6.8		7.5	
		20	1.00	9.0	8.0		9.0		10.0	
		25	0.80	11.3	10.0		11.2		12.5	
		30	0.67	13.5	12.0		13.5		15.0	
		35	0.57	15.8	14.0	8.0	15.7	9.0	17.5	10
		40	0.50	18.0	16.0		18.0		20.0	
		45	0.44	20.3	18.0		20.2		22.5	
		50	0.40	22.5	20.0		22.5		25.0	
		55	0.36	24.8	22.0		24.7		27.5	
		60	0.33	27.0	24.0		27.0		30.0	

D	d	L	스프링정수 Kgf/mm	밀착길이 (ℓ)	F=L×40% F min	하중 Kgf	F=L×45% F min	하중 Kgf	F=L×50% F min	하중 Kgf
10	5	65	0.31	29.3	26.0		29.2		32.5	
		70	0.29	31.5	28.0		31.5		35.0	
		75	0.27	33.8	30.0	8.0	33.7	9.0	37.5	10
		80	0.25	36.0	32.0		36.0		40.0	
		90	0.22	40.5	36.0		40.5		45.0	
12	6	15	1.87	6.8	6.0		6.8		7.5	
		20	1.40	9.0	8.0		9.0		10.0	
		25	1.12	11.3	10.0		11.2		12.5	
		30	0.93	13.5	12.0		13.5		15.0	
		35	0.80	15.8	14.0		15.7		17.5	
		40	0.70	18.0	16.0		18.0		20.0	
		45	0.62	20.3	18.0		20.2		22.5	
		50	0.56	22.5	20.0	11	22.5	13	25.0	14
		55	0.51	24.8	22.0		24.7		27.5	
		60	0.47	27.0	24.0		27.0		30.0	
		65	0.43	29.3	26.0		29.2		32.5	
		70	0.40	31.5	28.0		31.5		35.0	
		75	0.37	33.8	30.0		33.7		37.5	
		80	0.35	36.0	32.0		36.0		40.0	
		90	0.31	40.5	36.0		40.5		45.0	
14	7	20	1.80	9.0	8.0		9.0		10.0	
		25	1.44	11.3	10.0		11.2		12.5	
		30	1.20	13.5	12.0		13.5		15.0	
		35	1.03	15.8	14.0		15.7		17.5	
		40	0.90	18.0	16.0		18.0		20.0	
		45	0.80	20.3	18.0		20.2		22.5	
		50	0.72	22.5	20.0		22.5		25.0	
		55	0.65	24.8	22.0	14	24.7	16	27.5	18
		60	0.60	27.0	24.0		27.0		30.0	
		65	0.55	29.3	26.0		29.2		32.5	
		70	0.51	31.5	28.0		31.5		35.0	
		75	0.48	33.8	30.0		33.7		37.5	
		80	0.45	36.0	32.0		36.0		40.0	
		90	0.40	40.5	36.0		40.5		45.0	
		100	0.36	45.0	40.0		45.0		50.0	
16	8	20	2.10	9.0	8.0		9.0		10.0	
		25	1.68	11.3	10.0		11.2		12.5	
		30	1.40	13.5	12.0		13.5		15.0	
		35	1.20	15.8	14.0		15.7		17.5	
		40	1.05	18.0	16.0		18.0		20.0	
		45	0.93	20.3	18.0		20.2		22.5	
		50	0.84	22.5	20.0		22.5		25.0	
		55	0.76	24.8	22.0	17	24.7	19	27.5	21
		60	0.70	27.0	24.0		27.0		30.0	
		65	0.65	29.3	26.0		29.2		32.5	
		70	0.60	31.5	28.0		31.5		35.0	
		75	0.56	33.8	30.0		33.7		37.5	
		80	0.53	36.0	32.0		36.0		40.0	
		90	0.47	40.5	36.0		40.5		45.0	
		100	0.42	45.0	40.0		45.0		50.0	
		125	0.34	56.3	50.0		56.3		62.5	
18	9	20	2.60	9.0	8.0		9.0		10.0	
		25	2.08	11.3	10.0	21	11.2	23	12.5	26
		30	1.73	13.5	12.0		13.5		15.0	

금형용 스프링

스프링설계 DS3-002-2

경소하중(輕小荷重) ----- SWF (노란색)

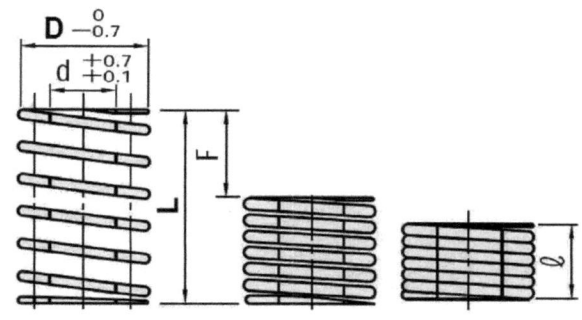

*. 스프링 하중 산출 방법
하중 = 스프링정수 × 변형량
N = N/mm × F min
Kgf = Kgf/mm × F min
(Kgf = N ×0.101972)

D	d	L	스프링정수 Kgf/mm	밀착길이 (ℓ)	F=L×40% F min	하중 Kgf	F=L×45% F min	하중 Kgf	F=L×50% F min	하중 Kgf
18	9	35	1.49	15.8	14.0		15.7		17.5	
		40	1.30	18.0	16.0		18.0		20.0	
		45	1.16	20.3	18.0		20.2		22.5	
		50	1.04	22.5	20.0		22.5		25.0	
		55	0.95	24.8	22.0	21	24.7	23	27.5	26
		60	0.87	27.0	24.0		27.0		30.0	
		65	0.80	29.3	26.0		29.2		32.5	
		70	0.74	31.5	28.0		31.5		35.0	
		75	0.69	33.8	30.0		33.7		37.5	
		80	0.65	36.0	32.0		36.0		40.0	
		90	0.58	40.5	36.0		40.5		45.0	
		100	0.52	45.0	40.0		45.0		50.0	
		125	0.42	56.3	50.0		56.3		62.5	
20	11	20	3.20	9.0	8.0		9.0		10.0	
		25	2.56	11.3	10.0		11.2		12.5	
		30	2.13	13.5	12.0		13.5		15.0	
		35	1.83	15.8	14.0		15.7		17.5	
		40	1.60	18.0	16.0		18.0		20.0	
		45	1.42	20.3	18.0		20.2		22.5	
		50	1.28	22.5	20.0		22.5		25.0	
		55	1.16	24.8	22.0		24.7		27.5	
		60	1.07	27.0	24.0	26	27.0	29	30.0	32
		65	0.98	29.3	26.0		29.2		32.5	
		70	0.91	31.5	28.0		31.5		35.0	
		75	0.85	33.8	30.0		33.7		37.5	
		80	0.80	36.0	32.0		36.0		40.0	
		90	0.71	40.5	36.0		40.5		45.0	
		100	0.64	45.0	40.0		45.0		50.0	
		125	0.51	56.3	50.0		56.2		62.5	
		150	0.43	67.5	60.0		67.5		75.0	
22	11	25	3.20	11.3	10.0	32	11.2	36	12.5	40
		30	2.67	13.5	12.0		13.5		15.0	

D	d	L	스프링정수 Kgf/mm	밀착길이 (ℓ)	F=L×40% F min	하중 Kgf	F=L×45% F min	하중 Kgf	F=L×50% F min	하중 Kgf
22	11	35	2.29	15.8	14.0		15.7		17.5	
		40	2.00	18.0	16.0		18.0		20.0	
		45	1.78	20.3	18.0		20.2		22.5	
		50	1.60	22.5	20.0		22.5		25.0	
		55	1.45	24.8	22.0		24.7		27.5	
		60	1.33	27.0	24.0		27.0		30.0	
		65	1.23	29.3	26.0	32	29.2	36	32.5	40
		70	1.14	31.5	28.0		31.5		35.0	
		75	1.07	33.8	30.0		33.7		37.5	
		80	1.00	36.0	32.0		36.0		40.0	
		90	0.89	40.5	36.0		40.5		45.0	
		100	0.80	45.0	40.0		45.0		50.0	
		125	0.64	56.3	50.0		56.2		62.5	
		150	0.53	67.5	60.0		67.5		75.0	
25	12.5	25	4.00	11.3	10.0		11.2		12.5	
		30	3.33	13.5	12.0		13.5		15.0	
		35	2.86	15.8	14.0		15.7		17.5	
		40	2.50	18.0	16.0		18.0		20.0	
		45	2.22	20.3	18.0		20.2		22.5	
		50	2.00	22.5	20.0		22.5		25.0	
		55	1.82	24.8	22.0		24.7		27.5	
		60	1.67	27.0	24.0		27.0		30.0	
		65	1.54	29.3	26.0	40	29.2	45	32.5	50
		70	1.43	31.5	28.0		31.5		35.0	
		75	1.33	33.8	30.0		33.7		37.5	
		80	1.25	36.0	32.0		36.0		40.0	
		90	1.11	40.5	36.0		40.5		45.0	
		100	1.00	45.0	40.0		45.0		50.0	
		125	0.80	56.3	50.0		56.2		62.5	
		150	0.67	67.5	60.0		67.5		75.0	
		175	0.57	78.8	70.0		78.7		87.5	
		200	0.50	90.0	80.0		90.0		100.0	
27	13.5	25	4.80	11.3	10.0		11.2		12.5	
		30	4.00	13.5	12.0		13.5		15.0	
		35	3.43	15.8	14.0		15.7		17.5	
		40	3.00	18.0	16.0		18.0		20.0	
		45	2.67	20.3	18.0		20.2		22.5	
		50	2.40	22.5	20.0		22.5		25.0	
		55	2.18	24.8	22.0		24.7		27.5	
		60	2.00	27.0	24.0		27.0		30.0	
		65	1.85	29.3	26.0	48	29.2	54	32.5	60
		70	1.71	31.5	28.0		31.5		35.0	
		75	1.60	33.8	30.0		33.7		37.5	
		80	1.50	36.0	32.0		36.0		40.0	
		90	1.33	40.5	36.0		40.5		45.0	
		100	1.20	45.0	40.0		45.0		50.0	
		125	0.96	56.3	50.0		56.2		62.5	
		150	0.80	67.5	60.0		67.5		75.0	
		175	0.69	78.8	70.0		78.7		87.5	
		200	0.60	90.0	80.0		90.0		100.0	
30	16	25	5.76	11.3	10.0		11.2		12.5	
		30	4.80	13.5	12.0	58	13.5	65	15.0	72
		35	4.11	15.8	14.0		15.7		17.5	
		40	3.60	18.0	16.0		18.0		20.0	

금형용 스프링

스프링설계 DS3-002-3

경소하중(輕小荷重)-----SWF (노란색)

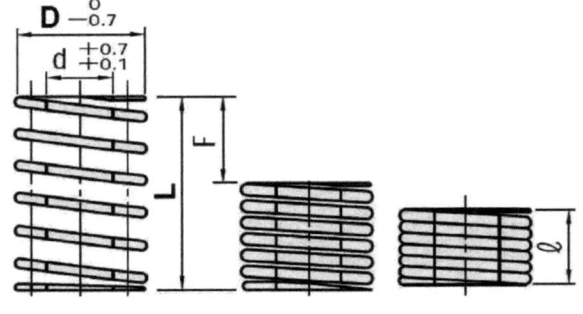

*. 스프링 하중 산출 방법
하중 = 스프링정수 × 변형량
N = N/mm × F min
Kgf = Kgf/mm × F min
(Kgf = N × 0.101972)

D	d	L	스프링정수 Kgf/mm	밀착길이 (ℓ)	F=L×40% F min	하중 Kgf	F=L×45% F min	하중 Kgf	F=L×50% F min	하중 Kgf
30	16	45	3.20	20.3	18.0		20.2		22.5	
		50	2.88	22.5	20.0		22.5		25.0	
		55	2.62	24.8	22.0		24.7		27.5	
		60	2.40	27.0	24.0		27.0		30.0	
		65	2.22	29.3	26.0		29.2		32.5	
		70	2.06	31.5	28.0		31.5		35.0	
		75	1.92	33.8	30.0	58	33.7	65	37.5	72
		80	1.80	36.0	32.0		36.0		40.0	
		90	1.60	40.5	36.0		40.5		45.0	
		100	1.44	45.0	40.0		45.0		50.0	
		125	1.15	56.3	50.0		56.2		62.5	
		150	0.96	67.5	60.0		67.5		75.0	
		175	0.82	78.8	70.0		78.7		87.5	
		200	0.72	90.0	80.0		90.0		100.0	
35	19	40	4.89	18.0	16.0		18.0		20.0	
		45	4.35	20.3	18.0		20.2		22.5	
		50	3.92	22.5	20.0		22.5		25.0	
		55	3.56	24.8	22.0		24.7		27.5	
		60	3.26	27.0	24.0		27.0		30.0	
		65	3.01	29.3	26.0		29.2		32.5	
		70	2.80	31.5	28.0		31.5		35.0	
		75	2.61	33.8	30.0	78	33.7	88	37.5	98
		80	2.45	36.0	32.0		36.0		40.0	
		90	2.18	40.5	36.0		40.5		45.0	
		100	1.96	45.0	40.0		45.0		50.0	
		125	1.57	56.3	50.0		56.2		62.5	
		150	1.31	67.5	60.0		67.5		75.0	
		175	1.12	78.87	70.0		78.7		87.5	
		200	0.98	90.0	80.0		90.0		100.0	
40	22	40	6.39	18.0	16.0		18.0		20.0	
		45	5.68	21.3	18.0	102	20.3	115	22.5	128
		50	5.11	22.5	20.0		22.5		25.0	

D	d	L	스프링정수 Kgf/mm	밀착길이 (ℓ)	F=L×40% F min	하중 Kgf	F=L×45% F min	하중 Kgf	F=L×50% F min	하중 Kgf
40	22	55	4.65	26.1	22.0		24.8		27.5	
		60	4.26	27.0	24.0		27.0		30.0	
		65	3.93	30.8	26.0		29.3		32.5	
		70	3.65	31.5	28.0		31.5		35.0	
		75	3.41	35.6	30.0		33.8		37.5	
		80	3.20	36.0	32.0		36.0		40.0	
		90	2.84	40.5	36.0		40.5		45.0	
		100	2.56	45.0	40.0	102	45.0	115	50.0	128
		125	2.05	56.3	50.0		56.2		62.5	
		150	1.70	67.5	60.0		67.5		75.0	
		175	1.46	78.8	70.0		78.7		87.5	
		200	1.28	90.0	80.0		90.0		100.0	
		225	1.14	101.0	90.0		101.3		112.5	
		250	1.02	112.5	100.0		112.5		125.0	
		275	0.93	124.0	110.0		123.8		137.5	
		300	0.85	142.2	120.0		135.0		150.0	
50	27.5	50	7.99	22.5	20.0		22.5		25.0	
		55	7.27	24.8	22.0		24.8		27.5	
		60	6.66	27.0	24.0		27.0		30.0	
		65	6.15	29.3	26.0		29.3		32.5	
		70	5.71	31.5	28.0		31.5		35.0	
		75	5.33	33.8	30.0		33.8		37.5	
		80	5.00	36.0	32.0		36.0		40.0	
		90	4.44	40.5	36.0		40.5		45.0	
		100	4.00	45.0	40.0		45.0		50.0	
		125	3.20	56.3	50.0		56.2		62.5	
		150	2.66	67.5	60.0	160	67.5	180	75.0	200
		175	2.28	78.8	70.0		78.7		87.5	
		200	2.00	90.0	80.0		90.0		100.0	
		225	1.78	101.0	90.0		101.3		112.5	
		250	1.60	112.5	100.0		112.5		125.0	
		275	1.45	124.0	110.0		123.8		137.5	
		300	1.33	135.0	120.0		135.0		150.0	
		350	1.14	165.9	140.0		157.5		175.0	
		400	1.00	189.6	160.0		180.0		200.0	
		450	0.89	213.3	180.0		202.5		225.0	
		500	0.80	237.0	200.0		225.0		250.0	
60	33	60	9.59	27.0	24.0		27.0		30.0	
		70	8.22	31.5	28.0		31.5		35.0	
		80	7.19	36.0	32.0		36.0		40.0	
		90	6.39	40.5	36.0		40.5		45.0	
		100	5.75	45.0	40.0		45.0		50.0	
		125	4.60	56.3	50.0		56.2		62.5	
		150	3.83	67.5	60.0		67.5		75.0	
		175	3.29	78.8	70.0	230	78.7	259	87.5	288
		200	2.88	90.0	80.0		90.0		100.0	
		250	2.30	112.5	100.0		112.5		125.0	
		300	1.92	135.0	120.0		135.0		150.0	
		350	1.64	165.9	140.0		157.5		175.0	
		400	1.44	189.6	160.0		180.0		200.0	
		450	1.28	213.3	180.0		202.5		225.0	
		500	1.15	237.0	200.0		225.0		250.0	

금형용 스프링

경하중(輕荷重) -----SWL (파랑색)

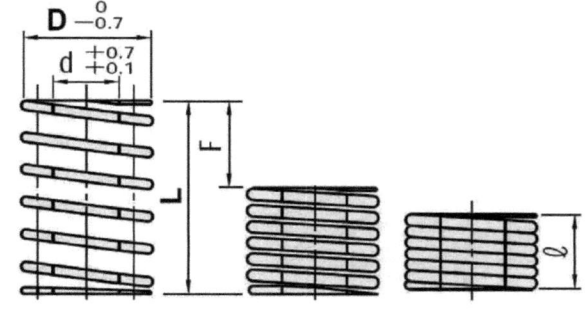

*. 스프링 하중 산출 방법

하중 = 스프링정수 × 변형량

N = N/mm × F min

Kgf = Kgf/mm × F min

(Kgf = N ×0.101972)

D	d	L	스프링 정수 Kgf/mm	밀착 길이 (ℓ)	F=L×32%		F=L×36%		F=L×40%	
					F min	하중 Kgf	F min	하중 Kgf	F min	하중 Kgf
6	3	15	1.33	8.6	4.8		5.4		6.0	
		20	1.00	11.5	6.4		7.2		8.0	
		25	0.80	14.4	8.0	6.4	9.0	7.2	10.0	8.0
		30	0.67	17.2	9.6		10.8		12.0	
		35	0.57	20.1	11.2		12.6		14.0	
		40	0.50	23.0	12.8		14.4		16.0	
8	4	10	2.50	5.4	3.2		3.6		4.0	
		15	1.67	8.1	4.8		5.4		6.0	
		20	1.25	10.8	6.4		7.2		8.0	
		25	1.00	13.5	8.0		9.0		10.0	
		30	0.83	16.2	9.6		10.8		12.0	
		35	0.71	18.9	11.2		12.6		14.0	
		40	0.63	21.6	12.8		14.4		16.0	
		45	0.56	24.3	14.4	8.0	16.2	9.0	18.0	10
		50	0.50	27.0	16.0		18.0		20.0	
		55	0.45	29.7	17.6		19.8		22.0	
		60	0.42	32.4	19.2		21.6		24.0	
		65	0.38	37.3	20.8		23.4		26.0	
		70	0.36	40.2	22.4		25.2		28.0	
		75	0.33	43.1	24.0		27.0		30.0	
		80	0.31	45.9	25.6		28.8		32.0	
10	5	10	3.50	5.4	3.2		3.6		4.0	
		15	2.33	8.1	4.8		5.4		6.0	
		20	1.75	10.8	6.4		7.2		8.0	
		25	1.40	13.5	8.0		9.0		10.0	
		30	1017	16.2	9.6		10.8		12.0	
		35	1.00	18.9	11.2	11	12.6	13	14.0	14
		40	0.88	21.6	12.8		14.4		16.0	
		45	0.78	24.3	14.4		16.2		18.0	
		50	0.70	27.0	16.0		18.0		20.0	
		55	0.64	29.7	17.6		19.8		22.0	
		60	0.58	32.4	19.2		21.6		24.0	

D	d	L	스프링 정수 Kgf/mm	밀착 길이 (ℓ)	F=L×32%		F=L×36%		F=L×40%	
					F min	하중 Kgf	F min	하중 Kgf	F min	하중 Kgf
10	5	65	0.54	35.1	20.8		23.4		26.0	
		70	0.50	37.8	22.4		25.2		28.0	
		75	0.47	40.5	24.0	11	27.0	13	30.0	14
		80	0.44	43.2	25.6		28.8		32.0	
		90	0.39	48.6	28.8		32.4		36.0	
12	6	15	3.50	8.1	4.8		5.4		6.0	
		20	2.63	10.8	6.4		7.2		8.0	
		25	2.10	13.5	8.0		9.0		10.0	
		30	1.75	16.2	9.6		10.8		12.0	
		35	1.50	18.9	11.2		12.6		14.0	
		40	1.31	21.6	12.8		14.4		16.0	
		45	1.17	24.3	14.4		16.2		18.0	
		50	1.05	27.0	16.0	17	18.0	19	20.0	21
		55	0.95	29.7	17.6		19.8		22.0	
		60	0.88	32.4	19.2		21.6		24.0	
		65	0.81	35.1	20.8		23.4		26.0	
		70	0.75	37.8	22.4		25.2		28.0	
		75	0.70	40.5	24.0		27.0		30.0	
		80	0.66	43.2	25.6		28.8		32.0	
		90	0.58	48.6	28.8		32.4		36.0	
14	7	20	3.50	10.8	6.4		7.2		8.0	
		25	2.80	13.5	8.0		9.0		10.0	
		30	2.33	16.2	9.6		10.8		12.0	
		35	2.00	18.9	11.2		12.6		14.0	
		40	1.75	21.6	12.8		14.4		16.0	
		45	1.56	24.3	14.4		16.2		18.0	
		50	1.40	27.0	16.0		18.0		20.0	
		55	1.27	29.7	17.6	22	19.8	25	22.0	28
		60	1.17	32.4	19.2		21.6		24.0	
		65	1.08	35.1	20.8		23.4		26.0	
		70	1.00	37.8	22.4		25.2		28.0	
		75	0.93	40.5	24.0		27.0		30.0	
		80	0.88	43.2	25.6		28.8		32.0	
		90	0.78	48.6	28.8		32.4		36.0	
		100	0.70	54.0	32.0		36.0		40.0	
16	8	20	4.38	10.8	6.4		7.2		8.0	
		25	3.50	13.5	8.0		9.0		10.0	
		30	2.92	16.2	9.6		10.8		12.0	
		35	2.50	18.9	11.2		12.6		14.0	
		40	2.19	21.6	12.8		14.4		16.0	
		45	1.94	24.3	14.4		16.2		18.0	
		50	1.75	27.0	16.0		18.0		20.0	
		55	1.59	29.7	17.6		19.8		22.0	
		60	1.46	32.4	19.2	28	21.6	32	24.0	35
		65	1.35	35.1	20.8		23.4		26.0	
		70	1.25	37.8	22.4		25.2		28.0	
		75	1.17	40.5	24.0		27.0		30.0	
		80	1.09	43.2	25.6		28.8		32.0	
		90	0.97	48.6	28.8		32.4		36.0	
		100	0.88	54.0	32.0		36.0		40.0	
		125	0.70	67.5	40.0		45.0		50.0	
18	9	20	5.38	10.8	6.4		7.2		8.0	
		25	4.30	13.5	8.0	34	9.0	39	10.0	43
		30	3.58	16.2	9.6		10.8		12.0	

스프링설계 DS3-003-2 — 금형용 스프링

경하중(輕荷重)-----SWL (파랑색)

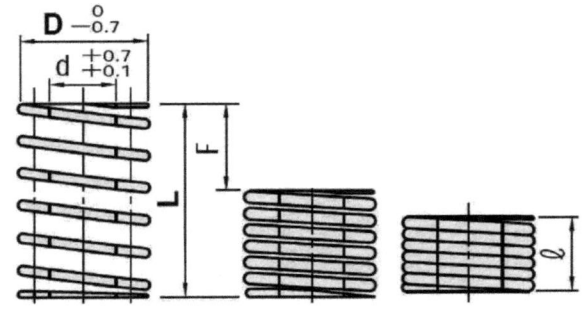

*. 스프링 하중 산출 방법
하중 = 스프링정수 × 변형량
N = N/mm × F min
Kgf = Kgf/mm × F min
(Kgf = N ×0.101972)

D	d	L	스프링정수 Kgf/mm	밀착길이 (ℓ)	F=L×32% F min	하중 Kgf	F=L×36% F min	하중 Kgf	F=L×40% F min	하중 Kgf
18	9	35	3.07	18.9	11.2		12.6		14.0	
		40	2.69	21.6	12.8		14.4		16.0	
		45	2.39	24.3	14.4		16.2		18.0	
		50	2.15	27.0	16.0		18.0		20.0	
		55	1.95	29.7	17.6		19.8		22.0	
		60	1.79	32.4	19.2		21.6		24.0	
		65	1.65	35.1	20.8	34	23.4	39	26.0	43
		70	1.54	37.8	22.4		25.2		28.0	
		75	1.43	40.5	24.0		27.0		30.0	
		80	1.34	43.2	25.6		28.8		32.0	
		90	1.19	48.6	28.8		32.4		36.0	
		100	1.08	54.0	32.0		36.0		40.0	
		125	0.86	67.5	40.0		45.0		50.0	
20	10	20	6.75	10.8	6.4		7.2		8.0	
		25	5.40	13.5	8.0		9.0		10.0	
		30	4.50	16.2	9.6		10.8		12.0	
		35	3.86	18.9	11.2		12.6		14.0	
		40	3.38	21.6	12.8		14.4		16.0	
		45	3.00	24.3	14.4		16.2		18.0	
		50	2.70	27.0	16.0		18.0		20.0	
		55	2.45	29.7	17.6		19.8		22.0	
		60	2.25	32.4	19.2	43	21.6	48	24.0	54
		65	2.08	35.1	20.8		23.4		26.0	
		70	1.93	37.8	22.4		25.2		28.0	
		75	1.80	40.5	24.0		27.0		30.0	
		80	1.69	43.2	25.6		28.8		32.0	
		90	1.50	48.6	28.8		32.4		36.0	
		100	1.35	54.0	32.0		36.0		40.0	
		125	1.08	67.5	40.0		45.0		50.0	
		150	0.90	81.0	48.0		54.0		60.0	
22	11	25	6.70	13.5	8.0	54	9.0	60	10.0	67
		30	5.58	16.2	9.6		10.8		12.0	
		35	4.79	18.9	11.2		12.6		14.0	
		40	4.19	21.6	12.8		14.4		16.0	
		45	3.72	24.3	14.4		16.2		18.0	
		50	3.35	27.0	16.0		18.0		20.0	
		55	3.05	29.7	17.6		19.8		22.0	
		60	2.79	32.4	19.2		21.6		24.0	
		65	2.58	35.1	20.8		23.4		26.0	
		70	2.39	37.8	22.4		25.2		28.0	
		75	2.23	40.5	24.0		27.0		30.0	
		80	2.09	43.2	25.6		28.8		32.0	
		90	1.86	48.6	28.8		32.4		36.0	
		100	1.68	54.0	32.0		36.0		40.0	
		125	1.34	67.5	40.0		45.0		50.0	
		150	1.12	81.0	48.0		54.0		60.0	
25	12.5	25	8.40	13.5	8.0		9.0		10.0	
		30	7.00	16.2	9.6		10.8		12.0	
		35	6.00	18.9	11.2		12.6		14.0	
		40	5.25	21.6	12.8		14.4		16.0	
		45	4.67	24.3	14.4		16.2		18.0	
		50	4.20	27.0	16.0		18.0		20.0	
		55	3.82	29.7	17.6		19.8		22.0	
		60	3.50	32.4	19.2		21.6		24.0	
		65	3.23	35.1	20.8	67	23.4	76	26.0	84
		70	3.00	37.8	22.4		25.2		28.0	
		75	2.80	40.5	24.0		27.0		30.0	
		80	2.63	43.2	25.6		28.8		32.0	
		90	2.33	48.6	28.8		32.4		36.0	
		100	2.10	54.0	32.0		36.0		40.0	
		125	1.68	67.5	40.0		45.0		50.0	
		150	1.40	81.0	48.0		54.0		60.0	
		175	1.20	94.5	56.0		63.0		70.0	
		200	1.05	108.0	64.0		72.0		80.0	
27	13.5	25	10.0	13.5	8.0		9.0		10.0	
		30	8.33	16.2	9.6		10.8		12.0	
		35	7.14	18.9	11.2		12.6		14.0	
		40	6.25	21.6	12.8		14.4		16.0	
		45	5.56	24.3	14.4		16.2		18.0	
		50	5.00	27.0	16.0		18.0		20.0	
		55	4.55	29.7	17.6		19.8		22.0	
		60	4.17	32.4	19.2		21.6		24.0	
		65	3.85	35.1	20.8	80	23.4	90	26.0	100
		70	3.57	37.8	22.4		25.2		28.0	
		75	3.33	40.5	24.0		27.0		30.0	
		80	3.13	43.2	25.6		28.8		32.0	
		90	2.78	48.6	28.8		32.4		36.0	
		100	2.50	54.0	32.0		36.0		40.0	
		125	2.00	67.5	40.0		45.0		50.0	
		150	1.67	81.0	48.0		54.0		60.0	
		175	1.43	94.5	56.0		63.0		70.0	
		200	1.25	108.0	64.0		72.0		80.0	
30	15	25	12.1	13.5	8.0	97	9.0	109	10.0	121
		30	10.1	16.2	9.6		10.8		12.0	
		35	8.64	18.9	11.2		12.6		14.0	
		40	7.56	21.6	12.8		14.4		16.0	

금형용 스프링

경하중(輕荷重) -----SWL (파랑색)

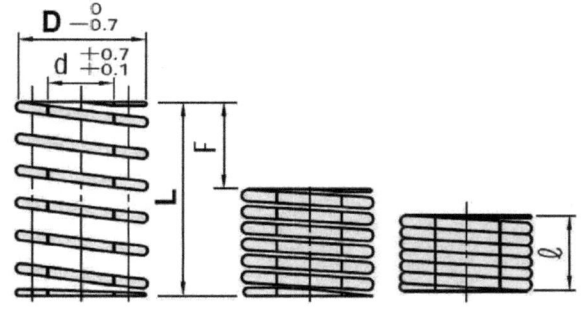

*. 스프링 하중 산출 방법
하중 = 스프링정수 × 변형량
N = N/mm × F min
Kgf = Kgf/mm × F min
(Kgf = N ×0.101972)

D	d	L	스프링정수 Kgf/mm	밀착길이 (ℓ)	F=L×32% F min	하중 Kgf	F=L×36% F min	하중 Kgf	F=L×40% F min	하중 Kgf
30	15	45	6.72	24.3	14.4		16.2		18.0	
		50	6.05	27.0	16.0		18.0		20.0	
		55	5.50	29.7	17.6		19.8		22.0	
		60	5.04	32.4	19.2		21.6		24.0	
		65	4.65	35.1	20.8		23.4		26.0	
		70	4.32	37.8	22.4		25.2		28.0	
		75	4.03	40.5	24.0	97	27.0	109	30.0	121
		80	3.78	43.2	25.6		28.8		32.0	
		90	3.36	48.6	28.8		32.4		36.0	
		100	3.02	54.0	32.0		36.0		40.0	
		125	2.42	67.5	40.0		45.0		50.0	
		150	2.02	81.0	48.0		54.0		60.0	
		175	1.73	94.5	56.0		63.0		70.0	
		200	1.51	108.0	64.0		72.0		80.0	
35	17.5	40	10.3	21.6	12.8		14.4		16.0	
		45	9.16	24.3	14.4		16.2		18.0	
		50	8.24	27.0	16.0		18.0		20.0	
		55	7.49	29.7	17.6		19.8		22.0	
		60	6.87	32.4	19.2		21.6		24.0	
		65	6.34	35.1	20.8		23.4		26.0	
		70	5.89	37.8	22.4		25.2		28.0	
		75	5.50	40.5	24.0	132	27.0	148	30.0	165
		80	5.15	43.2	25.6		28.8		32.0	
		90	4.58	48.6	28.8		32.4		36.0	
		100	4.12	54.0	32.0		36.0		40.0	
		125	3.30	67.5	40.0		45.0		50.0	
		150	2.75	81.0	48.0		54.0		60.0	
		175	2.36	94.5	56.0		63.0		70.0	
		200	2.06	108.0	64.0		72.0		80.0	
40	20	40	13.5	21.6	12.8		14.4		16.0	
		45	12.0	25.8	14.4	173	16.2	194	18.0	216
		50	10.8	27.0	16.0		18.0		20.0	
		55	9.81	31.6	17.6		19.8		22.0	
		60	8.99	32.4	19.2		21.6		24.0	
		65	8.30	37.3	20.8		23.4		26.0	
		70	7.71	37.8	22.4		25.2		28.0	
		75	7.20	43.1	24.0		27.0		30.0	
		80	6.75	45.9	25.6		28.8		32.0	
		90	6.00	48.6	28.8		32.4		36.0	
		100	5.40	54.0	32.0		36.0		40.0	
		125	4.32	67.5	40.0		45.0		50.0	
		150	3.60	81.0	48.0		54.0		60.0	
		175	3.08	94.5	56.0		63.0		70.0	
		200	2.70	108.0	64.0		72.0		80.0	
		225	2.40	122.0	72.0		81.0		90.0	
		250	2.16	135.0	80.0		90.0		100.0	
		275	1.96	149.0	88.0		99.0		110.0	
		300	1.80	172.2	96.0		108.0		120.0	
50	25	50	16.9	27.0	16.0		18.0		20.0	
		55	15.4	29.7	17.6		19.8		22.0	
		60	14.1	32.4	19.2		21.6		24.0	
		65	13.0	35.1	20.8		23.4		26.0	
		70	12.1	37.8	22.4		25.2		28.0	
		75	11.3	40.5	24.0		27.0		30.0	
		80	10.6	43.2	25.6		28.8		32.0	
		90	9.38	48.6	28.8		32.4		36.0	
		100	8.44	54.0	32.0	270	36.0	304	40.0	338
		125	6.75	67.5	40.0		45.0		50.0	
		150	5.63	81.0	48.0		54.0		60.0	
		175	4.82	94.5	56.0		63.0		70.0	
		200	4.22	108.0	64.0		72.0		80.0	
		225	3.75	122.0	72.0		81.0		90.0	
		250	3.38	135.0	80.0		90.0		100.0	
		275	3.07	149.0	88.0		99.0		110.0	
		300	2.81	162.0	96.0		108.0		120.0	
		350	2.41	200.9	112.0		126.0		140.0	
60	30	60	20.3	32.4	19.2		21.6		24.0	
		70	17.4	37.8	22.4		25.2		28.0	
		80	15.2	43.2	25.6		28.8		32.0	
		90	13.5	48.6	28.8		32.4		36.0	
		100	12.2	54	32.0		36.0		40.0	
		125	9.73	67.5	40.0	389	45.0	438	50.0	486
		150	8.11	81	48.0		54.0		60.0	
		175	6.95	94.5	56.0		63.0		70.0	
		200	6.08	108	64.0		72.0		80.0	
		250	4.86	135	80.0		90.0		100.0	
		300	4.05	162	96.0		108.0		120.0	
		350	3.47	200.9	112.0		126.0		140.0	

금형용 스프링

스프링설계 DS3-004-1

중하중(中荷重) ----- SWM (적색)

*. 스프링 하중 산출 방법
하중 = 스프링정수 × 변형량
N = N/mm × F min
Kgf = Kgf/mm × F min
(Kgf = N × 0.101972)

D	d	L	스프링정수 Kgf/mm	밀착길이 (ℓ)	F=L×25.6% F min	하중 Kgf	F=L×28.8% F min	하중 Kgf	F=L×32% F min	하중 Kgf
6	3	15	2.08	9.8	3.8		4.3		4.8	
		20	1.56	13.1	5.1		5.8		6.4	
		25	1.25	16.4	6.4		7.2		8.0	
		30	1.04	19.6	7.7		8.6		9.6	
		35	0.89	22.9	9.0	8.0	10.1	9.0	11.2	10
		40	0.78	26.2	10.2		11.5		12.8	
		45	0.69	29.4	11.5		13.0		14.4	
		50	0.63	32.7	12.8		14.4		16.0	
		55	0.57	36.0	14.1		15.8		17.6	
		60	0.52	39.2	15.4		17.3		19.2	
8	4	10	4.37	6.6	2.6		2.9		3.2	
		15	2.91	9.4	3.8		4.3		4.8	
		20	2.18	12.5	5.1		5.8		6.4	
		25	1.75	15.7	6.4		7.2		8.0	
		30	1.46	18.8	7.7		8.6		9.6	
		35	1.25	21.9	9.0		10.1		11.2	
		40	1.09	25.0	10.2		11.5		12.8	
		45	0.97	28.2	11.5	11	13.0	13	14.4	14
		50	0.87	31.3	12.8		14.4		16.0	
		55	0.79	34.4	14.1		15.8		17.6	
		60	0.73	37.6	15.4		17.3		19.2	
		65	0.67	42.5	16.6		18.7		20.8	
		70	0.62	45.8	17.9		20.2		22.4	
		75	0.58	49.1	19.2		21.6		24.0	
		80	0.55	52.3	20.5		23.0		25.6	
10	5	10	6.25	6.6	2.6		2.9		3.2	
		15	4.17	9.8	3.8		4.3		4.8	
		20	3.13	12.5	5.1		5.8		6.4	
		25	2.50	15.7	6.4	16	7.2	18	8.0	20
		30	2.08	18.8	7.7		8.6		9.6	
		35	1.79	21.9	9.0		10.1		11.2	
		40	1.56	25.0	10.2		11.5		12.8	

D	d	L	스프링정수 Kgf/mm	밀착길이 (ℓ)	F=L×25.6% F min	하중 Kgf	F=L×28.8% F min	하중 Kgf	F=L×32% F min	하중 Kgf
10	5	45	1.39	28.2	11.5		13.0		14.4	
		50	1.25	31.3	12.8		14.4		16.0	
		55	1.14	34.4	14.1		15.8		17.6	
		60	1.04	37.6	15.4		17.3		19.2	
		65	0.96	40.7	16.6	16	18.7	18	20.8	20
		70	0.89	43.8	17.9		20.2		22.4	
		75	0.83	47.0	19.2		21.6		24.0	
		80	0.78	50.1	20.5		23.0		25.6	
		90	0.69	56.3	23.0		25.9		28.8	
12	6	15	6.04	9.8	3.8		4.3		4.8	
		20	4.53	12.5	5.1		5.8		6.4	
		25	3.63	15.7	6.4		7.2		8.0	
		30	3.02	18.8	7.7		8.6		9.6	
		35	2.59	21.9	9.0		10.1		11.2	
		40	2.27	25.0	10.2		11.5		12.8	
		45	2.01	28.2	11.5		13.0		14.4	
		50	1.81	31.3	12.8	23	14.4	26	16.0	29
		55	1.65	34.4	14.1		15.8		17.6	
		60	1.51	37.6	15.4		17.3		19.2	
		65	1.39	40.7	16.6		18.7		20.8	
		70	1.29	43.8	17.9		20.2		22.4	
		75	1.21	47.0	19.2		21.6		24.0	
		80	1.13	50.1	20.5		23.0		25.6	
		90	1.01	56.3	23.0		25.9		28.8	
14	7	20	6.09	13.1	5.1		5.8		6.4	
		25	4.88	15.7	6.4		7.2		8.0	
		30	4.08	18.8	7.7		8.6		9.6	
		35	3.48	21.9	9.0		10.1		11.2	
		40	3.05	25.0	10.2		11.5		12.8	
		45	2.71	28.2	11.5		13.0		14.4	
		50	2.44	31.3	12.8		14.4		16.0	
		55	2.22	34.4	14.1	31	15.8	35	17.6	39
		60	2.03	37.6	15.4		17.3		19.2	
		65	1.88	40.7	16.6		18.7		20.8	
		70	1.74	43.8	17.9		20.2		22.4	
		75	1.63	47.0	19.2		21.6		24.0	
		80	1.52	50.1	20.5		23.0		25.6	
		90	1.35	56.3	23.0		25.9		28.8	
		100	1.22	62.6	25.6		28.8		32.0	
16	8	20	7.97	13.1	5.1		5.8		6.4	
		25	6.38	15.7	6.4		7.2		8.0	
		30	5.31	18.8	7.7		8.6		9.6	
		35	4.55	21.9	9.0		10.1		11.2	
		40	3.98	25.0	10.2		11.5		12.8	
		45	3.54	28.2	11.5		13.0		14.4	
		50	3.19	31.3	12.8		14.4		16.0	
		55	2.90	34.4	14.1	41	15.8	46	17.6	51
		60	2.66	37.6	15.4		17.3		19.2	
		65	2.45	40.7	16.6		18.7		20.8	
		70	2.28	43.8	17.9		20.2		22.4	
		75	2.13	47.0	19.2		21.6		24.0	
		80	1.99	50.1	20.5		23.0		25.6	
		90	1.77	56.3	23.0		25.9		28.8	
		100	1.59	62.6	25.6		28.8		32.0	

금형용 스프링

중하중(中荷重) ----- SWM (적색)

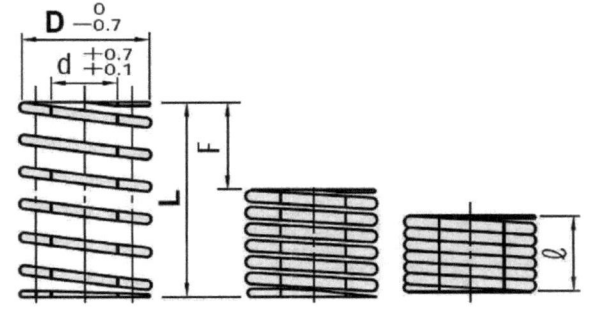

*. 스프링 하중 산출 방법
하중 = 스프링정수 × 변형량
N = N/mm × F min
Kgf = Kgf/mm × F min
(Kgf = N ×0.101972)

D	d	L	스프링정수 Kgf/mm	밀착길이 (ℓ)	F=L×25.6% F min	하중 Kgf	F=L×28.8% F min	하중 Kgf	F=L×32% F min	하중 Kgf
18	9	20	10.2	13.1	5.1		5.8		6.4	
		25	8.13	15.7	6.4		7.2		8.0	
		30	6.77	18.8	7.7		8.6		9.6	
		35	5.80	21.9	9.0		10.1		11.2	
		40	5.08	25.0	10.2		11.5		12.8	
		45	4.51	28.2	11.5		13.0		14.4	
		50	4.06	31.3	12.8		14.4		16.0	
		55	3.69	34.4	14.1	52	15.8	59	17.6	65
		60	3.39	37.6	15.4		17.3		19.2	
		65	3.13	40.7	16.6		18.7		20.8	
		70	2.90	43.8	17.9		20.2		22.4	
		75	2.71	47.0	19.2		21.6		24.0	
		80	2.54	50.1	20.5		23.0		25.6	
		90	2.26	56.3	23.0		25.9		28.8	
		100	2.03	62.6	25.6		28.8		32.0	
20	10	20	12.5	13.1	5.1		5.8		6.4	
		25	10.0	15.7	6.4		7.2		8.0	
		30	8.33	18.8	7.7		8.6		9.6	
		35	7.14	21.9	9.0		10.1		11.2	
		40	6.25	25.0	10.2		11.5		12.8	
		45	5.55	28.2	11.5		13.0		14.4	
		50	5.00	31.3	12.8		14.4		16.0	
		55	4.55	34.4	14.1		15.8		17.6	
		60	4.17	37.6	15.4	64	17.3	72	19.2	80
		65	3.85	40.7	16.6		18.7		20.8	
		70	3.57	43.8	17.9		20.2		22.4	
		75	3.33	47.0	19.2		21.6		24.0	
		80	3.13	50.1	20.5		23.0		25.6	
		90	2.78	56.3	23.0		25.9		28.8	
		100	2.50	62.6	25.6		28.8		32.0	
		125	2.00	78.3	32.0		36.0		40.0	
		150	1.67	93.9	38.4		43.2		48.0	
22	11	25	12.1	15.7	6.4		7.2		8.0	
		30	10.1	18.8	7.7		8.6		9.6	
		35	8.66	21.9	9.0		10.1		11.2	
		40	7.58	25.0	10.2		11.5		12.8	
		45	6.74	28.2	11.5		13.0		14.4	
		50	6.06	31.3	12.8		14.4		16.0	
		55	5.51	34.4	14.1		15.8		17.6	
		60	5.05	37.6	15.4	78	17.3	87	19.2	97
		65	4.66	40.7	16.6		18.7		20.8	
		70	4.33	43.8	17.9		20.2		22.4	
		75	4.04	47.0	19.2		21.6		24.0	
		80	3.79	50.1	20.5		23.0		25.6	
		90	3.37	56.3	23.0		25.9		28.8	
		100	3.03	62.6	25.6		28.8		32.0	
		125	2.43	78.3	32.0		36.0		40.0	
		150	2.02	93.9	38.4		43.2		48.0	
25	12.5	25	15.6	15.7	6.4		7.2		8.0	
		30	13.0	18.8	7.7		8.6		9.6	
		35	11.2	21.9	9.0		10.1		11.2	
		40	9.77	25.0	10.2		11.5		12.8	
		45	9.68	28.2	11.5		13.0		14.4	
		50	7.81	31.3	12.8		14.4		16.0	
		55	7.10	34.4	14.1		15.8		17.6	
		60	6.51	37.6	15.4		17.3		19.2	
		65	6.01	40.7	16.6	100	18.7	113	20.8	125
		70	5.58	43.8	17.9		20.2		22.4	
		75	5.21	47.0	19.2		21.6		24.0	
		80	4.88	50.1	20.5		23.0		25.6	
		90	4.34	56.3	23.0		25.9		28.8	
		100	3.91	62.6	25.6		28.8		32.0	
		125	3.13	78.3	32.0		36.0		40.0	
		150	2.60	93.9	38.4		43.2		48.0	
		175	2.23	109.6	44.8		50.4		56.0	
27	13.5	25	18.3	15.7	6.4		7.2		8.0	
		30	15.2	18.8	7.7		8.6		9.6	
		35	13.0	21.9	9.0		10.1		11.2	
		40	11.4	25.0	10.2		11.5		12.8	
		45	10.1	28.2	11.5		13.0		14.4	
		50	9.13	31.3	12.8		14.4		16.0	
		55	8.30	34.4	14.1		15.8		17.6	
		60	7.60	37.6	15.4		17.3		19.2	
		65	7.02	40.7	16.6	117	18.7	131	20.8	146
		70	6.52	43.8	17.9		20.2		22.4	
		75	6.08	47.0	19.2		21.6		24.0	
		80	5.70	50.1	20.5		23.0		25.6	
		90	5.07	56.3	23.0		25.9		28.8	
		100	4.56	62.6	25.6		28.8		32.0	
		125	3.65	78.3	32.0		36.0		40.0	
		150	3.04	93.9	38.4		43.2		48.0	
		175	2.61	109.6	44.8		50.4		56.0	
30	15	25	22.5	15.7	6.4		7.2		8.0	
		30	18.8	18.8	7.7	144	8.6	162	9.6	180
		35	16.1	21.9	9.0		10.1		11.2	
		40	14.1	25.0	10.2		11.5		12.8	

금형용 스프링

중하중(中荷重) -----SWM (적색)

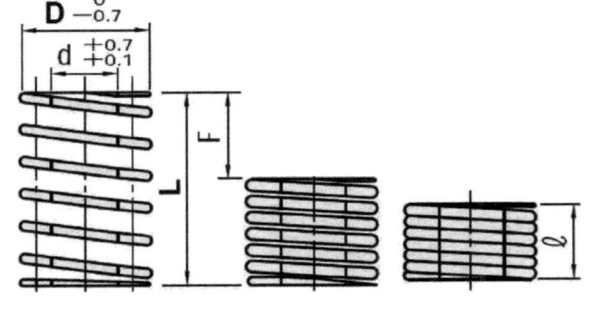

*. 스프링 하중 산출 방법

하중 = 스프링정수 × 변형량

N = N/mm × F min

Kgf = Kgf/mm × F min

(Kgf = N ×0.101972)

D	d	L	스프링정수 Kgf/mm	밀착길이 (ℓ)	F=L×25.6% F min	하중 Kgf	F=L×28.8% F min	하중 Kgf	F=L×32% F min	하중 Kgf
30	15	45	12.5	28.2	11.5		13.0		14.4	
		50	11.3	31.3	12.8		14.4		16.0	
		55	10.2	34.4	14.1		15.8		17.6	
		60	9.38	37.6	15.4		17.3		19.2	
		65	8.65	40.7	16.6		18.7		20.8	
		70	8.04	43.8	17.9		20.2		22.4	
		75	7.50	47.0	19.2	144	21.6	162	24.0	180
		80	7.03	50.1	20.5		23.0		25.6	
		90	6.25	56.3	23.0		25.9		28.8	
		100	5.63	62.6	25.6		28.8		32.0	
		125	4.50	78.3	32.0		36.0		40.0	
		150	3.75	93.9	38.4		43.2		48.0	
		175	3.21	109.6	44.8		50.4		56.0	
		200	2.81	125.2	51.2		57.6		64.0	
35	17.5	40	19.1	25.0	10.2		11.5		12.8	
		45	17.0	28.2	11.5		12.9		14.4	
		50	15.3	31.3	12.8		14.4		16.0	
		55	13.9	34.4	14.1		15.8		17.6	
		60	12.8	37.6	15.4		17.3		19.2	
		65	11.8	40.7	16.6		18.7		20.8	
		70	10.9	43.8	17.9		20.2		22.4	
		75	10.2	47.0	19.2	196	21.6	220	24.0	245
		80	9.57	50.1	20.5		23.0		25.6	
		90	8.51	56.3	23.0		25.9		28.8	
		100	7.66	62.6	25.6		28.8		32.0	
		125	6.13	78.3	32.0		36.0		40.0	
		150	5.10	93.9	38.4		43.2		48.0	
		175	4.38	109.6	44.8		50.4		56.0	
		200	3.83	125.5	51.2		57.6		64.0	
40	20	40	25.0	25.0	10.2		11.5		12.8	
		45	22.2	29.4	11.5	256	13.0	288	14.4	320
		50	20.0	31.3	12.8		14.4		16.0	

D	d	L	스프링정수 Kgf/mm	밀착길이 (ℓ)	F=L×25.6% F min	하중 Kgf	F=L×28.8% F min	하중 Kgf	F=L×32% F min	하중 Kgf
40	20	55	18.2	36.0	14.1		15.8		17.6	
		60	16.7	37.6	15.4		17.3		19.2	
		65	15.4	42.5	16.6		18.7		20.8	
		70	14.3	43.8	17.9		20.2		22.4	
		75	13.3	49.1	19.2		21.6		24.0	
		80	12.5	50.1	20.5		23.0		25.6	
		90	11.1	56.3	23.0		25.9		28.8	
		100	10.0	62.6	25.6	256	28.8	288	32.0	320
		125	8.00	78.3	32.0		36.0		40.0	
		150	6.67	93.9	38.4		43.2		48.0	
		175	5.71	109.6	44.8		50.4		56.0	
		200	5.00	125.5	51.2		57.6		64.0	
		225	4.44	141.0	57.6		64.8		72.0	
		250	4.00	156.5	64.0		72.0		80.0	
		275	3.64	172.0	70.4		79.2		88.0	
		300	3.33	196.2	76.8		86.4		96.0	
50	25	50	31.2	31.3	12.8		14.4		16.0	
		55	28.4	34.4	14.1		15.8		17.6	
		60	26.0	37.6	15.4		17.3		19.2	
		65	24.0	40.7	16.6		18.7		20.8	
		70	22.3	43.8	17.9		20.2		22.4	
		75	20.8	47.0	19.2		21.6		24.0	
		80	19.5	50.1	20.5		23.0		25.6	
		90	17.3	56.3	23.0		25.9		28.8	
		100	15.6	62.6	25.6	400	28.8	450	32.0	500
		125	12.5	78.3	32.0		36.0		40.0	
		150	10.4	93.9	38.4		43.2		48.0	
		175	8.92	109.6	44.8		50.4		56.0	
		200	7.81	125.2	51.2		57.6		64.0	
		225	6.94	1410	57.6		64.8		72.0	
		250	6.25	156.5	64.0		72.0		80.0	
		275	5.68	172.0	70.4		79.2		88.0	
		300	5.20	187.8	76.8		86.4		96.0	
		350	4.46	228.9	89.6		100.8		112.0	
60	30	60	37.5	37.6	15.4		17.3		19.2	
		70	32.1	43.8	17.9		20.2		22.4	
		80	28.1	50.1	20.5		23.0		25.6	
		90	25.0	56.3	23.0		25.9		28.8	
		100	22.5	62.6	25.6		28.8		32.0	
		125	18.0	78.3	32.0	576	36.0	648	40.0	720
		150	15.0	93.9	38.4		43.2		48.0	
		175	12.8	109.6	44.8		50.4		56.0	
		200	11.2	125.2	51.2		57.6		64.0	
		250	8.99	156.5	64.0		72.0		80.0	
		300	7.49	187.8	76.8		86.4		96.0	
		350	6.42	228.9	89.6		100.8		112.0	

금형용 스프링

스프링설계 DS3-005-1

중하중(重荷重) ----- SWH (녹색)

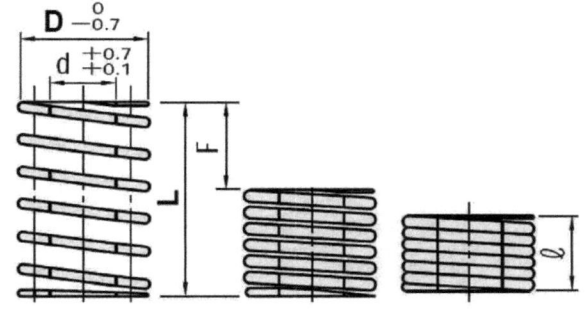

*.스프링 하중 산출 방법
하중 = 스프링정수 × 변형량
N = N/mm × F min
Kgf = Kgf/mm × F min
(Kgf = N ×0.101972)

D	d	L	스프링정수 Kgf/mm	밀착길이 (ℓ)	F=L×19.2% F min	하중 Kgf	F=L×21.6% F min	하중 Kgf	F=L×24% F min	하중 Kgf
6	3	15	3.9	11.0	2.9		3.2		3.6	
		20	2.9	14.7	3.8		4.3		4.8	
		25	2.3	18.4	4.8		5.4		6.0	
		30	1.9	22.0	5.8		6.5		7.2	
		35	1.7	25.7	6.7	11	7.6	13	8.4	14
		40	1.5	29.4	7.7		8.6		9.6	
		45	1.3	33.0	8.6		9.7		10.8	
		50	1.2	36.7	9.6		10.8		12.0	
		55	1.1	40.4	10.6		11.9		13.2	
		60	1.0	44.0	11.5		13.0		14.4	
8	4	10	8.8	7.4	1.9		2.2		2.4	
		15	5.8	10.8	2.9		3.2		3.6	
		20	4.4	14.4	3.8		4.3		4.8	
		25	3.5	18.0	4.8		5.4		6.0	
		30	2.9	21.6	5.8		6.5		7.2	
		35	2.5	25.2	6.7		7.6		8.4	
		40	2.2	28.8	7.7		8.6		9.6	
		45	1.9	32.4	8.6	17	9.7	19	10.8	21
		50	1.8	36.0	9.6		10.8		12.0	
		55	1.6	39.6	10.6		11.9		13.2	
		60	1.5	43.2	11.5		13.0		14.4	
		65	1.3	47.7	12.5		14.0		15.6	
		70	1.3	51.4	13.4		15.1		16.8	
		75	1.2	55.1	14.4		16.2		18.0	
		80	1.1	58.7	15.4		17.3		19.2	
10	5	10	12.5	7.4	1.9		2.2		2.4	
		15	8.3	11.0	2.9		3.2		3.6	
		20	6.3	14.4	3.8		4.3		4.8	
		25	5.0	18.0	4.8	24	5.4	27	6.0	30
		30	4.2	21.6	5.8		6.5		7.2	
		35	3.6	25.2	6.7		7.6		8.4	
		40	3.1	28.8	7.7		8.6		9.6	

D	d	L	스프링정수 Kgf/mm	밀착길이 (ℓ)	F=L×19.2% F min	하중 Kgf	F=L×21.6% F min	하중 Kgf	F=L×24% F min	하중 Kgf
10	5	45	2.8	32.4	8.6		9.7		10.8	
		50	2.5	36.0	9.6		10.8		12.0	
		55	2.3	39.6	10.6		11.9		13.2	
		60	2.1	43.2	11.5	24	13.0	27	14.4	30
		65	1.9	46.8	12.5		14.0		15.6	
		70	1.8	50.4	13.4		15.1		16.8	
		75	1.7	54.0	14.4		16.2		18.0	
		80	1.6	57.6	15.4		17.3		19.2	
		90	1.4	64.8	17.3		19.4		21.6	
12	6	15	11.9	11.0	2.9		3.2		3.6	
		20	8.9	14.4	3.8		4.3		4.8	
		25	7.2	18.0	4.8		5.4		6.0	
		30	6.0	21.6	5.8		6.5		7.2	
		35	5.1	25.2	6.7		7.6		8.4	
		40	4.5	28.8	7.7		8.6		9.6	
		45	4.0	32.4	8.6		9.7		10.8	
		50	3.6	36.0	9.6	34	10.8	38	12.0	43
		55	3.3	39.6	10.6		11.9		13.2	
		60	3.0	43.2	11.5		13.0		14.4	
		65	2.8	46.8	12.5		14.0		15.6	
		70	2.6	50.4	13.4		15.1		16.8	
		75	2.4	54.0	14.4		16.2		18.0	
		80	2.2	57.6	15.4		17.3		19.2	
		90	2.0	64.8	17.3		19.4		21.6	
14	7	20	12.3	14.7	3.8		4.3		4.8	
		25	9.8	18.0	4.8		5.4		6.0	
		30	8.2	21.6	5.8		6.5		7.2	
		35	7.0	25.2	6.7		7.6		8.4	
		40	6.1	28.8	7.7		8.6		9.6	
		45	5.5	32.4	8.6		9.7		10.8	
		50	4.9	36.0	9.6		10.8		12.0	
		55	4.5	39.6	10.6	47	11.9	53	13.2	59
		60	4.1	43.2	11.5		13.0		14.4	
		65	3.8	46.8	12.5		14.0		15.6	
		70	3.5	50.4	13.4		15.1		16.8	
		75	3.3	54.0	14.4		16.2		18.0	
		80	3.1	57.6	15.4		17.3		19.2	
		90	2.7	64.8	17.3		19.4		21.6	
		100	2.5	72.0	19.2		21.6		24.0	
16	8	20	16.0	14.7	3.8		4.3		4.8	
		25	12.8	18.0	4.8		5.4		6.0	
		30	10.7	21.6	5.8		6.5		7.2	
		35	9.2	25.2	6.7		7.6		8.4	
		40	8.0	28.8	7.7		8.6		9.6	
		45	7.1	32.4	8.6		9.7		10.8	
		50	6.4	36.0	9.6		10.8		12.0	
		55	5.8	39.6	10.6	62	11.9	69	13.2	77
		60	5.3	43.2	11.5		13.0		14.4	
		65	4.9	46.8	12.5		14.0		15.6	
		70	4.6	50.4	13.4		15.1		16.8	
		75	4.3	54.0	14.4		16.2		18.0	
		80	4.0	57.6	15.4		17.3		19.2	
		90	3.6	64.8	17.3		19.4		21.6	
		100	3.2	72.0	19.2		21.6		24.0	

스프링설계 DS3-005-2 — 금형용 스프링

중하중(重荷重)-----SWH (녹색)

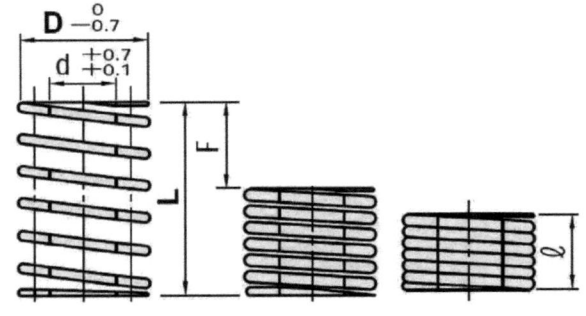

*. 스프링 하중 산출 방법
하중 = 스프링정수 × 변형량
N = N/mm × F min
Kgf = Kgf/mm × F min
(Kgf = N ×0.101972)

D	d	L	스프링정수 Kgf/mm	밀착길이 (ℓ)	F=L×19.2% F min	하중 Kgf	F=L×21.6% F min	하중 Kgf	F=L×24% F min	하중 Kgf
18	9	20	20.2	14.7	3.8		4.3		4.8	
		25	16.2	18.0	4.8		5.4		6.0	
		30	13.5	21.6	5.8		6.5		7.2	
		35	11.5	25.2	6.7		7.6		8.4	
		40	10.1	28.8	7.7		8.6		9.6	
		45	9.0	32.4	8.6		9.7		10.8	
		50	8.1	36.0	9.6		10.8		12.0	
		55	7.3	39.6	10.6	78	11.9	87	13.2	97
		60	6.7	43.2	11.5		13.0		14.4	
		65	6.2	46.8	12.5		14.0		15.6	
		70	5.8	50.4	13.4		15.1		16.8	
		75	5.4	54.0	14.4		16.2		18.0	
		80	5.1	57.6	15.4		17.3		19.2	
		90	4.5	64.8	17.3		19.4		21.6	
		100	4.0	72.0	19.2		21.6		24.0	
20	10	20	25.0	14.7	3.8		4.3		4.8	
		25	20.0	18.0	4.8		5.4		6.0	
		30	16.7	21.6	5.8		6.5		7.2	
		35	14.3	25.2	6.7		7.6		8.4	
		40	12.5	28.8	7.7		8.6		9.6	
		45	11.1	32.4	8.6		9.7		10.8	
		50	10.0	36.0	9.6		10.8		12.0	
		55	9.1	39.6	10.6		11.9		13.2	
		60	8.3	43.2	11.5	96	13.0	108	14.4	
		65	7.7	46.8	12.5		14.0		15.6	
		70	7.1	50.4	13.4		15.1		16.8	
		75	6.7	54.0	14.4		16.2		18.0	
		80	6.2	57.6	15.4		17.3		19.2	
		90	5.6	64.8	17.3		19.4		21.6	
		100	5.0	72.0	19.2		21.6		24.0	
		125	4.0	90.0	24.0		27.0		30.0	
		150	3.3	108.0	28.8		32.4		36.0	
22	11	25	24.2	18.0	4.8		5.4		6.0	
		30	20.1	21.6	5.8		6.5		7.2	
		35	17.3	25.2	6.7		7.6		8.4	
		40	15.1	28.8	7.7		8.6		9.6	
		45	13.4	32.4	8.6		9.7		10.8	
		50	12.1	36.0	9.6		10.8		12.0	
		55	11.0	39.6	10.6		11.9		13.2	
		60	10.0	43.2	11.5	116	13.0	130	14.4	145
		65	9.3	46.8	12.5		14.0		15.6	
		70	8.6	50.4	13.4		15.1		16.8	
		75	8.1	54.0	14.4		16.2		18.0	
		80	7.5	57.6	15.4		17.3		19.2	
		90	6.7	64.8	17.3		19.4		21.6	
		100	6.0	72.0	19.2		21.6		24.0	
		125	4.8	90.0	24.0		27.0		30.0	
		150	4.0	108.0	28.8		32.4		36.0	
25	12.5	25	31.2	18.0	4.8		5.4		6.0	
		30	26.0	21.6	5.8		6.5		7.2	
		35	22.3	25.2	6.7		7.6		8.4	
		40	19.5	28.8	7.7		8.6		9.6	
		45	17.3	32.4	8.6		9.7		10.8	
		50	15.6	36.0	9.6		10.8		12.0	
		55	14.2	39.6	10.6		11.9		13.2	
		60	13.0	43.2	11.5		13.0		14.4	
		65	12.0	46.8	12.5	150	14.0	168	15.6	187
		70	11.1	50.4	13.4		15.1		16.8	
		75	10.4	54.0	14.4		16.2		18.0	
		80	9.7	57.6	15.4		17.3		19.2	
		90	8.7	64.8	17.3		19.4		21.6	
		100	7.8	72.0	19.2		21.6		24.0	
		125	6.2	90.0	24.0		27.0		30.0	
		150	5.2	108.0	28.8		32.4		36.0	
		175	4.5	126.0	33.6		37.8		42.0	
27	13.5	25	36.5	18.0	4.8		5.4		6.0	
		30	30.4	21.6	5.8		6.5		7.2	
		35	26.1	25.2	6.7		7.6		8.4	
		40	22.8	28.8	7.7		8.6		9.6	
		45	20.3	32.4	8.6		9.7		10.8	
		50	18.2	36.0	9.6		10.8		12.0	
		55	16.6	39.6	10.6		11.9		13.2	
		60	15.2	43.2	11.5		13.0		14.4	
		65	14.0	46.8	12.5	175	14.0	197	15.6	219
		70	13.0	50.4	13.4		15.1		16.8	
		75	12.2	54.0	14.4		16.2		18.0	
		80	11.4	57.6	15.4		17.3		19.2	
		90	10.1	64.8	17.3		19.4		21.6	
		100	9.1	72.0	19.2		21.6		24.0	
		125	7.3	90.0	24.0		27.0		30.0	
		150	6.1	108.0	28.8		32.4		36.0	
		175	5.2	126.0	33.6		37.8		42.0	
30	15	25	45.0	18.0	4.8		5.4		6.0	
		30	37.5	21.6	5.8	216	6.5	243	7.2	270
		35	32.1	25.2	6.7		7.6		8.4	
		40	28.1	28.8	7.7		8.6		9.6	

제 4 장

2단 몰드베이스 설계기준

| 몰드베이스 설계기준 DS4-001-1 | 2단 표준 몰드베이스 설계 |

1. 2플레이트 타입 (S 시리즈) 구조와 명칭

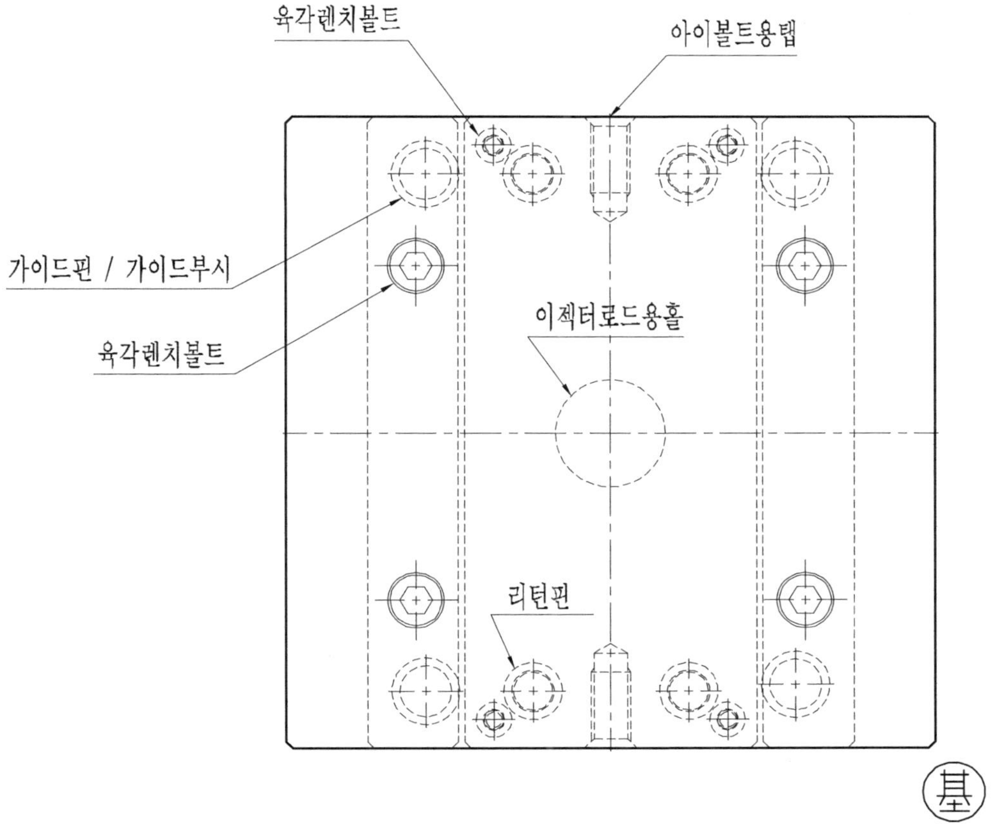

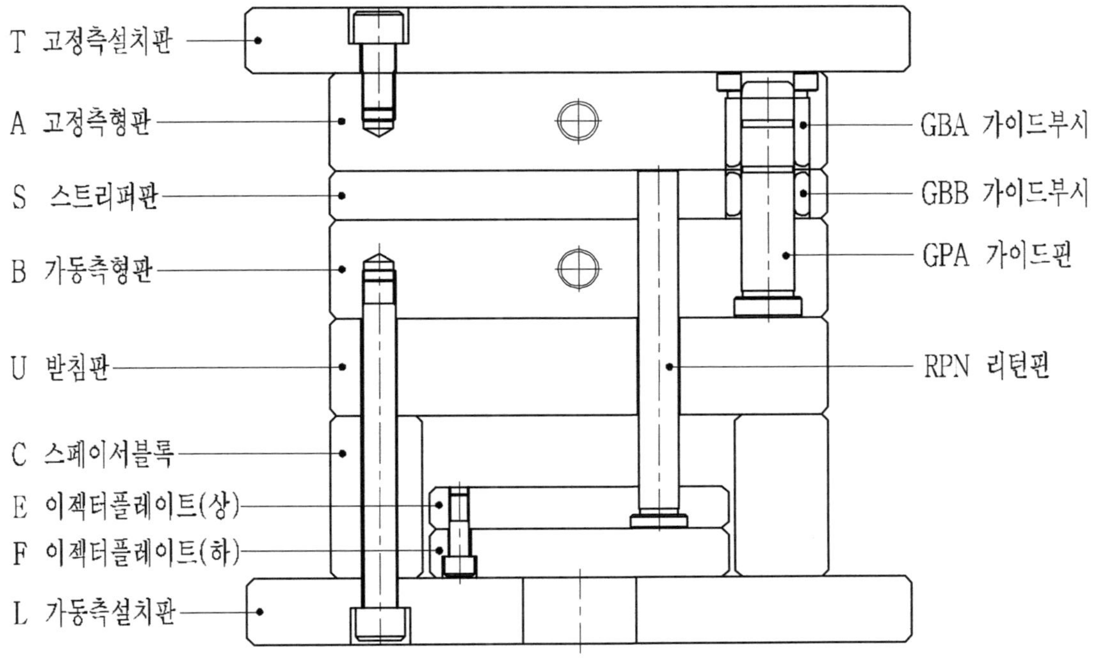

- 육각렌치볼트
- 아이볼트용탭
- 가이드핀 / 가이드부시
- 육각렌치볼트
- 이젝터로드용홀
- 리턴핀

- T 고정측설치판
- A 고정측형판
- S 스트리퍼판
- B 가동측형판
- U 받침판
- C 스페이서블록
- E 이젝터플레이트(상)
- F 이젝터플레이트(하)
- L 가동측설치판

- GBA 가이드부시
- GBB 가이드부시
- GPA 가이드핀
- RPN 리턴핀

2단 표준 몰드베이스 설계

2. 2플레이트 타입 (S 시리즈)의 종류

(1) SA 타입 (이젝터 돌출방식)

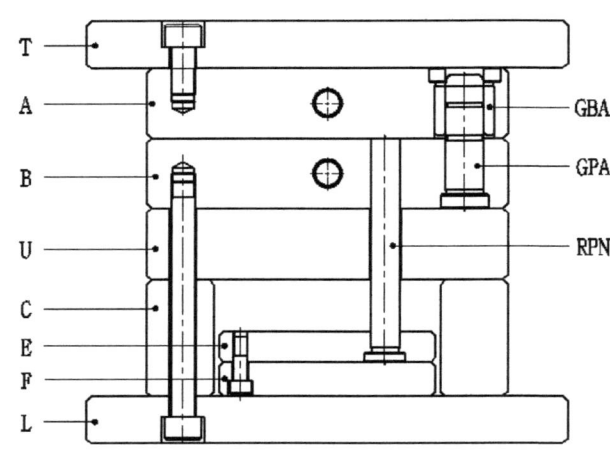

(2) SB 타입 (스트리퍼판 돌출방식)

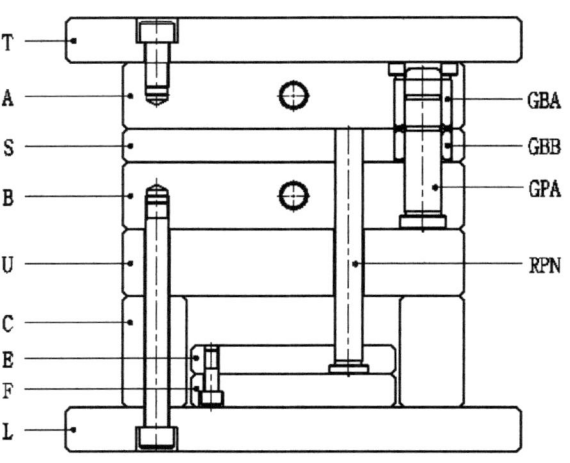

(3) SC 타입 (이젝터핀 돌출방식)
    (받침판 없음)

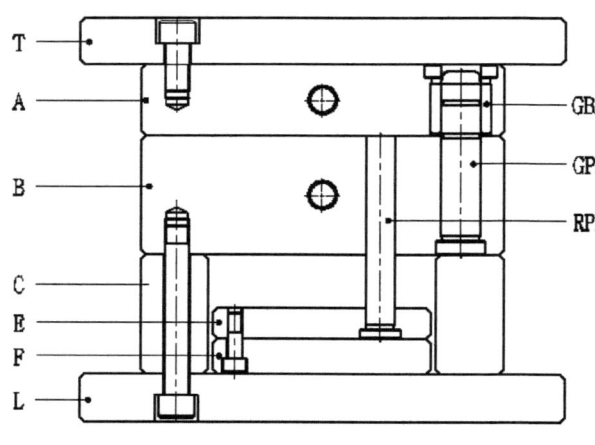

(4) SD 타입 (스트리퍼판 돌출방식)
    (받침판 없음)

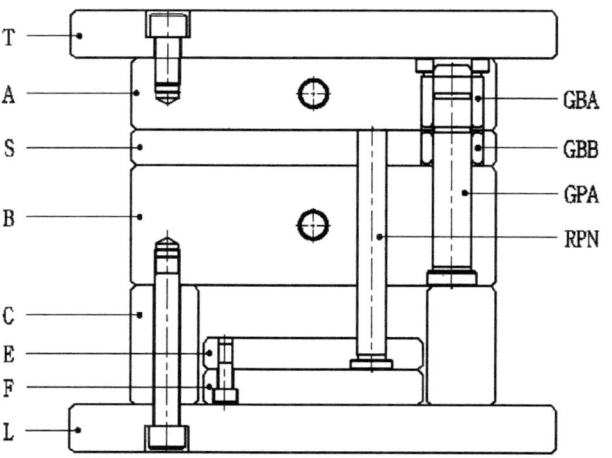

2단 표준 몰드베이스 설계

3. 2플레이트 타입 발주

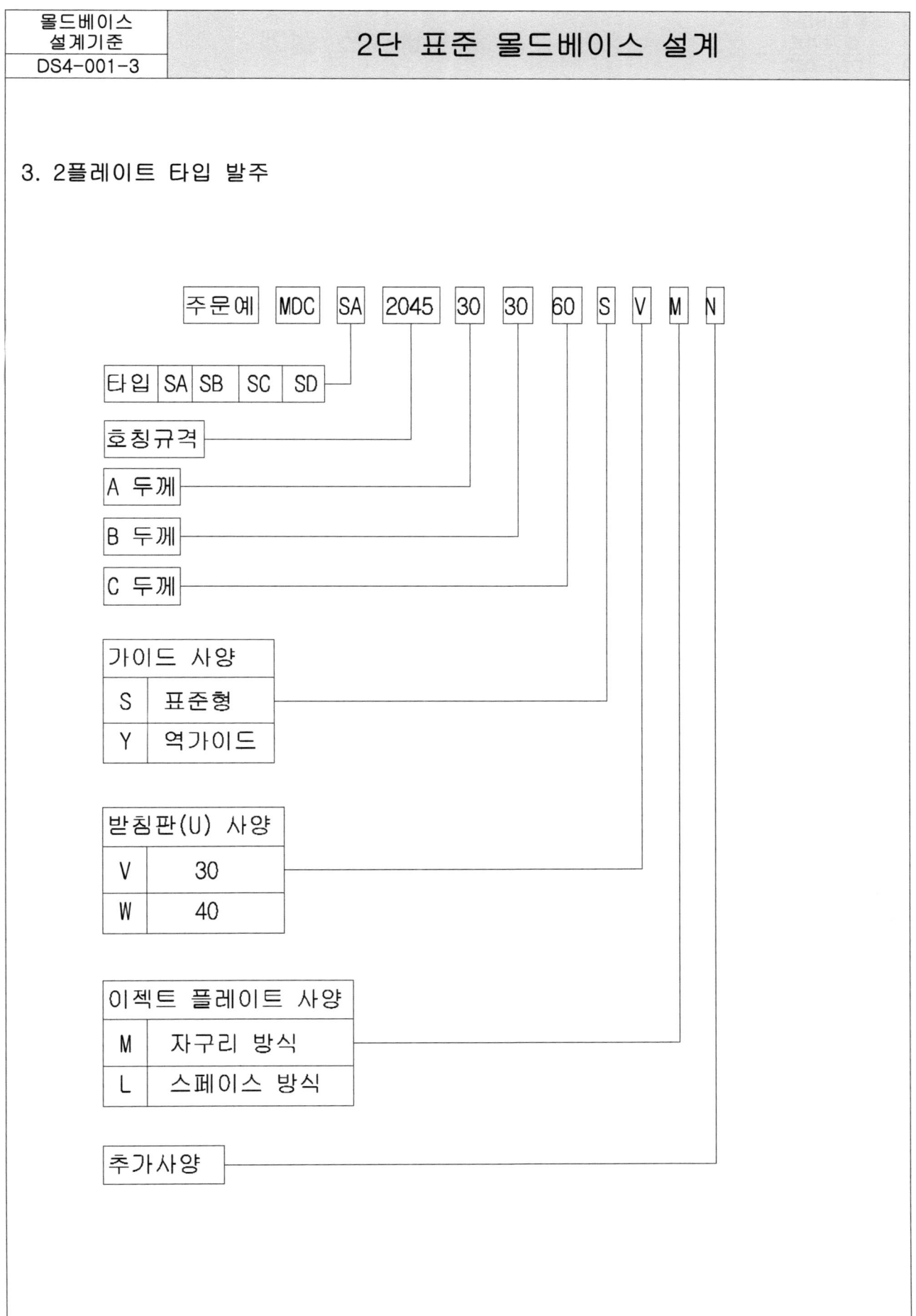

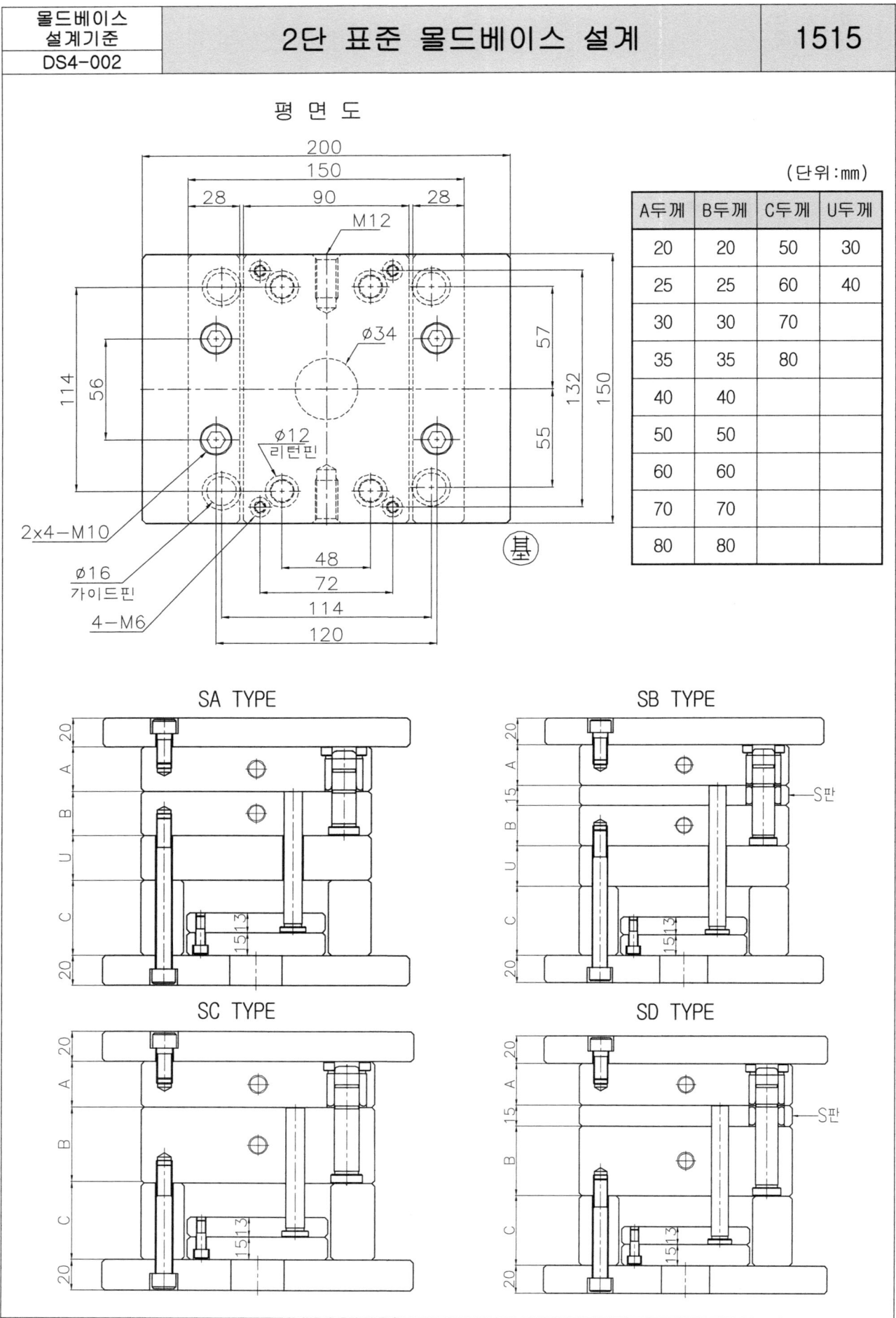

2단 표준 몰드베이스 설계

몰드베이스 설계기준 DS4-002 / 1515

(단위:mm)

A두께	B두께	C두께	U두께
20	20	50	30
25	25	60	40
30	30	70	
35	35	80	
40	40		
50	50		
60	60		
70	70		
80	80		

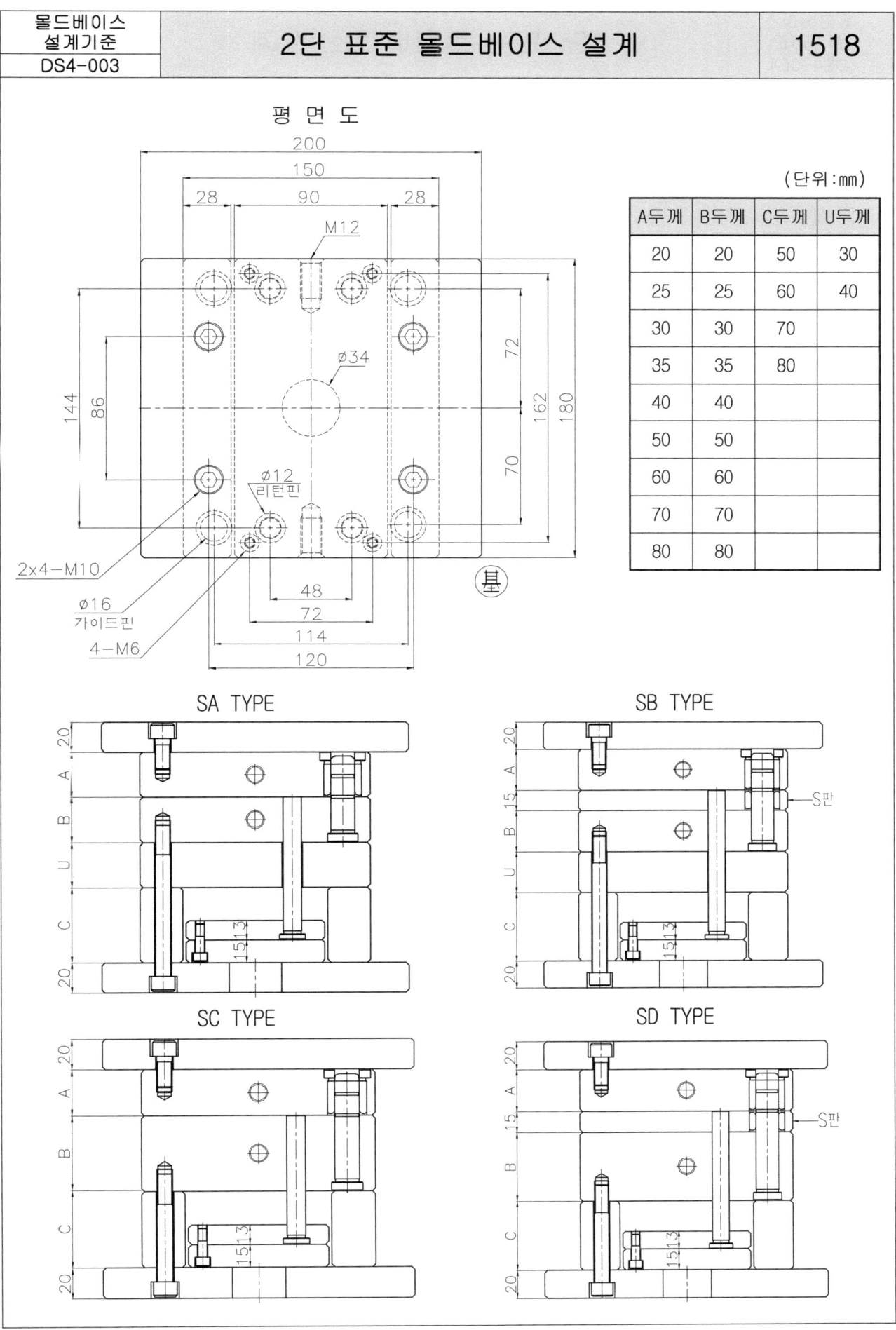

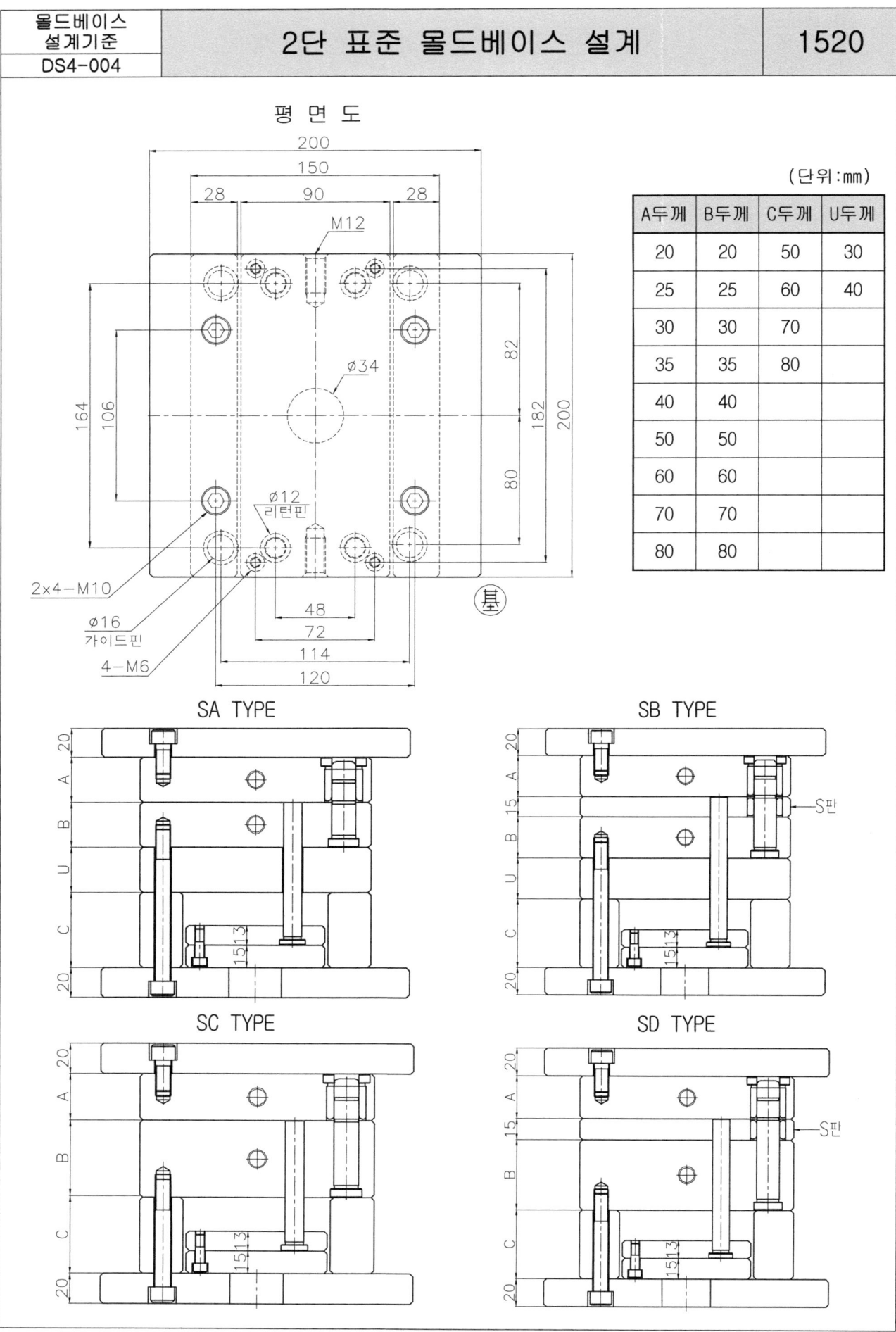

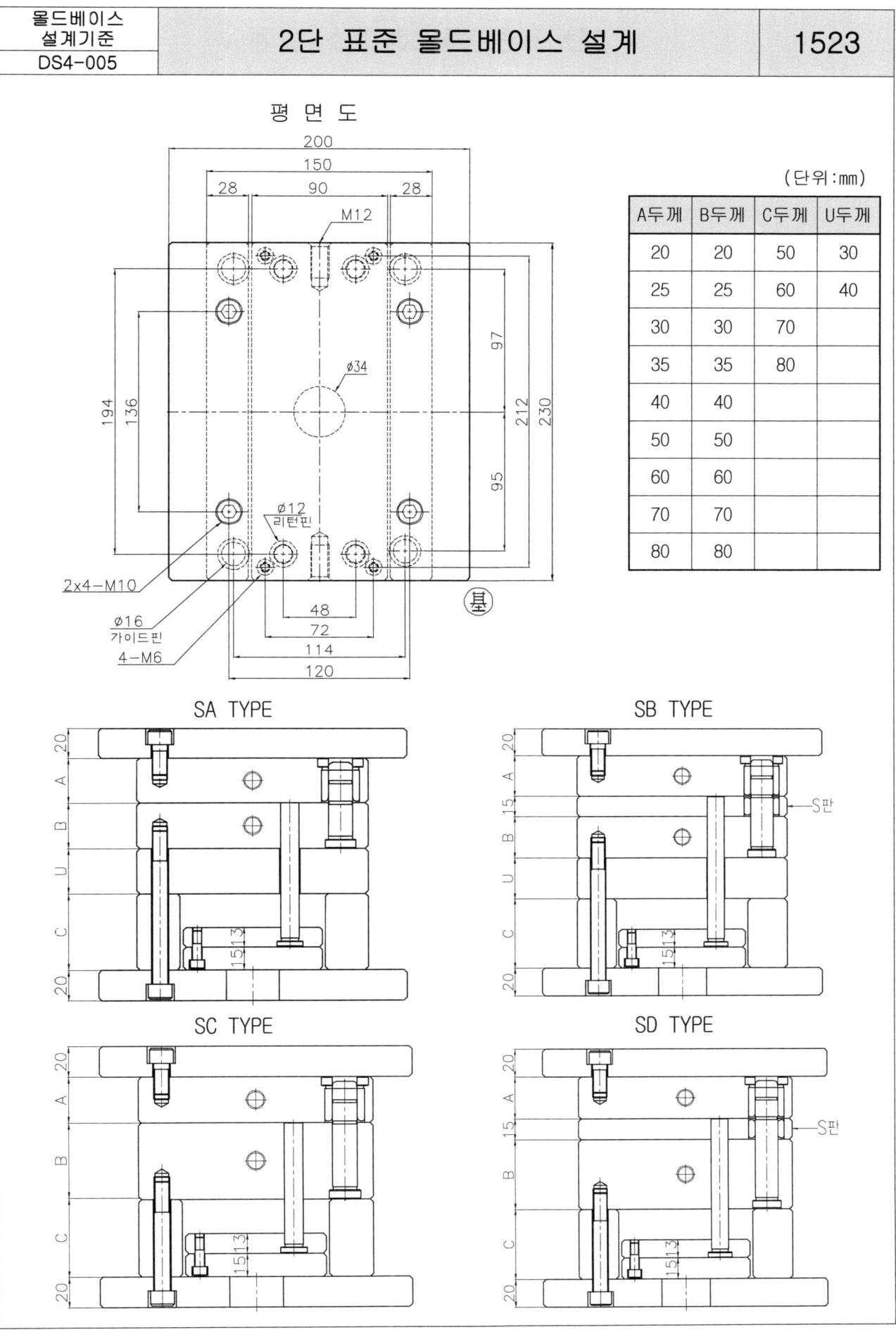

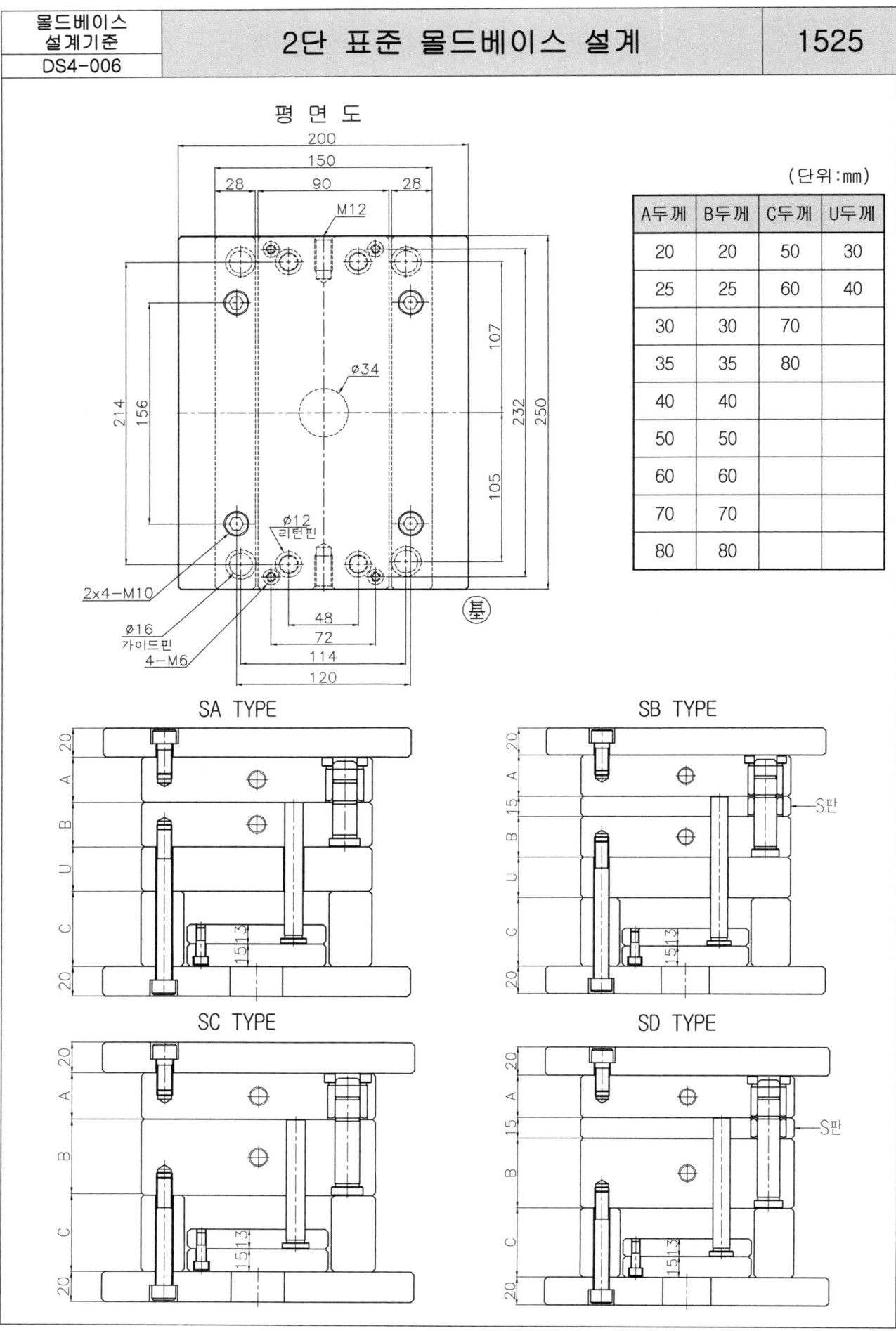

| 몰드베이스 설계기준 DS4-007 | 2단 표준 몰드베이스 설계 | 1530 |

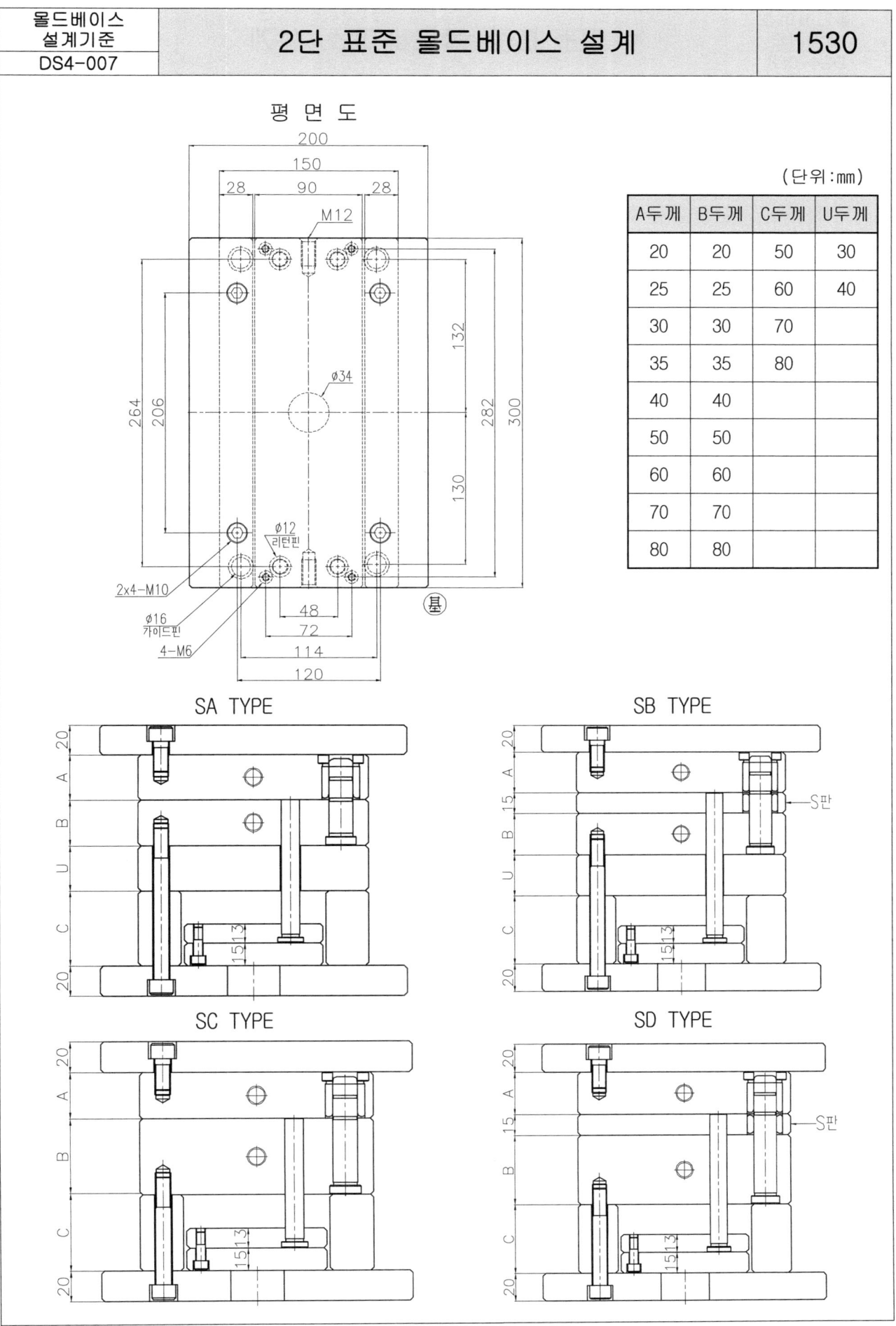

(단위:mm)

A두께	B두께	C두께	U두께
20	20	50	30
25	25	60	40
30	30	70	
35	35	80	
40	40		
50	50		
60	60		
70	70		
80	80		

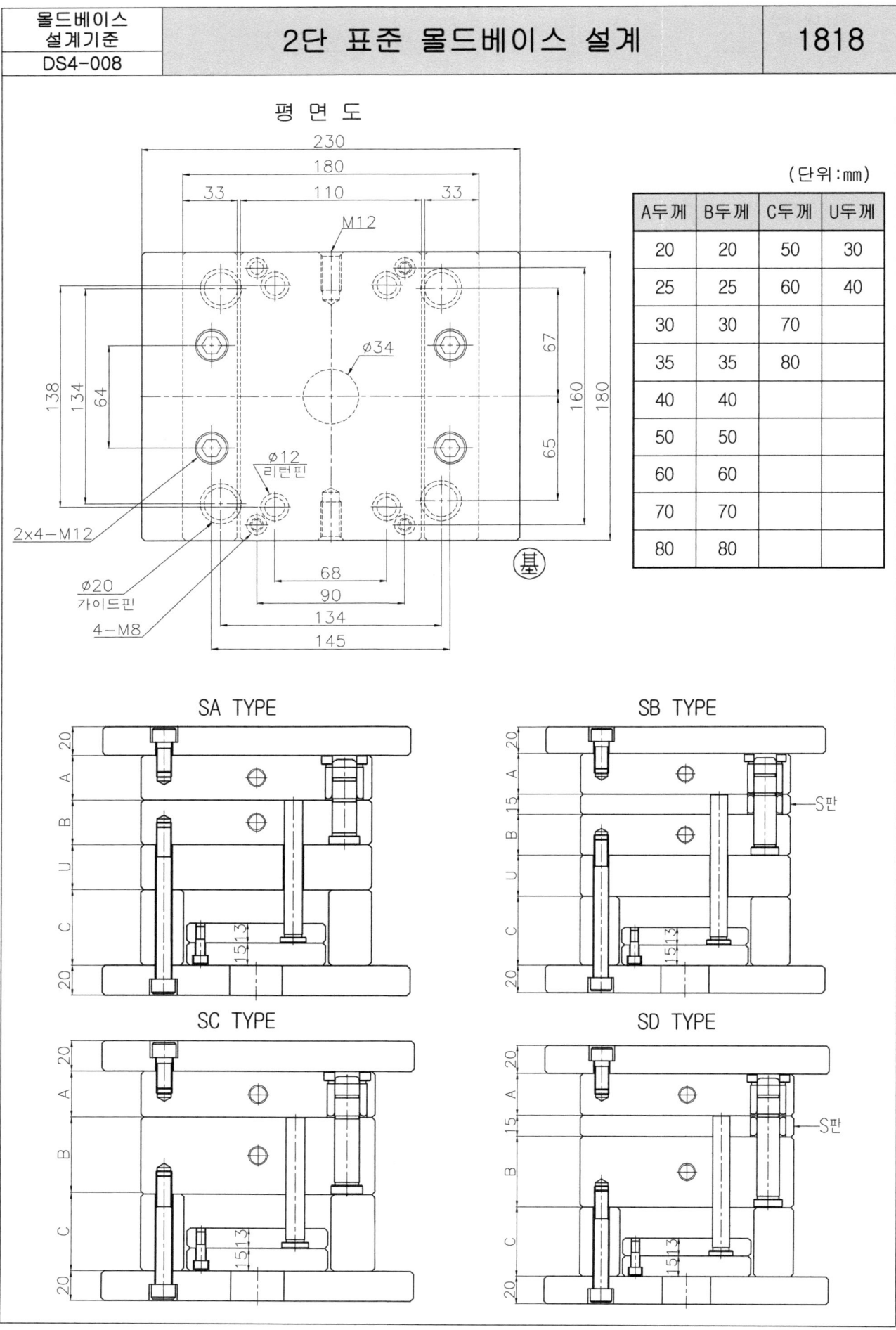

2단 표준 몰드베이스 설계

DS4-009 | 1820

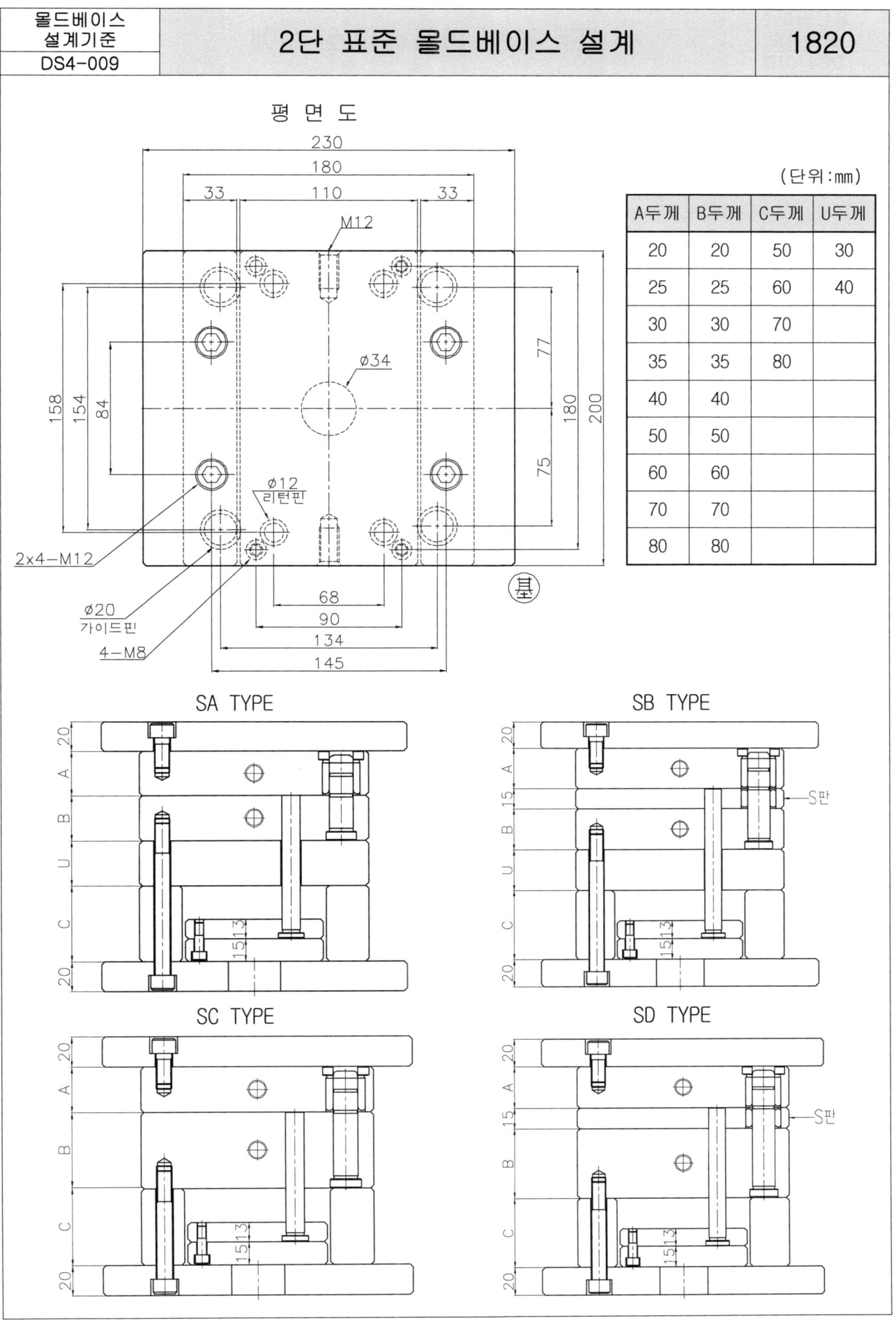

(단위:mm)

A두께	B두께	C두께	U두께
20	20	50	30
25	25	60	40
30	30	70	
35	35	80	
40	40		
50	50		
60	60		
70	70		
80	80		

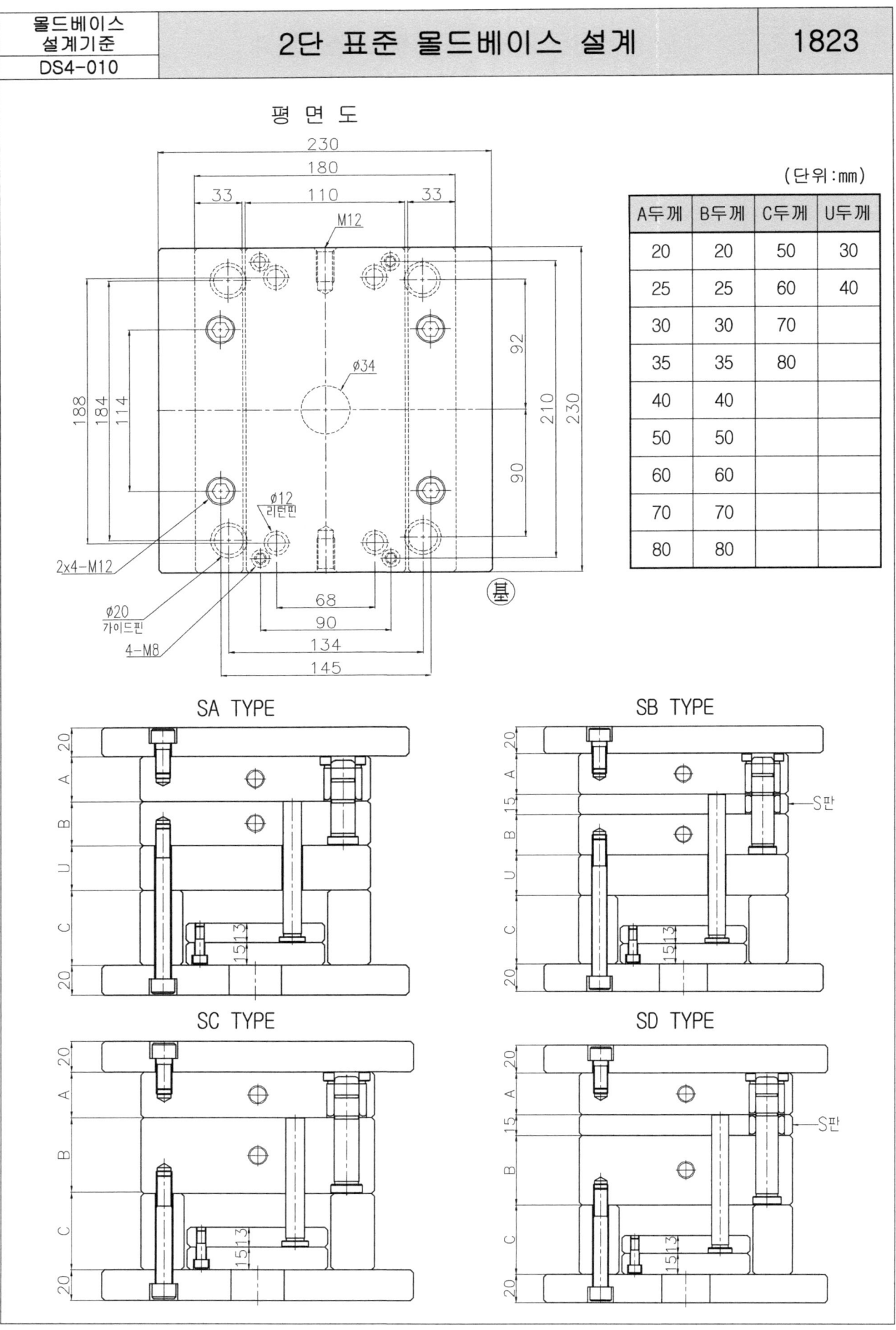

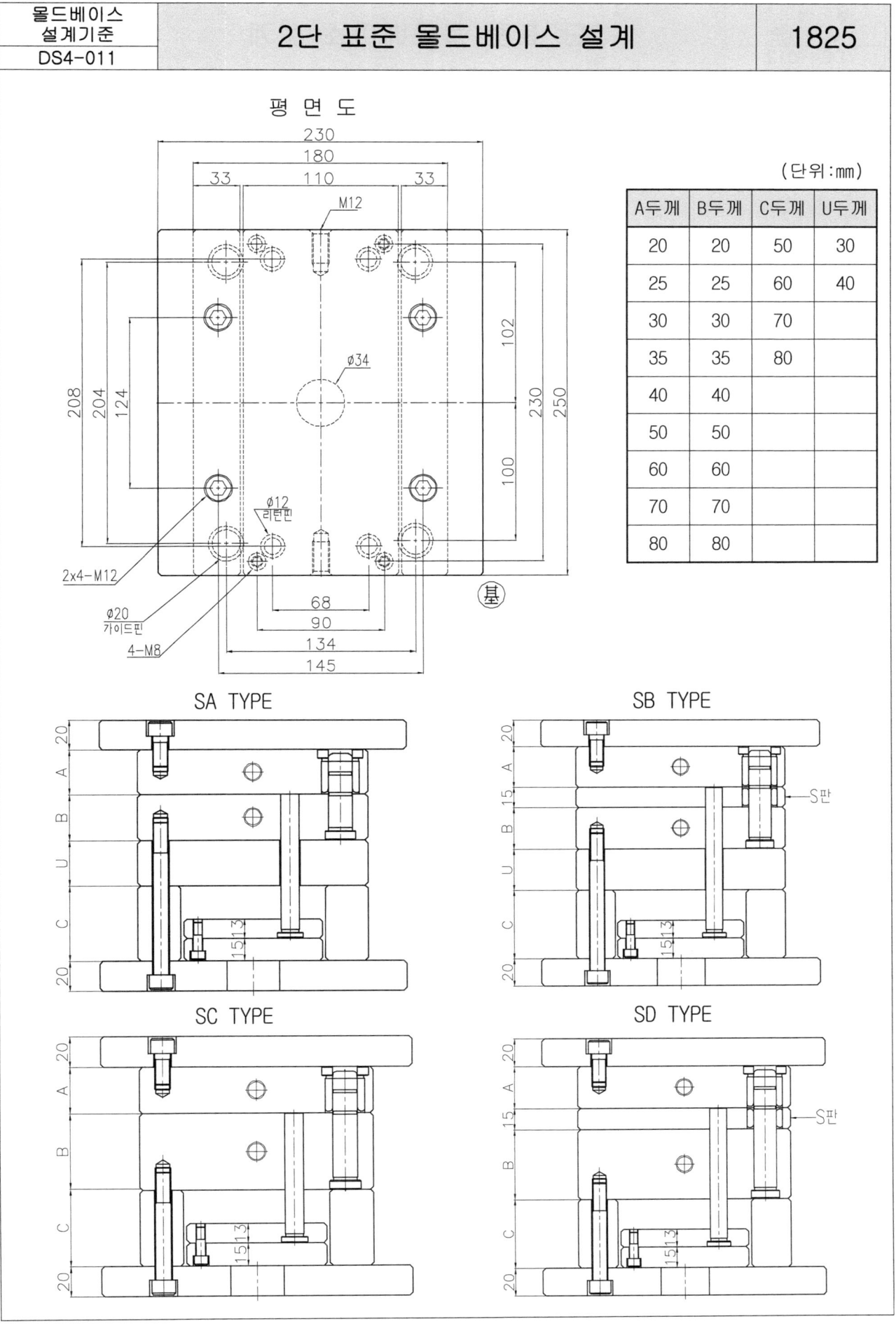

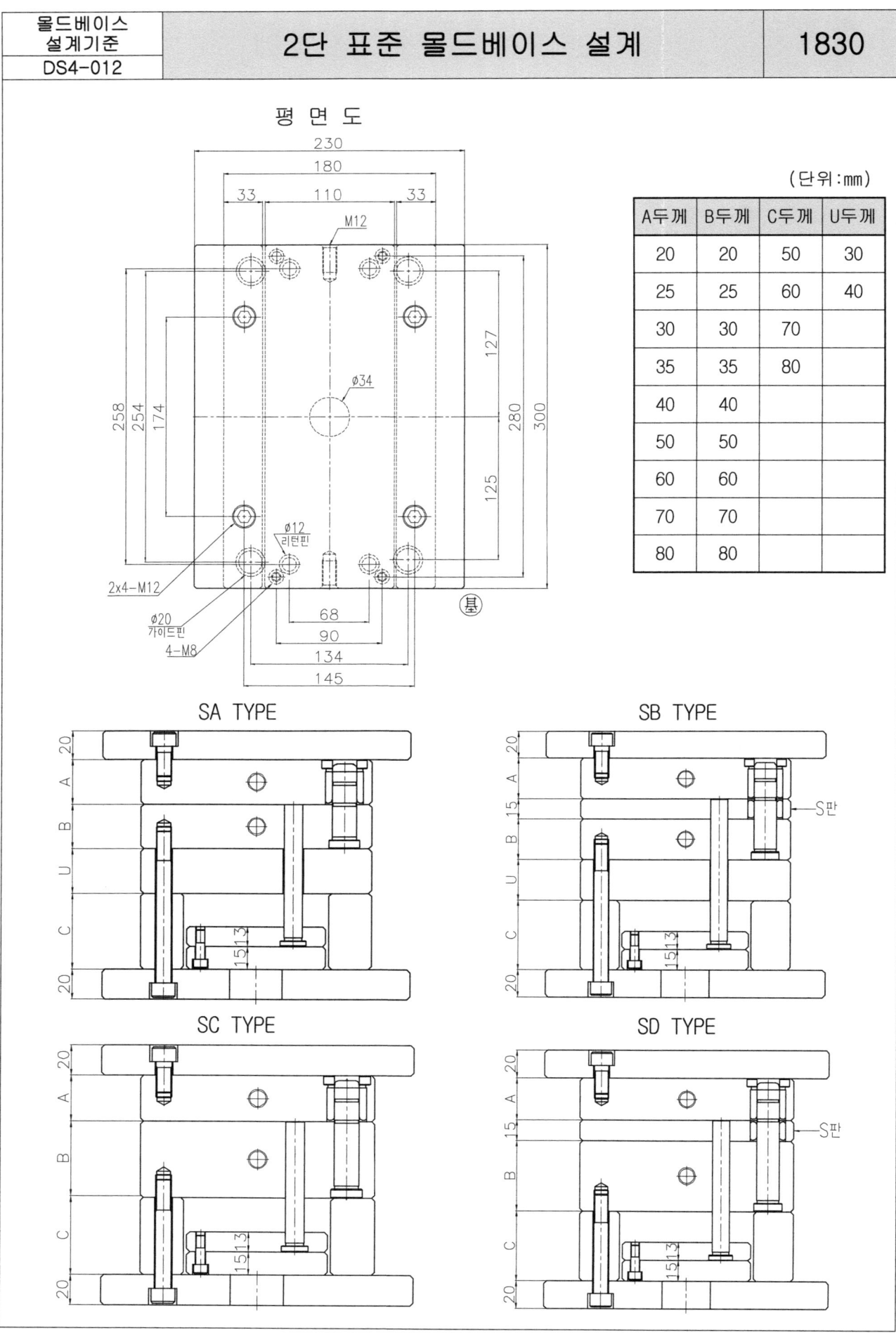

2단 표준 몰드베이스 설계

몰드베이스 설계기준 DS4-012 / 1830

(단위:mm)

A두께	B두께	C두께	U두께
20	20	50	30
25	25	60	40
30	30	70	
35	35	80	
40	40		
50	50		
60	60		
70	70		
80	80		

2단 표준 몰드베이스 설계

A두께	B두께	C두께	U두께
20	20	50	30
25	25	60	40
30	30	70	
35	35	80	
40	40		
50	50		
60	60		
70	70		
80	80		

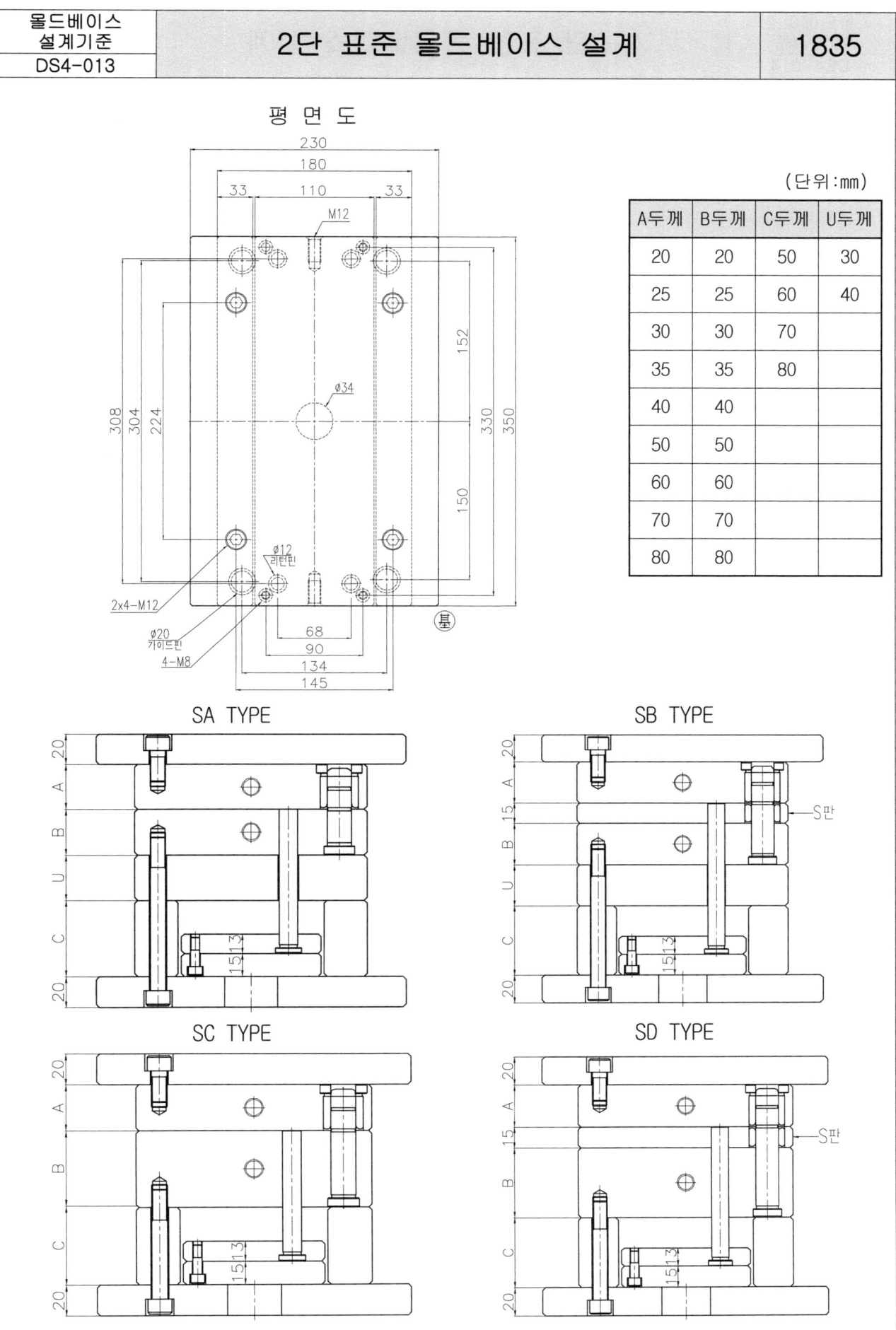

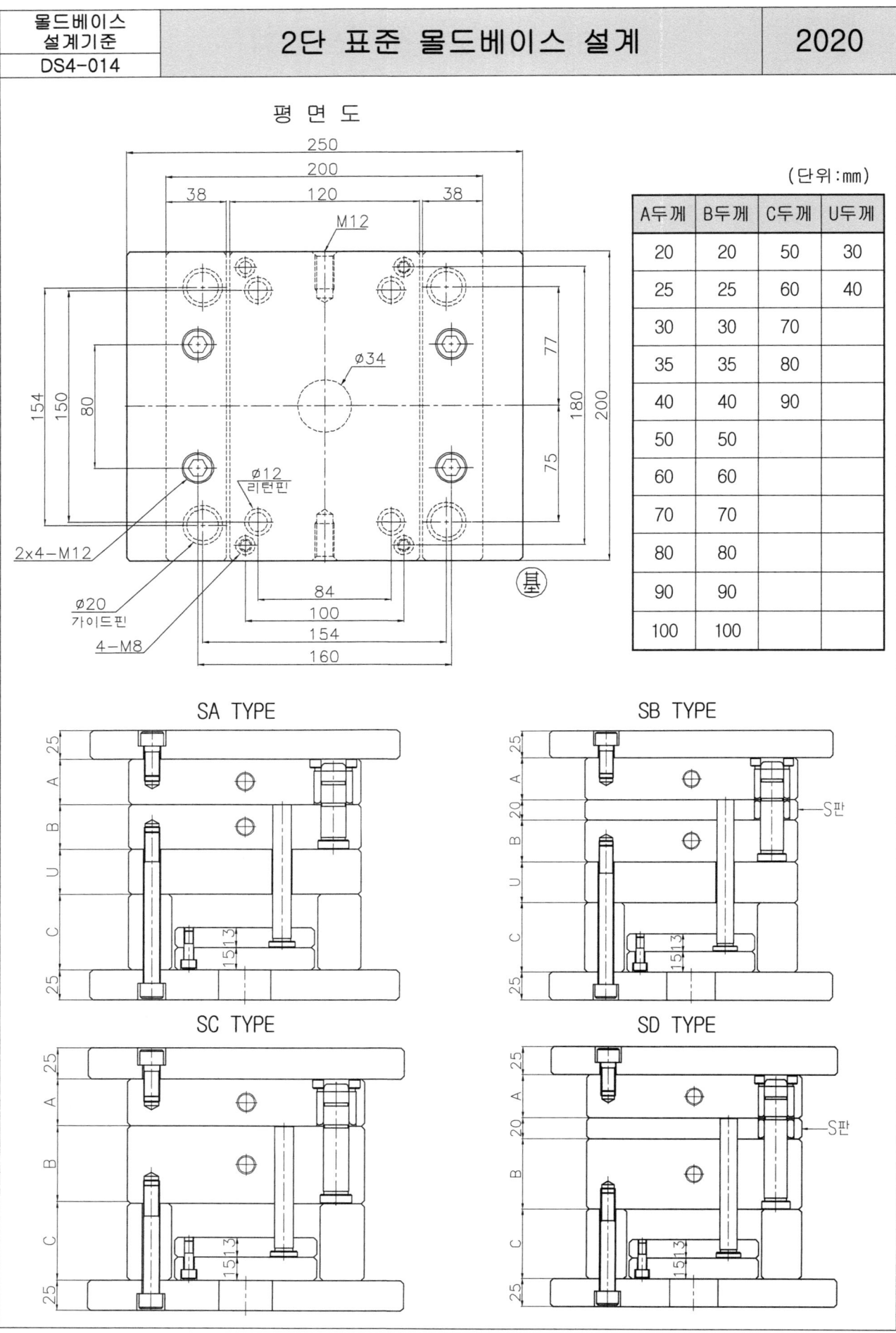

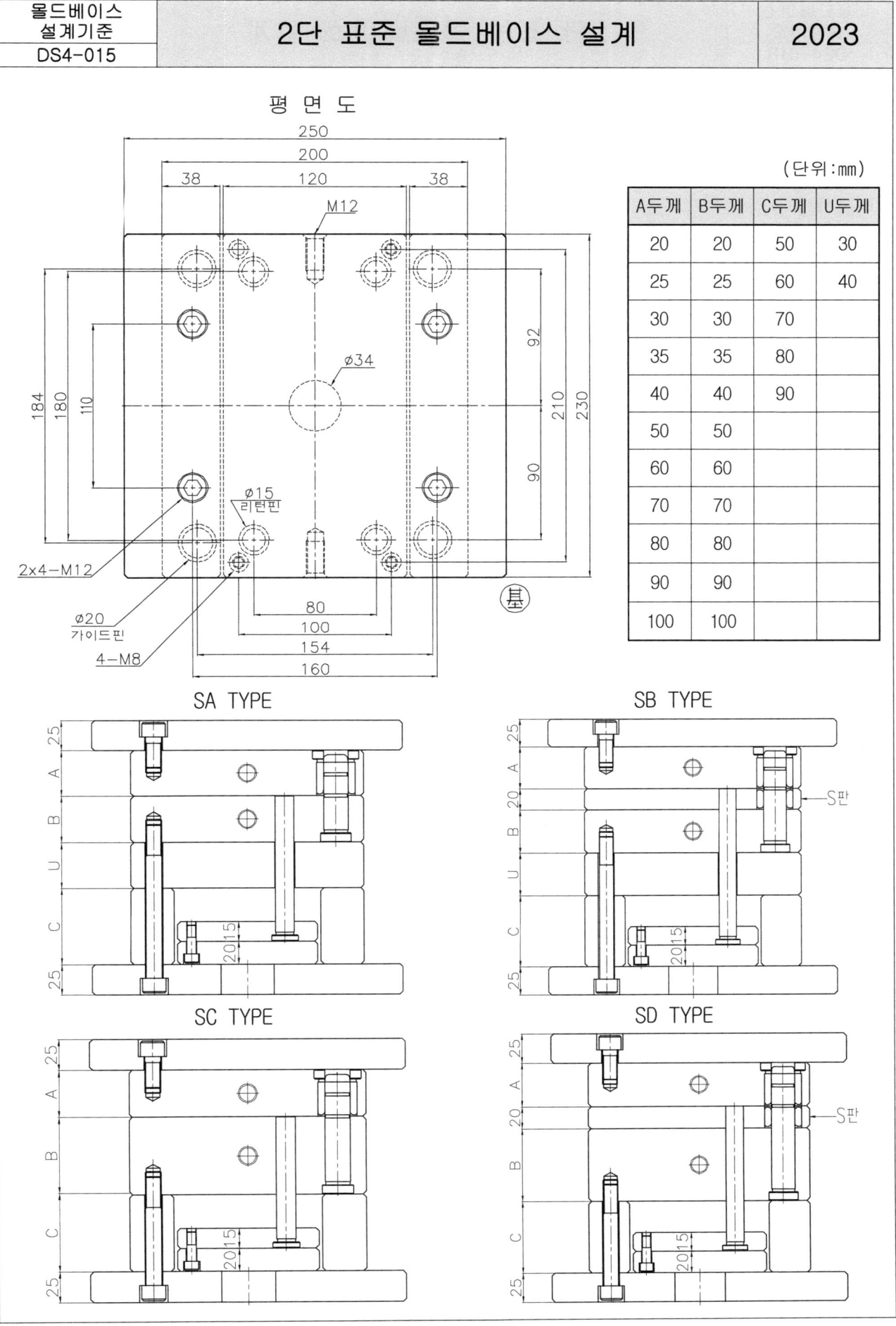

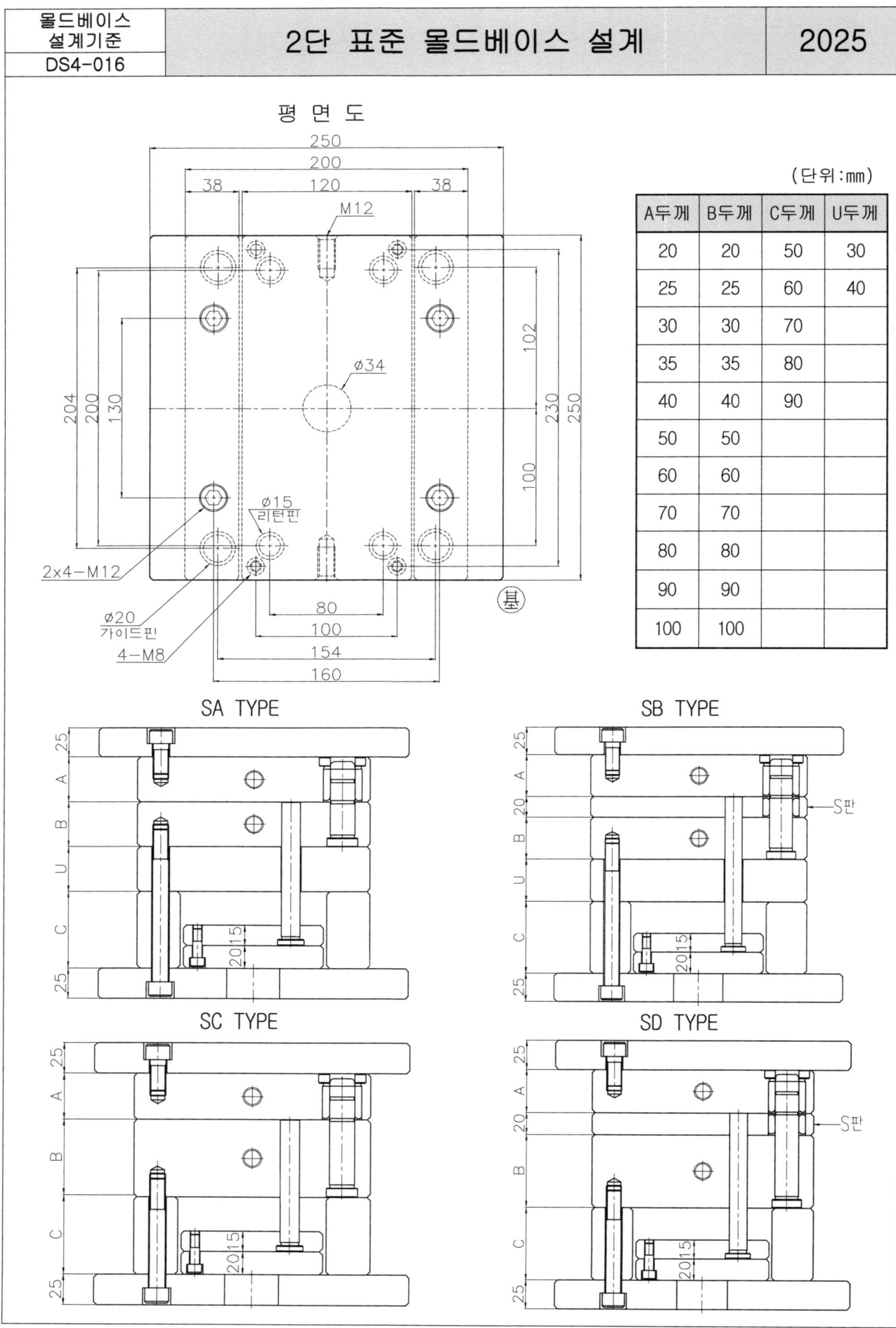

| 몰드베이스 설계기준 DS4-017 | 2단 표준 몰드베이스 설계 | 2030 |

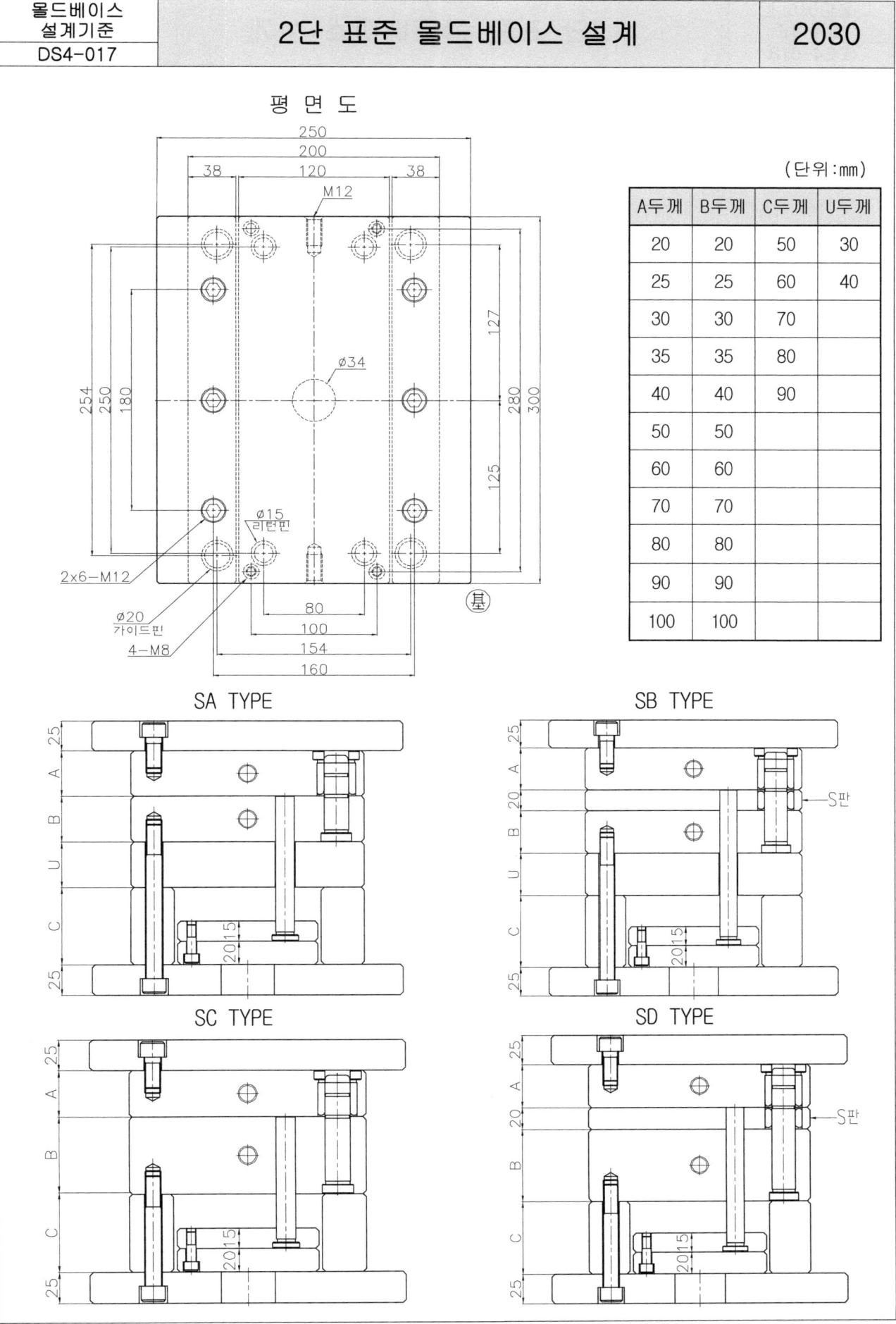

A두께	B두께	C두께	U두께
20	20	50	30
25	25	60	40
30	30	70	
35	35	80	
40	40	90	
50	50		
60	60		
70	70		
80	80		
90	90		
100	100		

(단위:mm)

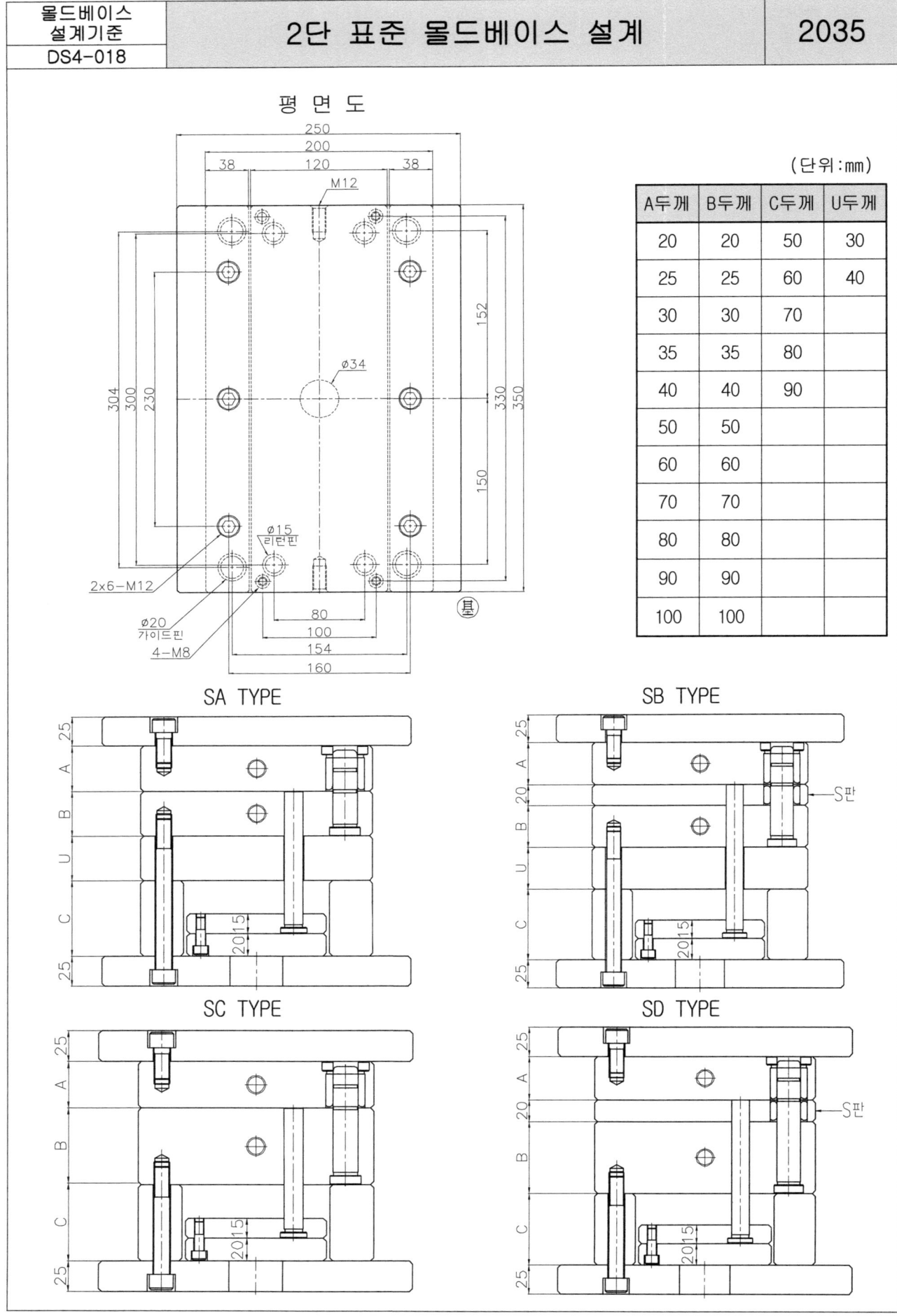

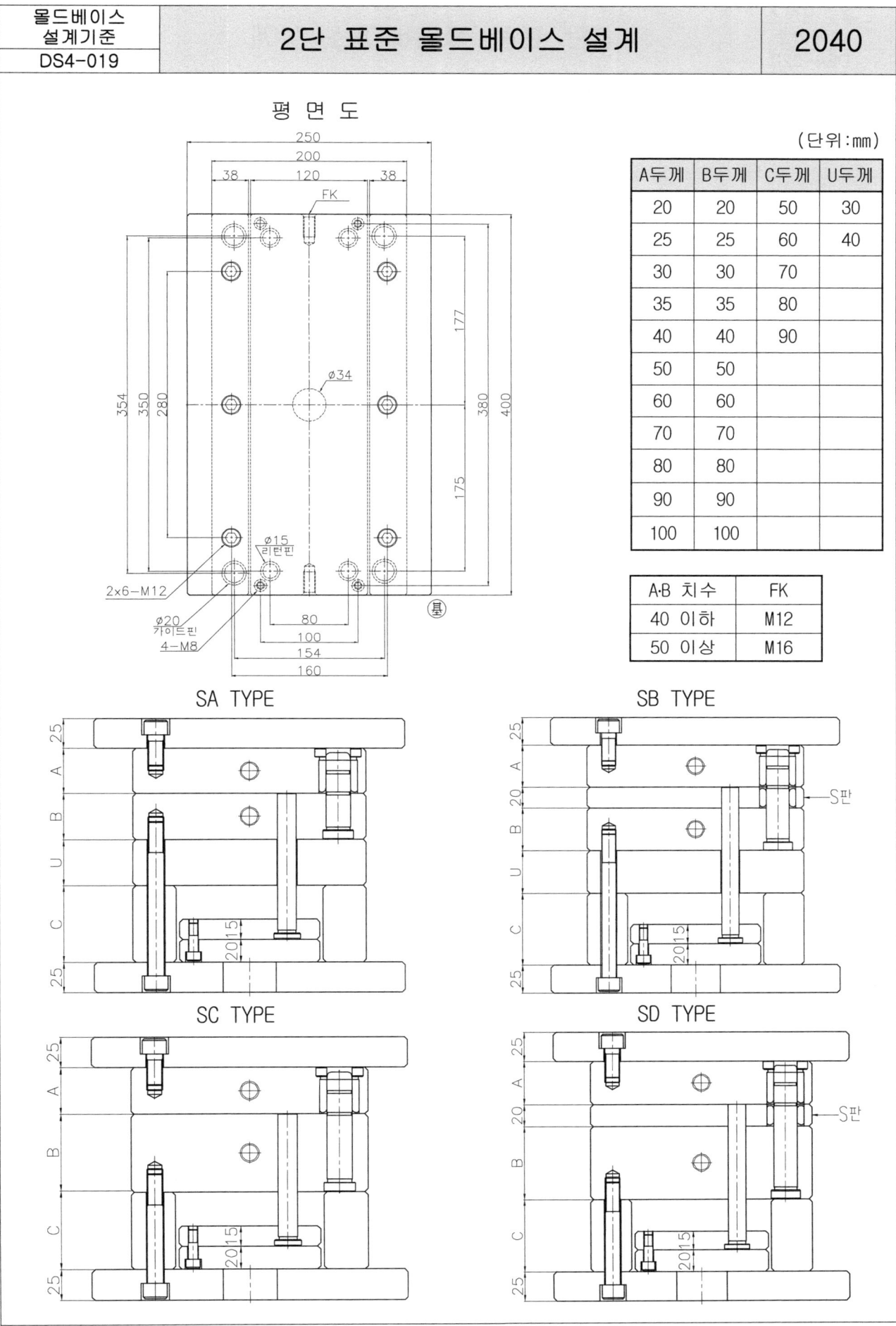

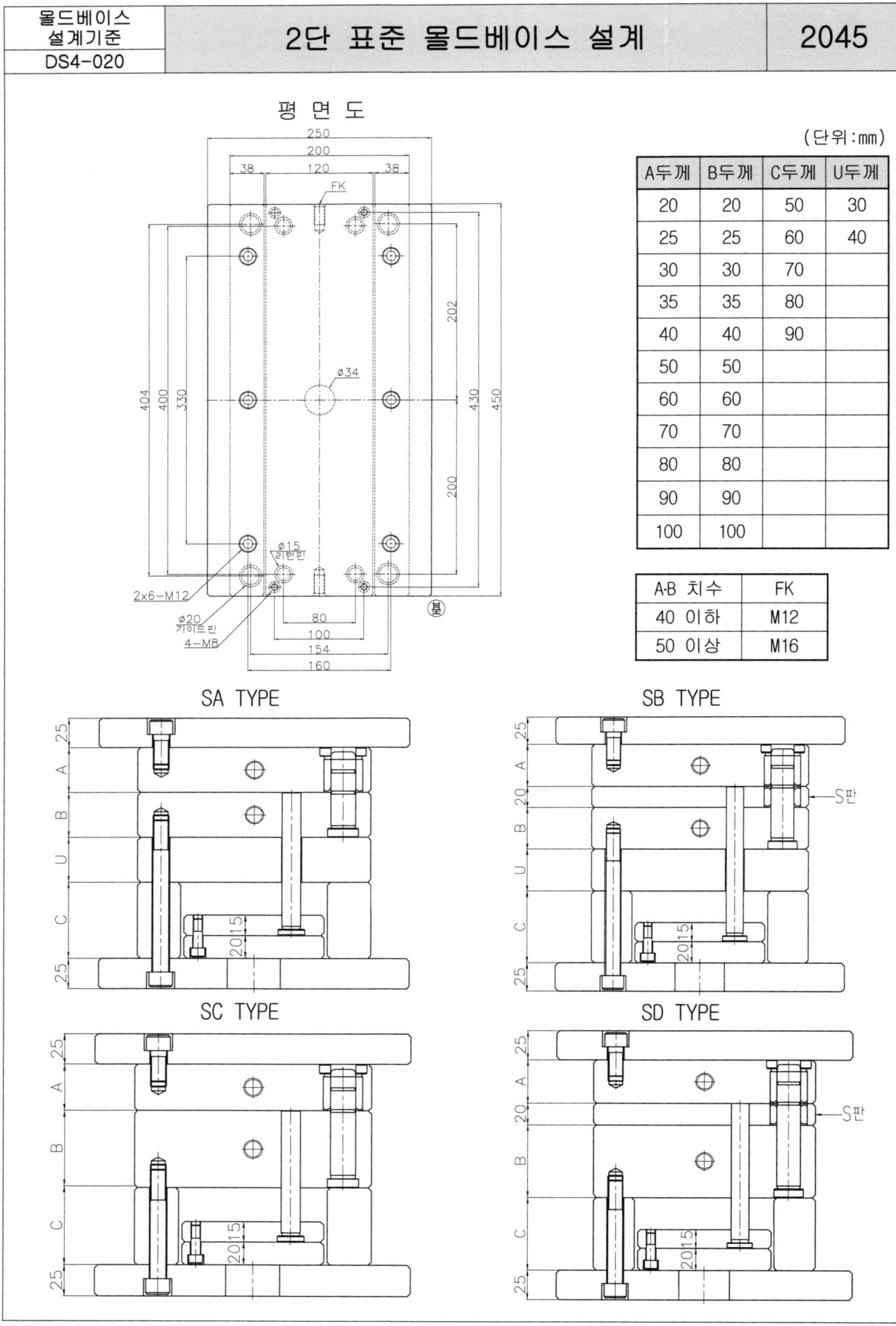

2단 표준 몰드베이스 설계

DS4-021 | 2323

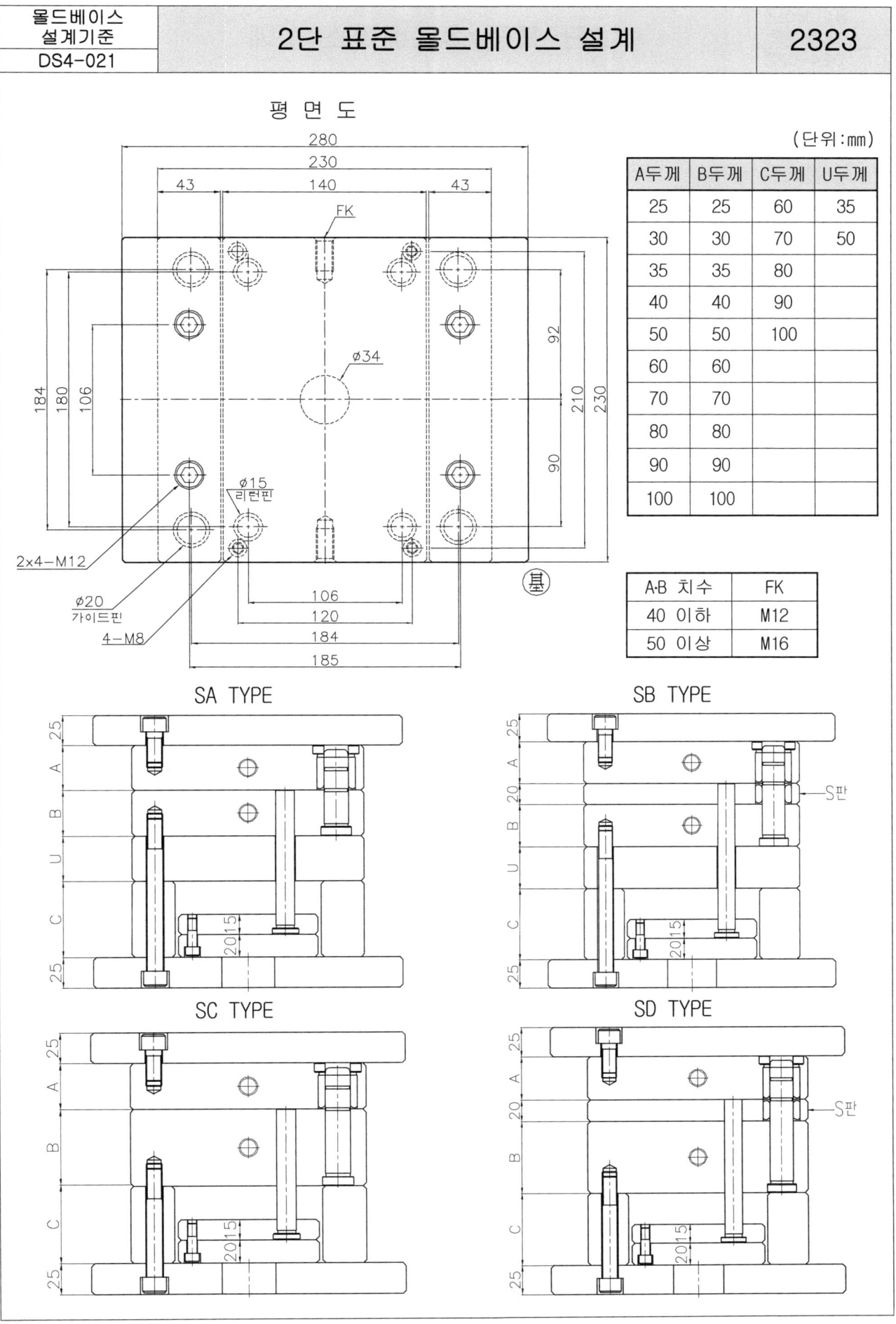

A두께	B두께	C두께	U두께
25	25	60	35
30	30	70	50
35	35	80	
40	40	90	
50	50	100	
60	60		
70	70		
80	80		
90	90		
100	100		

A·B 치수	FK
40 이하	M12
50 이상	M16

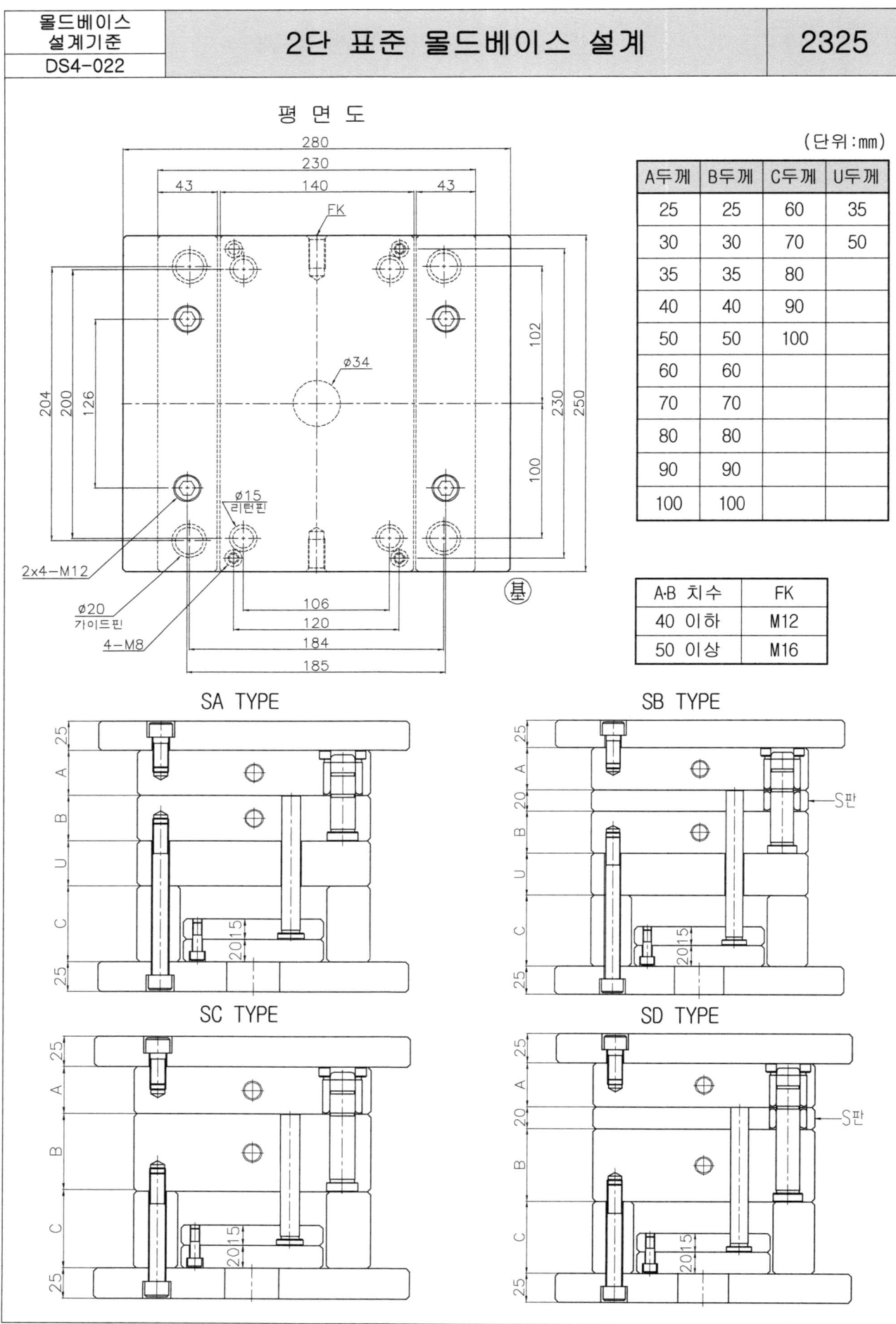

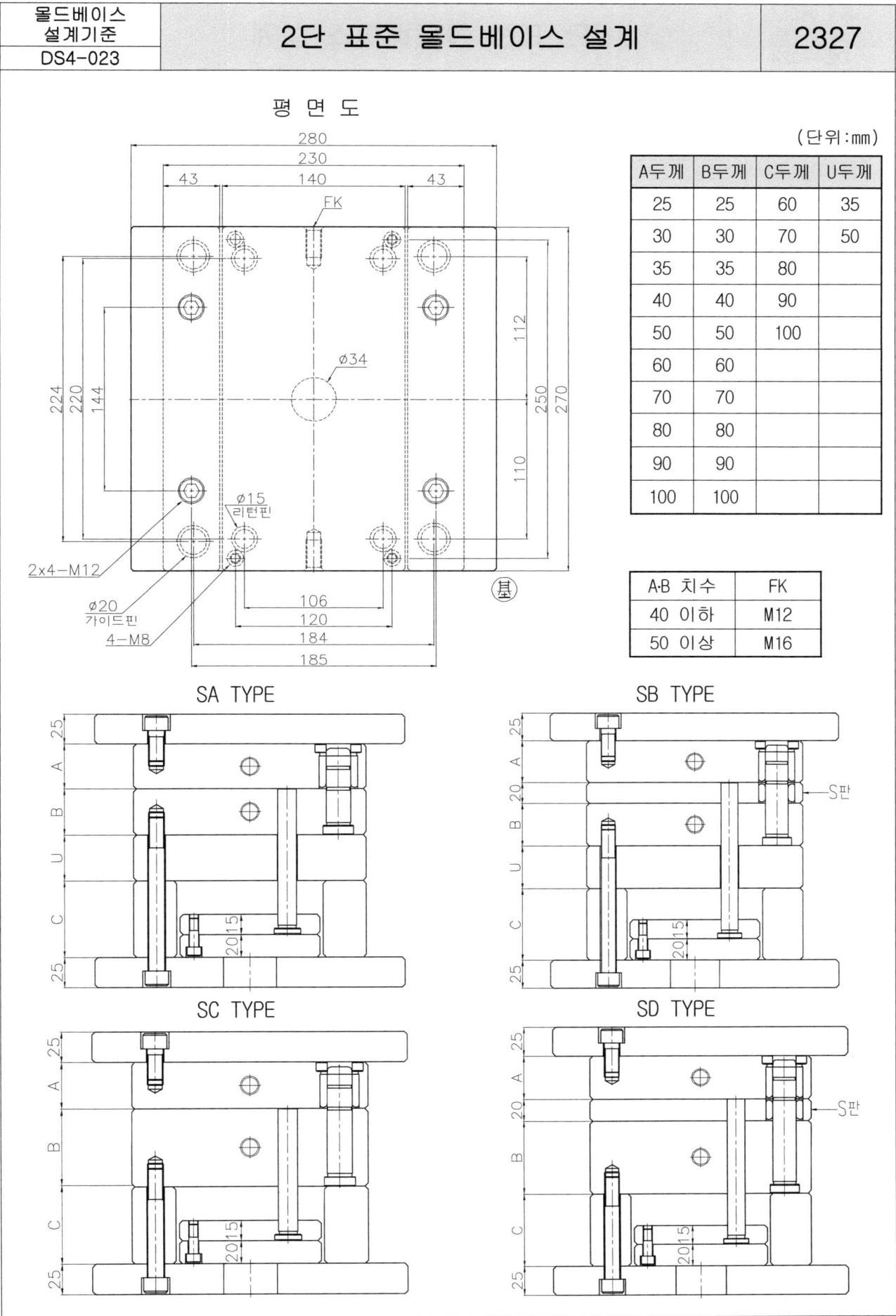

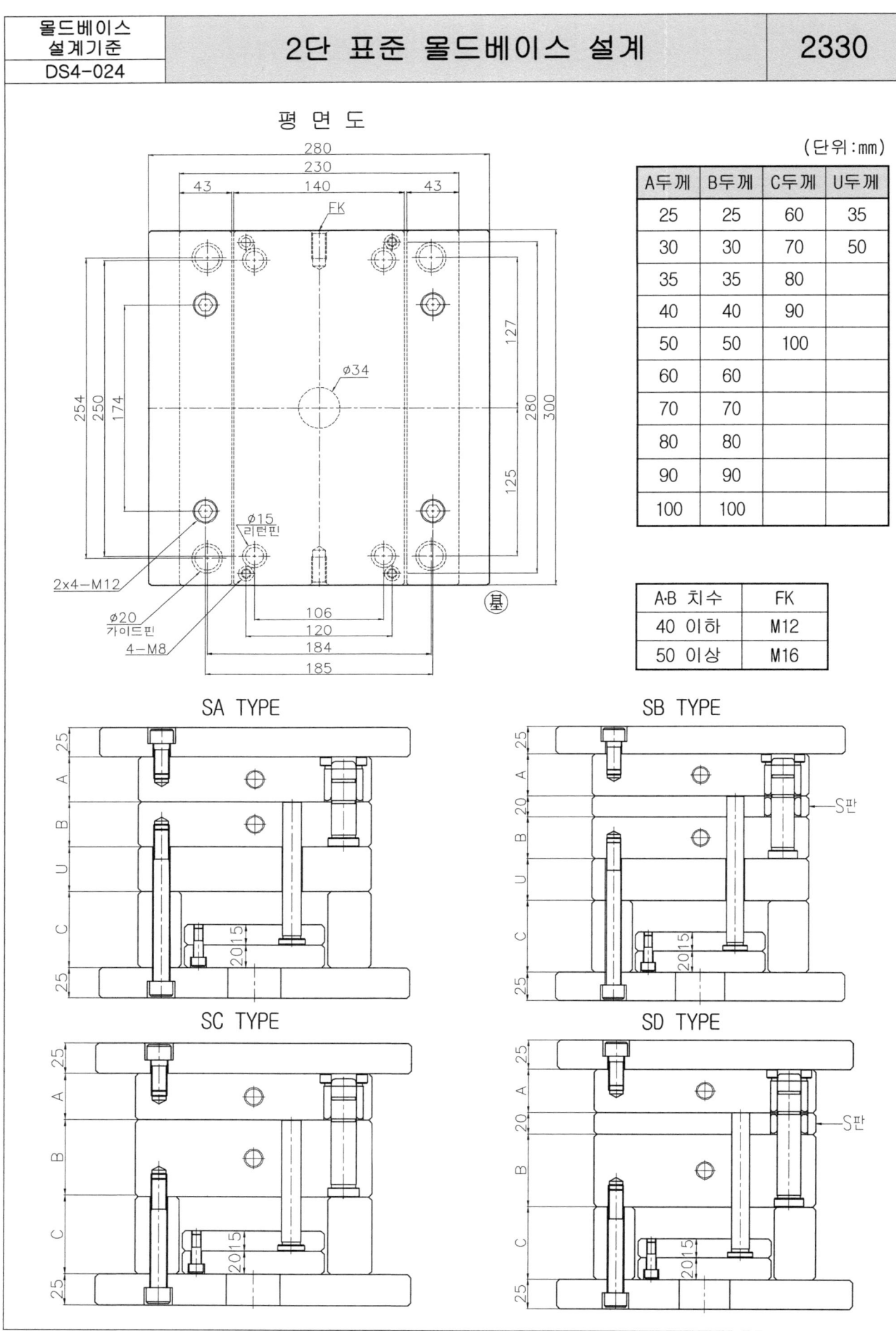

2단 표준 몰드베이스 설계

몰드베이스 설계기준 DS4-024 / 2330

(단위:mm)

A두께	B두께	C두께	U두께
25	25	60	35
30	30	70	50
35	35	80	
40	40	90	
50	50	100	
60	60		
70	70		
80	80		
90	90		
100	100		

A·B 치수	FK
40 이하	M12
50 이상	M16

| 몰드베이스 설계기준 DS4-025 | 2단 표준 몰드베이스 설계 | 2335 |

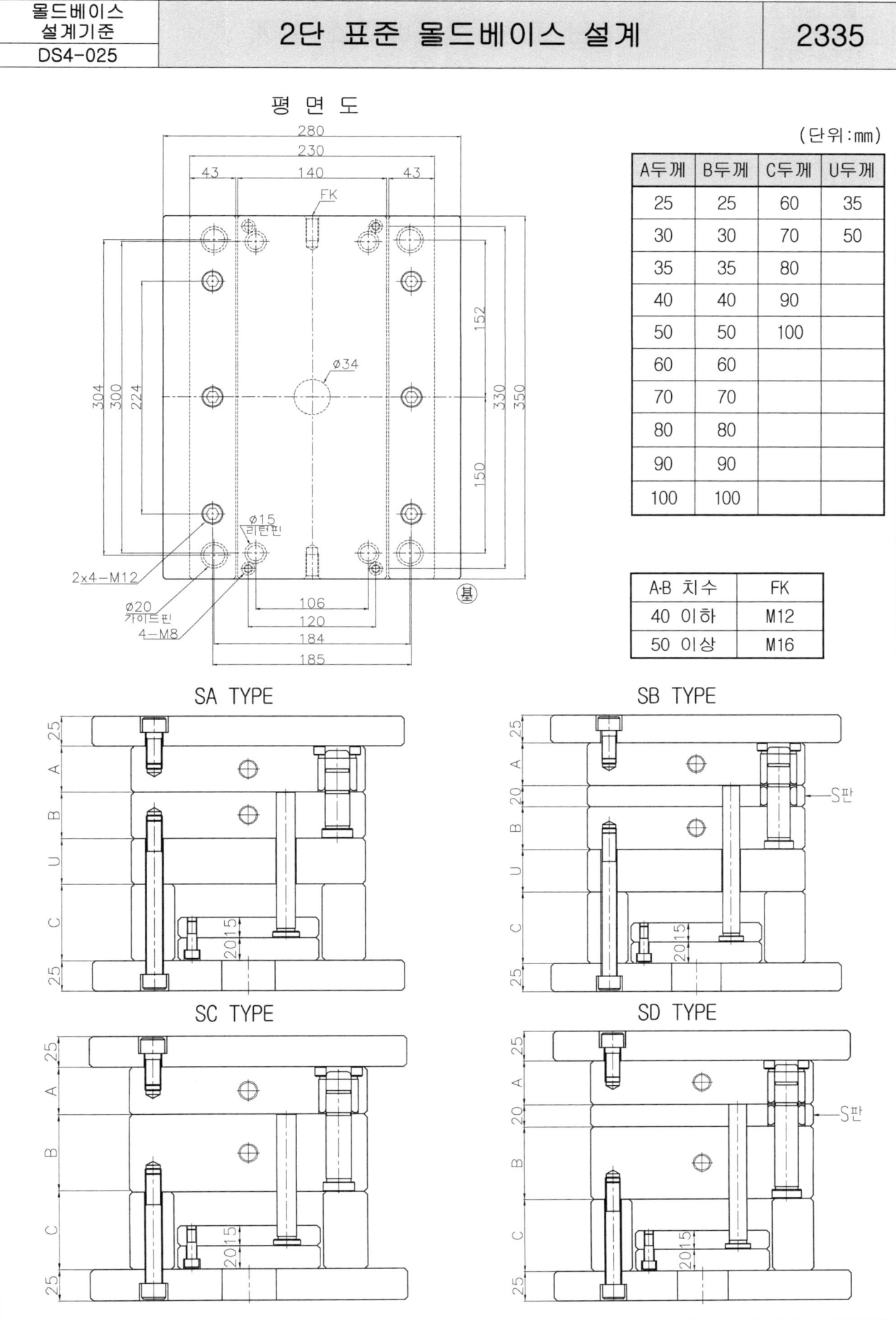

(단위:mm)

A두께	B두께	C두께	U두께
25	25	60	35
30	30	70	50
35	35	80	
40	40	90	
50	50	100	
60	60		
70	70		
80	80		
90	90		
100	100		

A·B 치수	FK
40 이하	M12
50 이상	M16

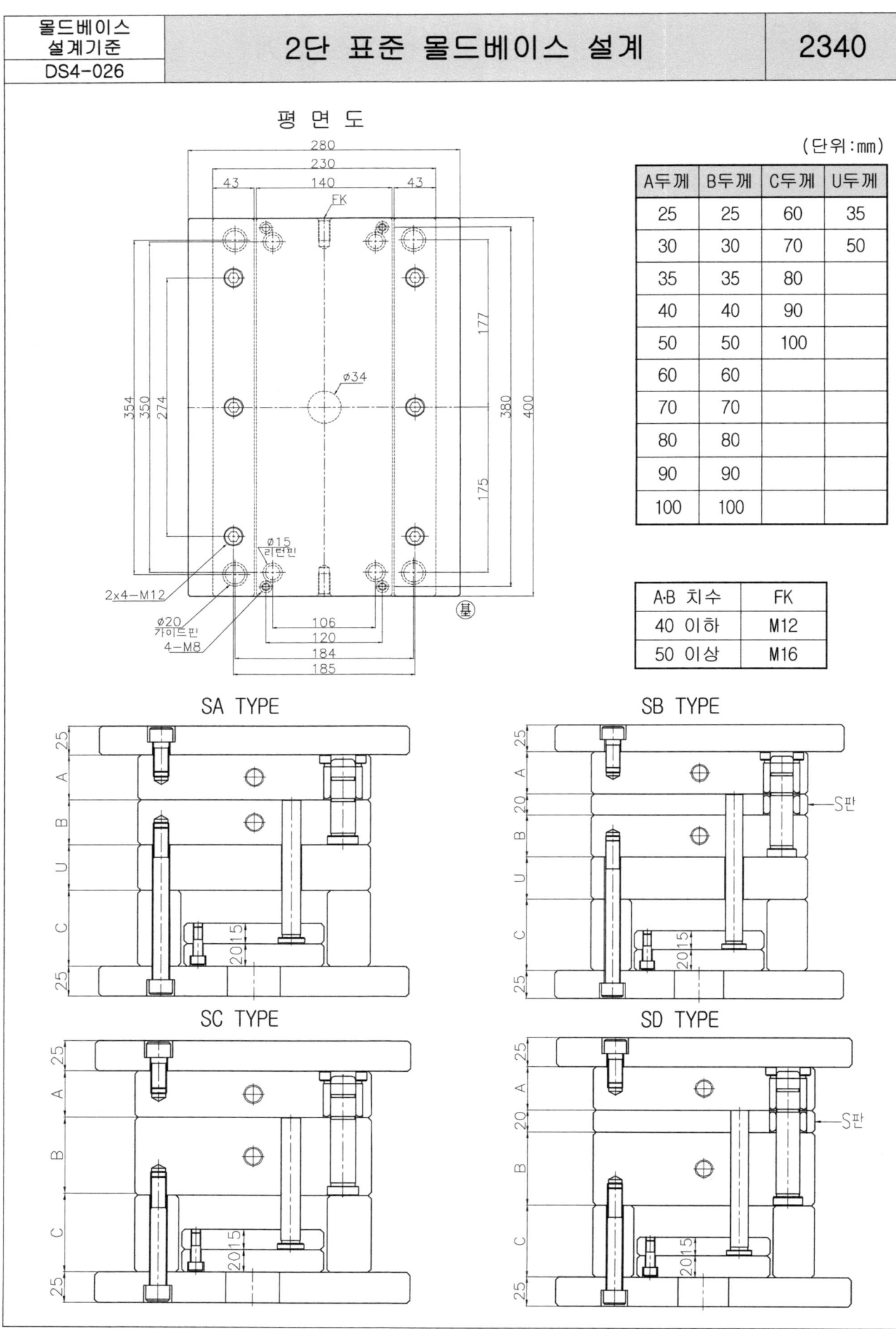

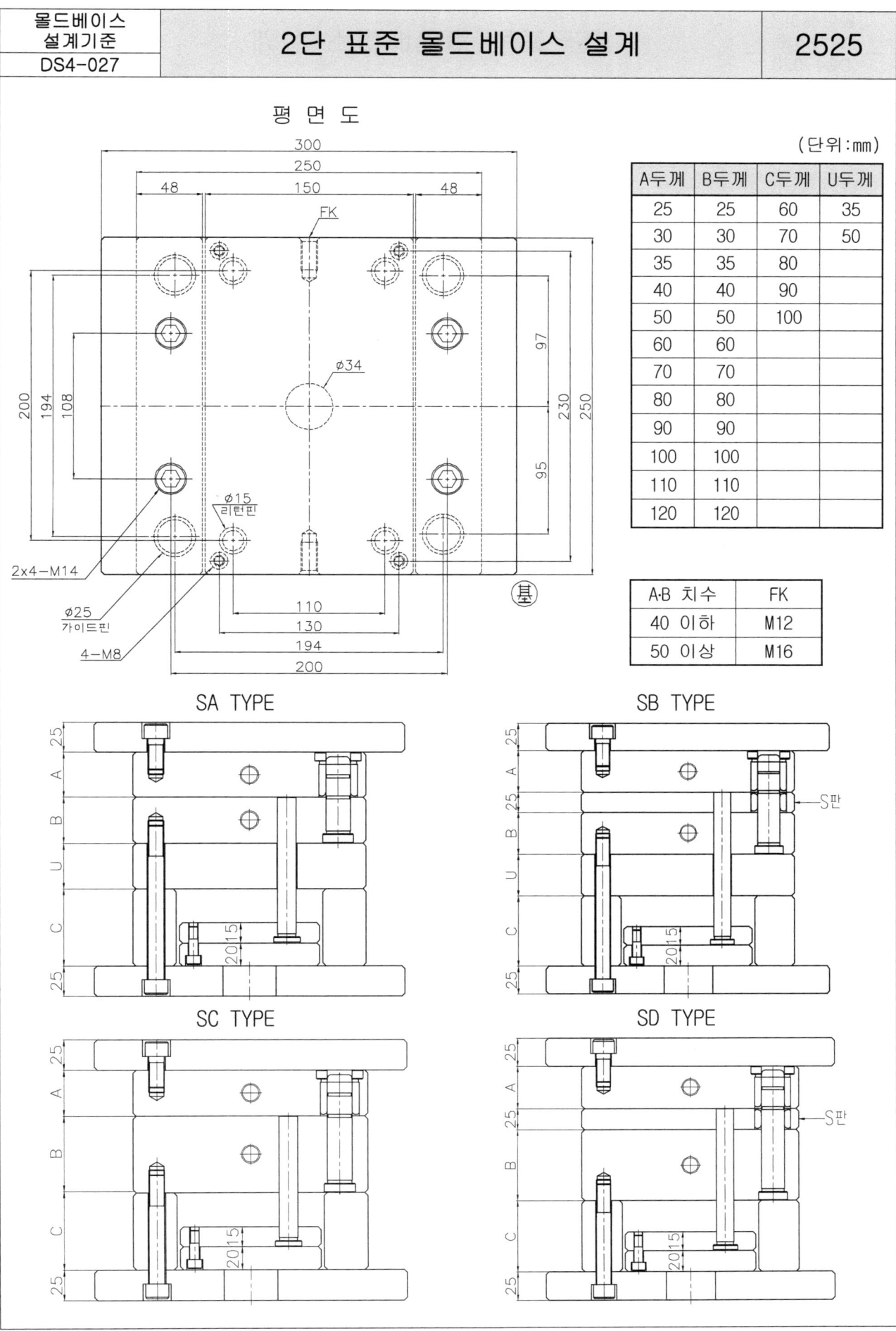

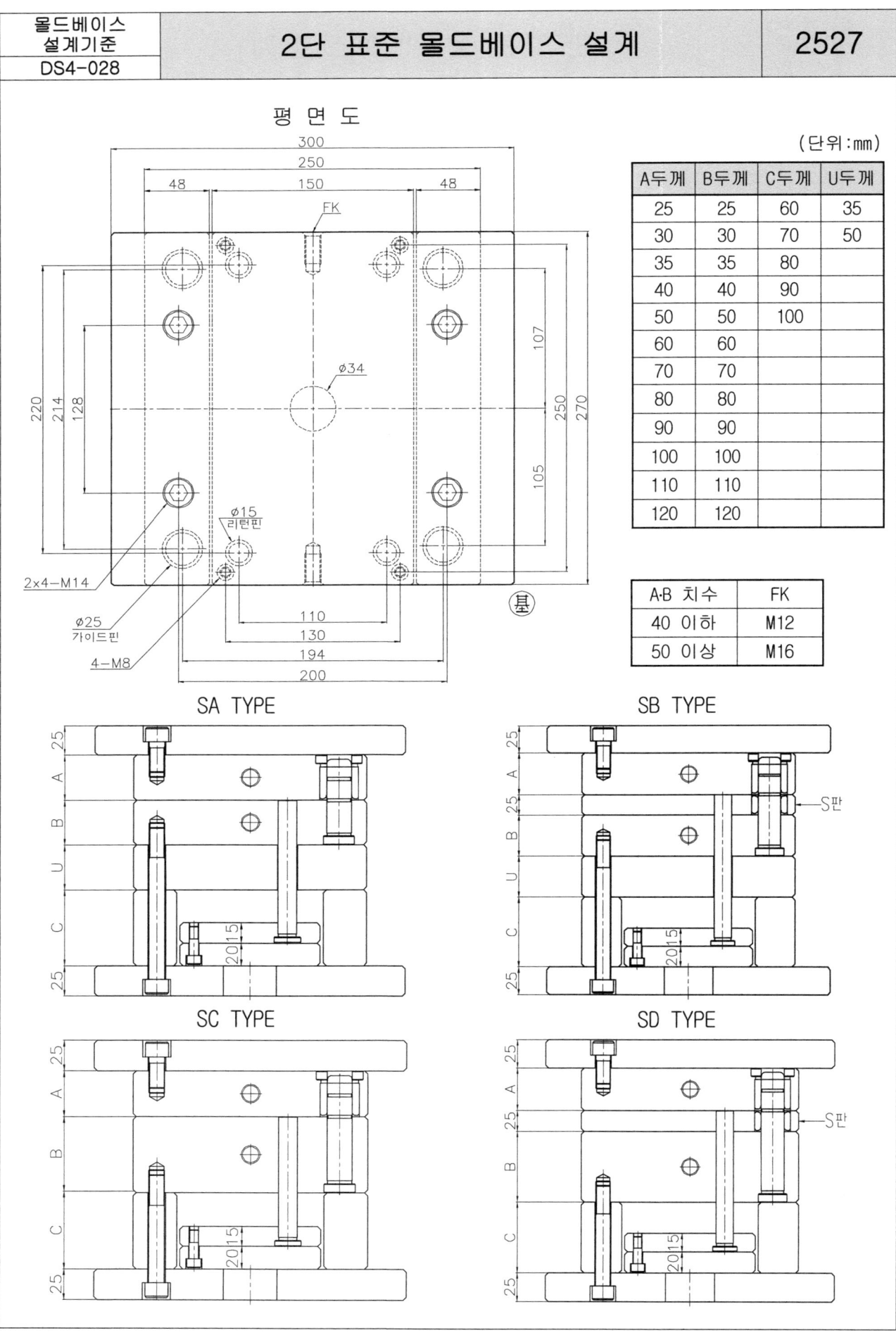

| 몰드베이스 설계기준 DS4-029 | 2단 표준 몰드베이스 설계 | 2530 |

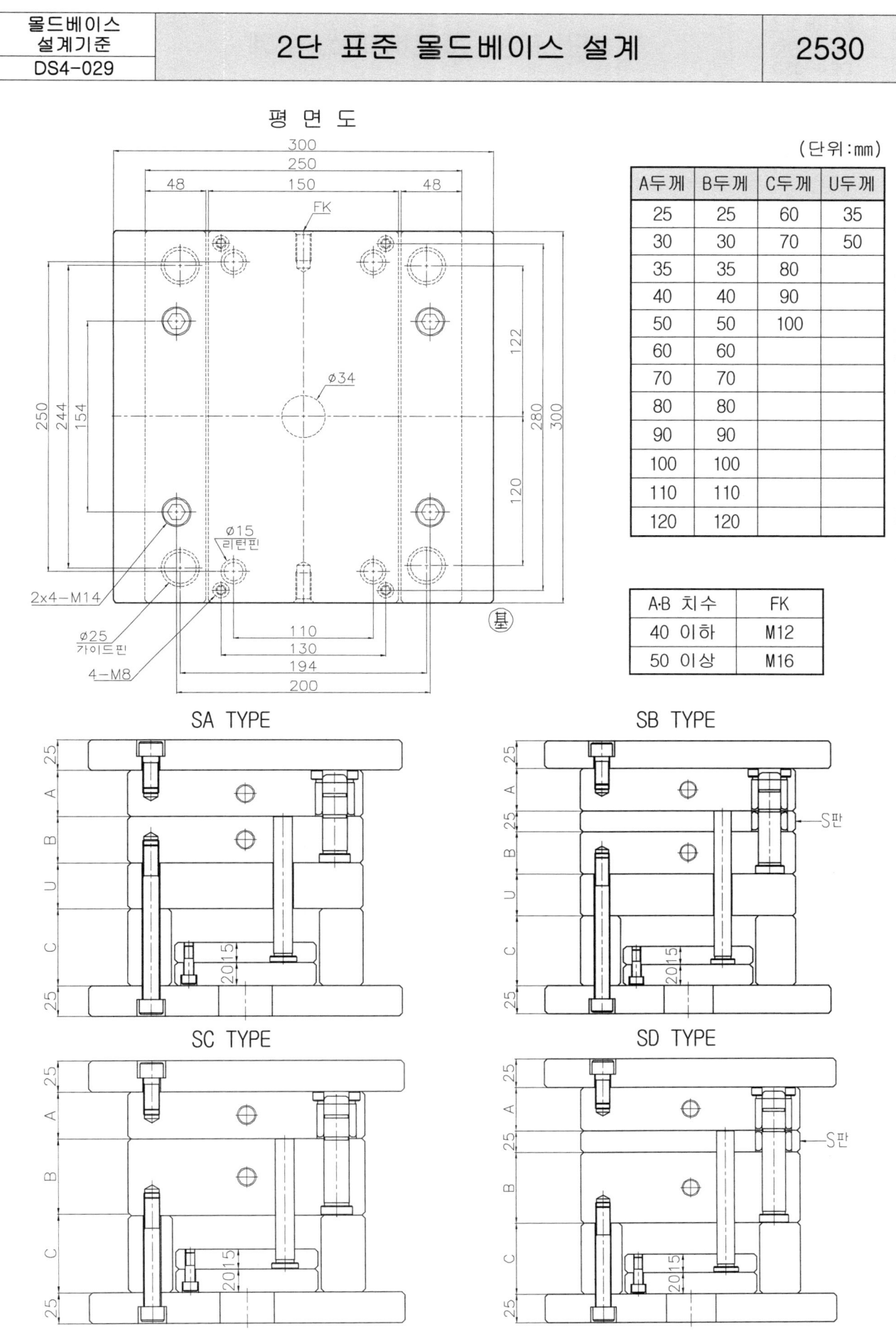

A두께	B두께	C두께	U두께
25	25	60	35
30	30	70	50
35	35	80	
40	40	90	
50	50	100	
60	60		
70	70		
80	80		
90	90		
100	100		
110	110		
120	120		

A·B 치수	FK
40 이하	M12
50 이상	M16

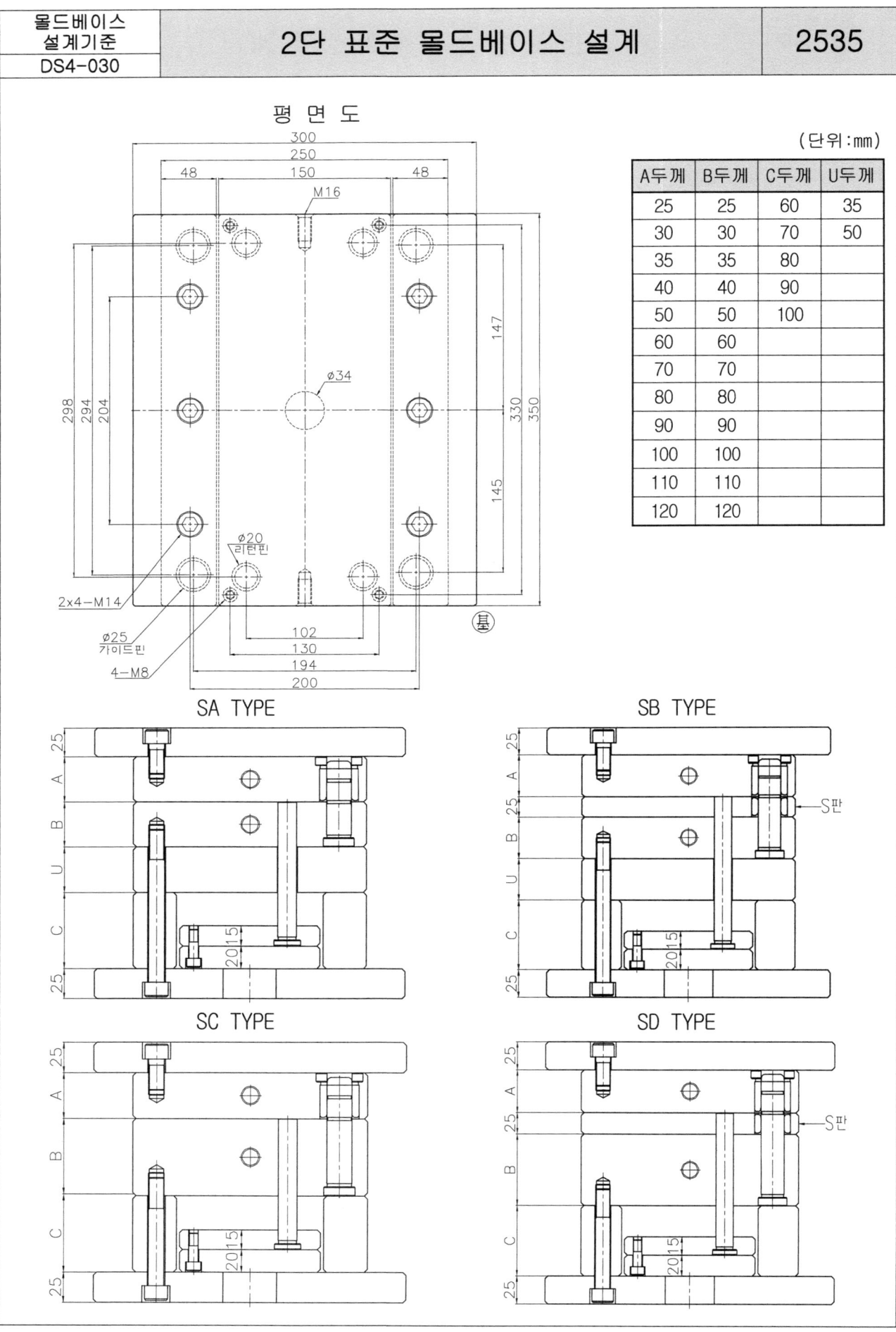

2단 표준 몰드베이스 설계

몰드베이스 설계기준 DS4-031 · 2540

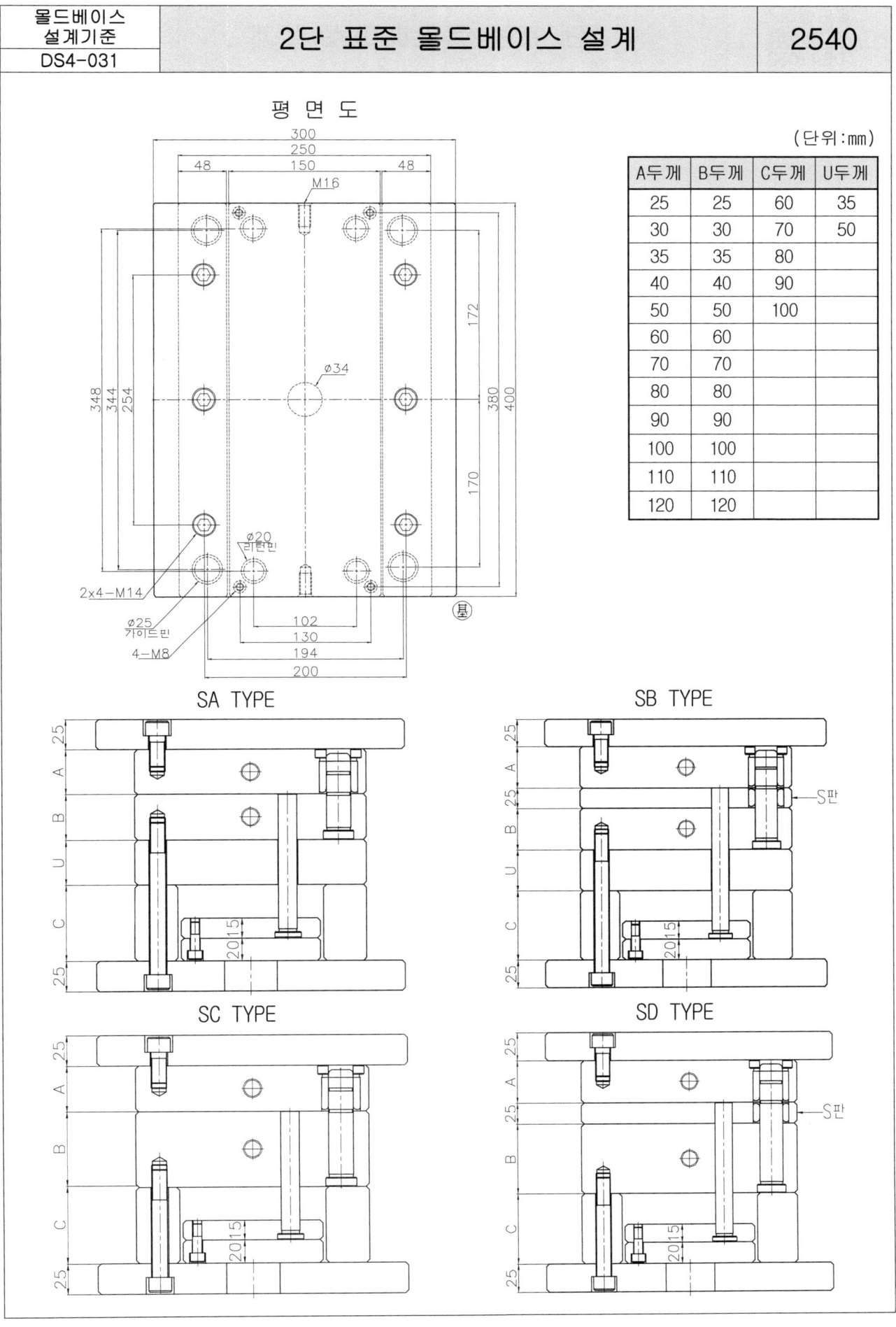

(단위:mm)

A두께	B두께	C두께	U두께
25	25	60	35
30	30	70	50
35	35	80	
40	40	90	
50	50	100	
60	60		
70	70		
80	80		
90	90		
100	100		
110	110		
120	120		

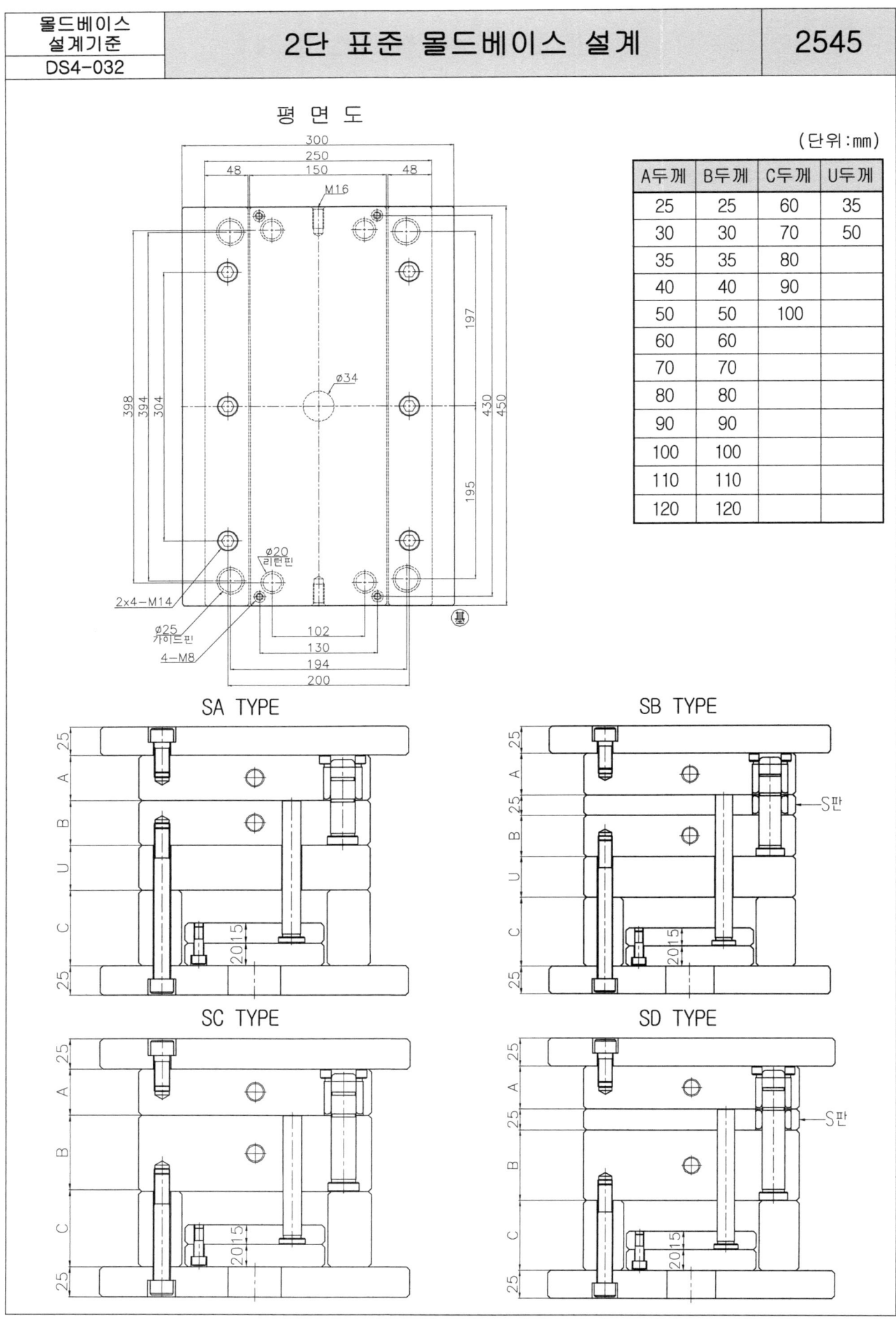

2단 표준 몰드베이스 설계

몰드베이스 설계기준 DS4-033 | 2550

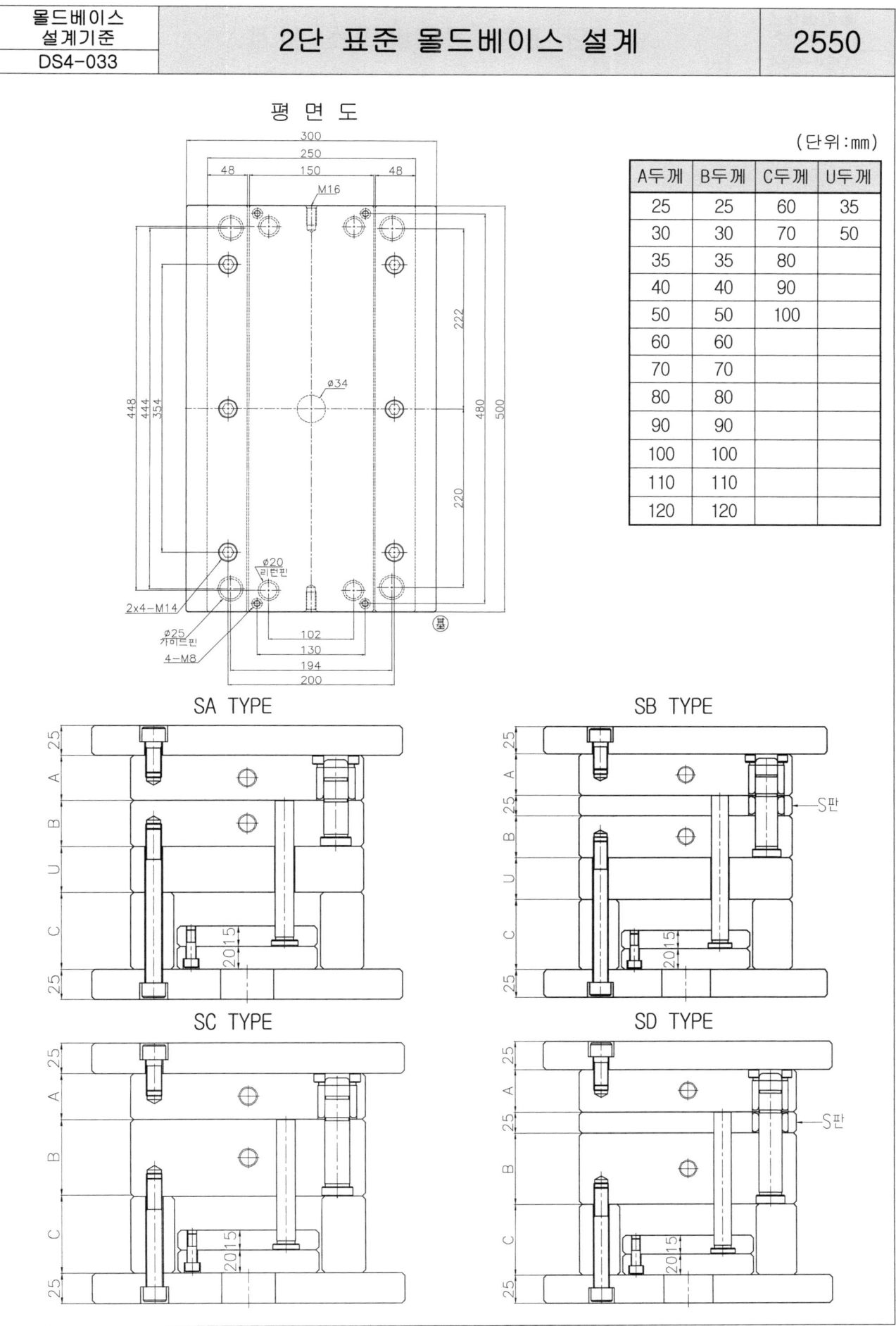

(단위:mm)

A두께	B두께	C두께	U두께
25	25	60	35
30	30	70	50
35	35	80	
40	40	90	
50	50	100	
60	60		
70	70		
80	80		
90	90		
100	100		
110	110		
120	120		

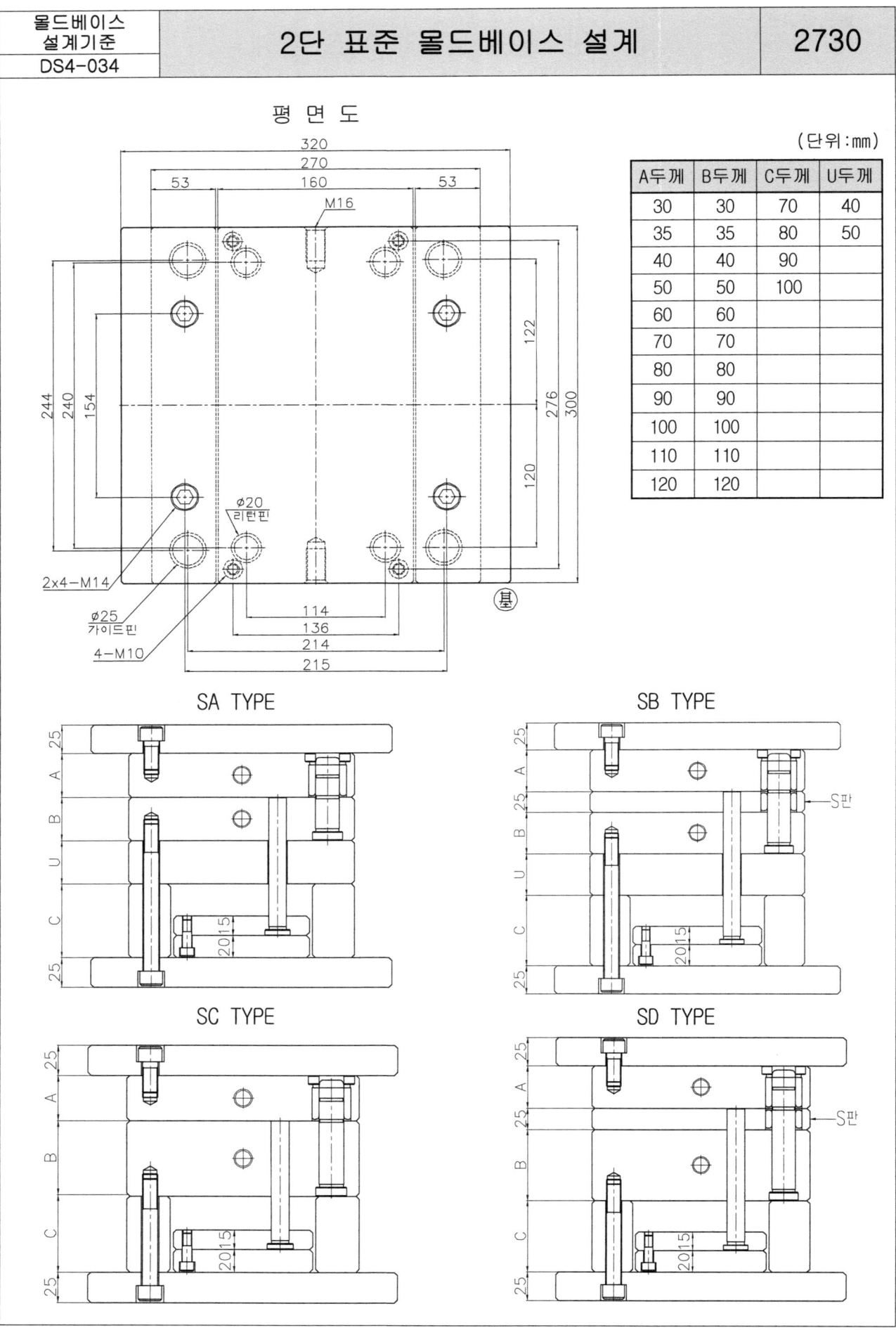

2단 표준 몰드베이스 설계

A두께	B두께	C두께	U두께
30	30	70	40
35	35	80	50
40	40	90	
50	50	100	
60	60		
70	70		
80	80		
90	90		
100	100		
110	110		
120	120		

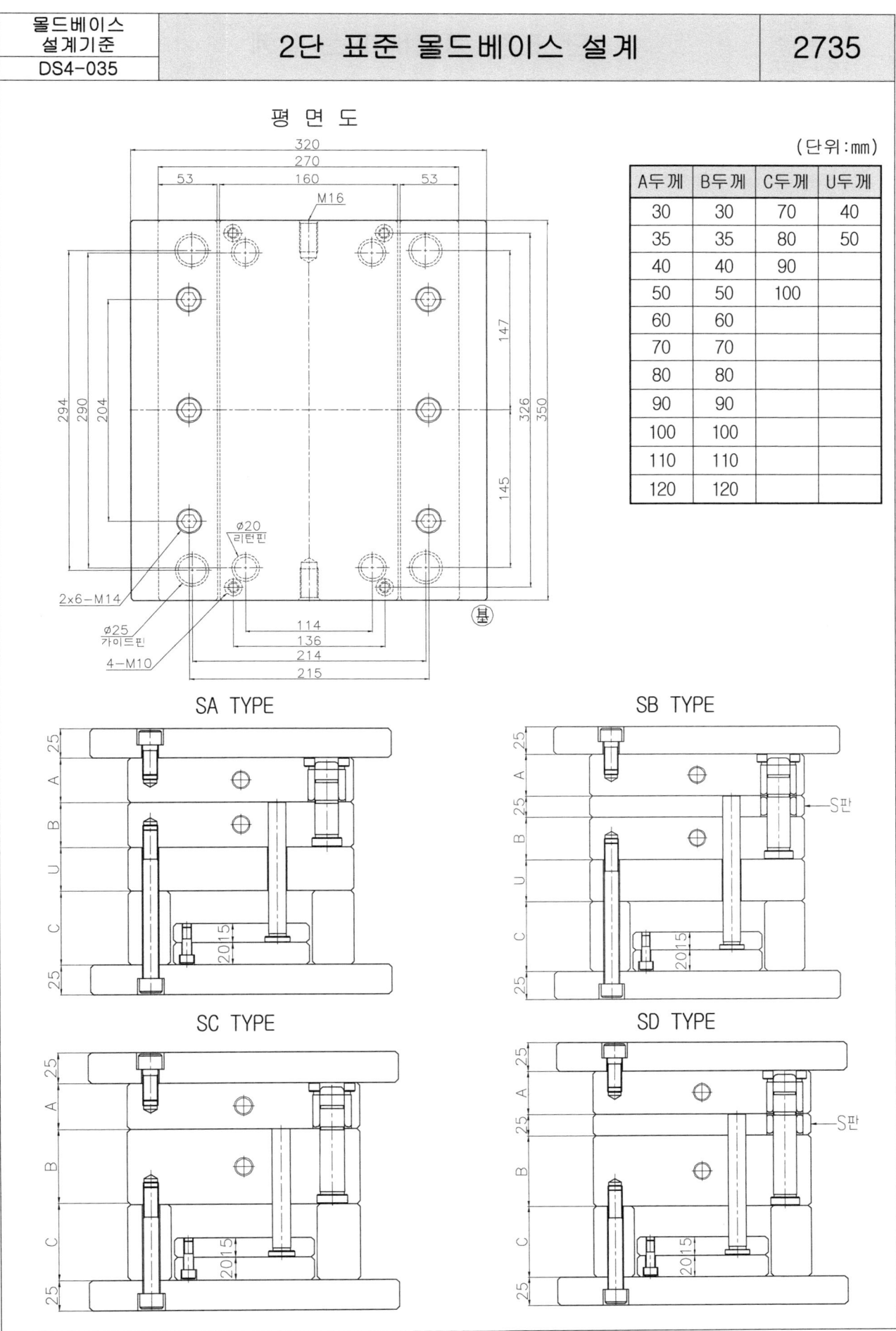

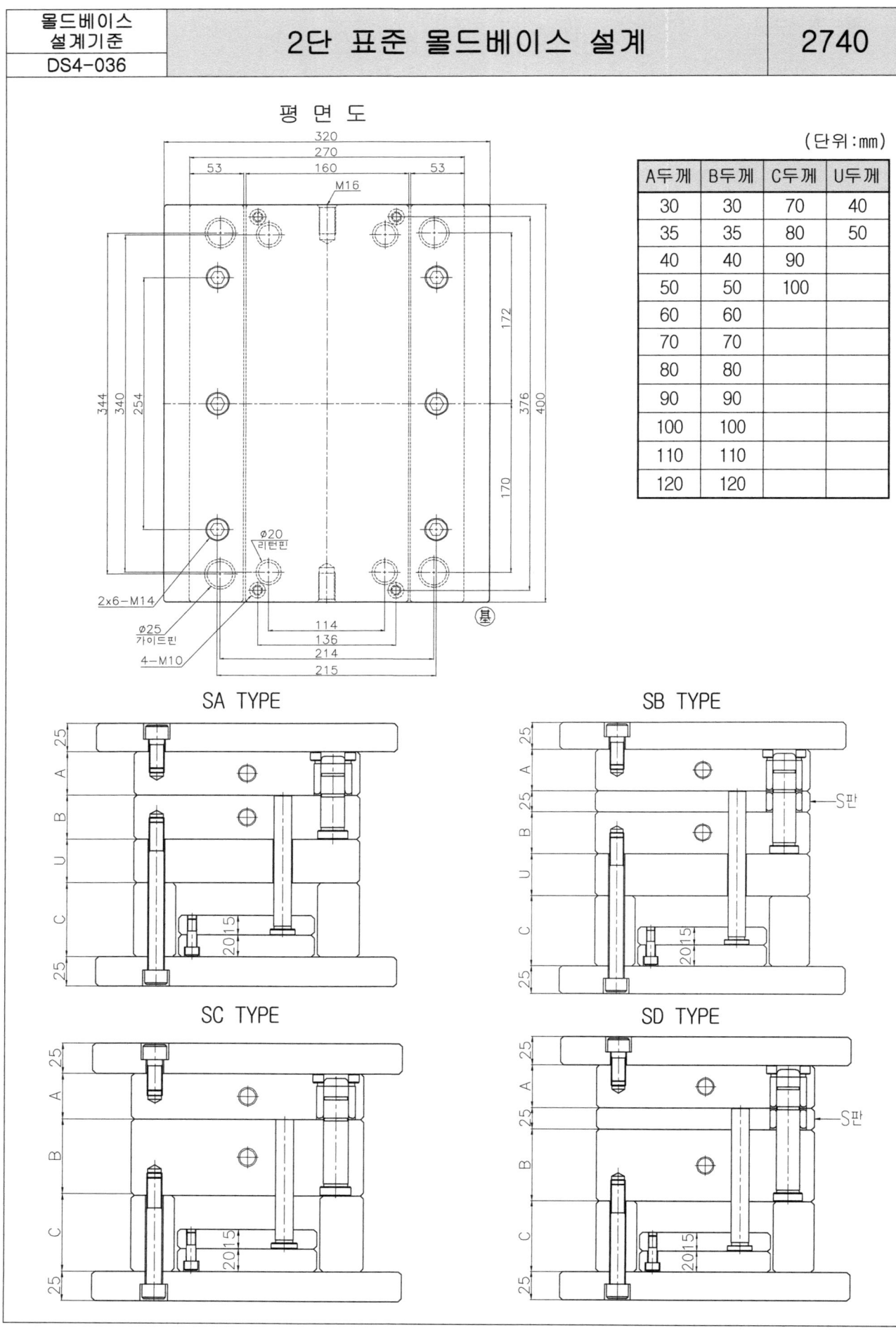

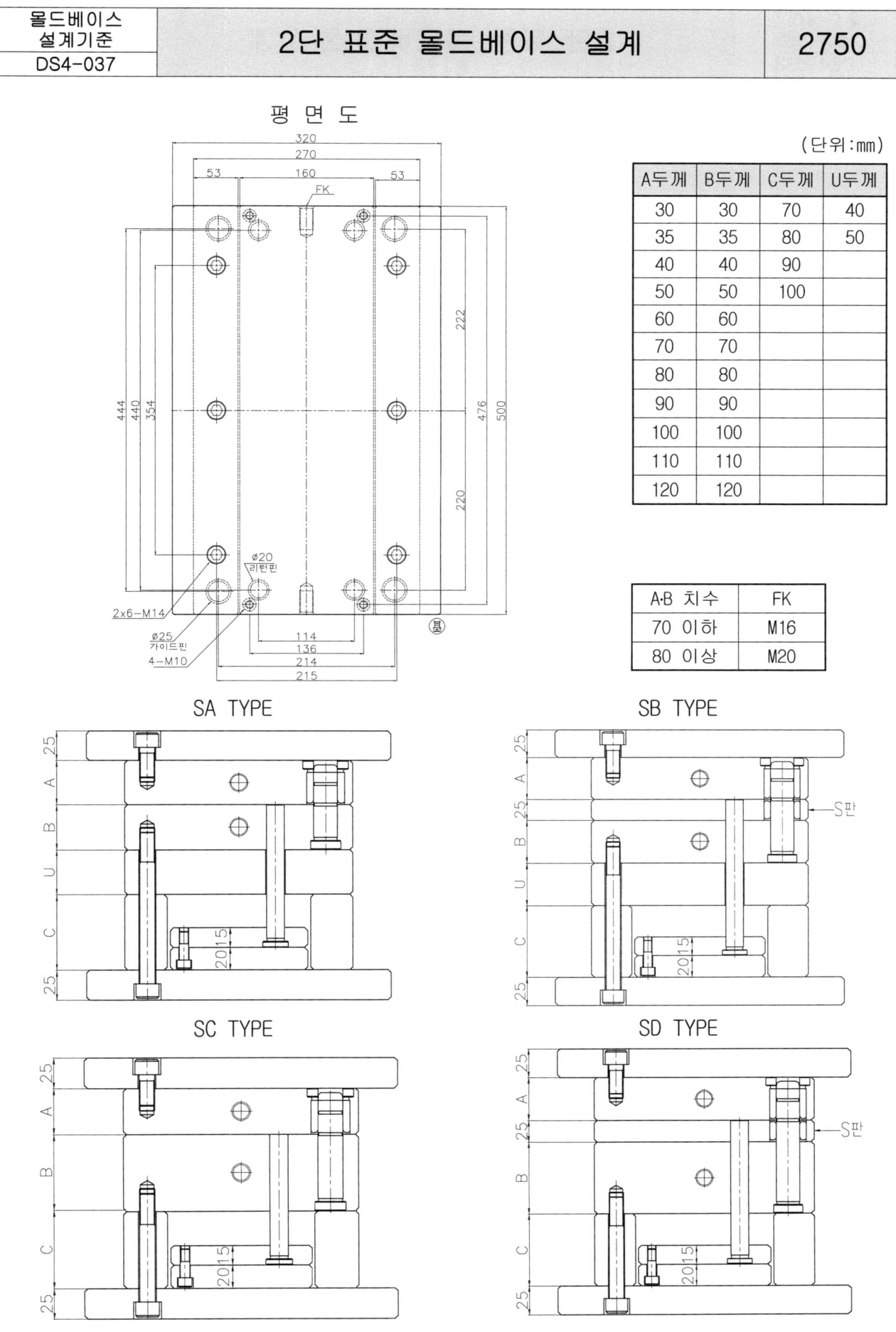

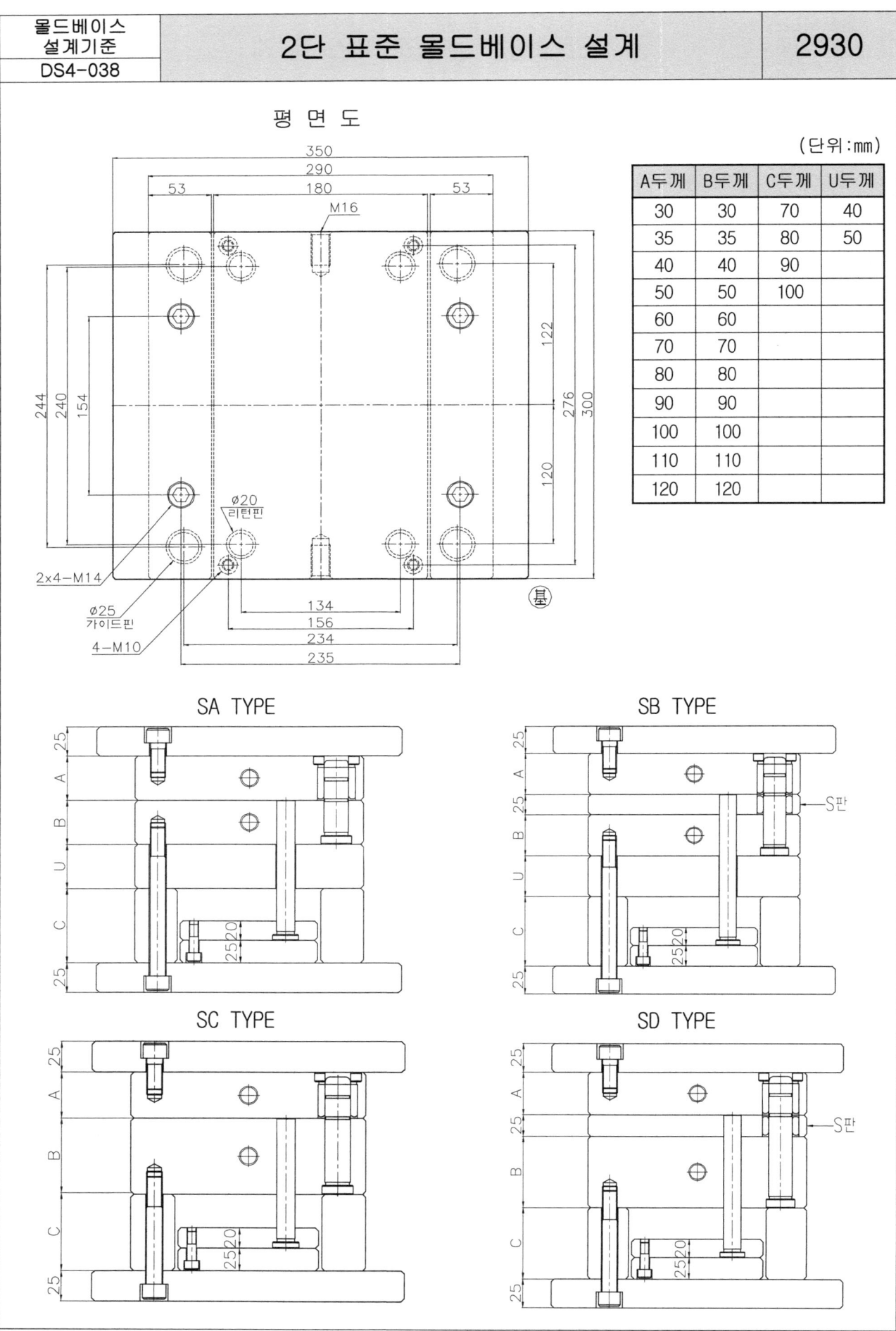

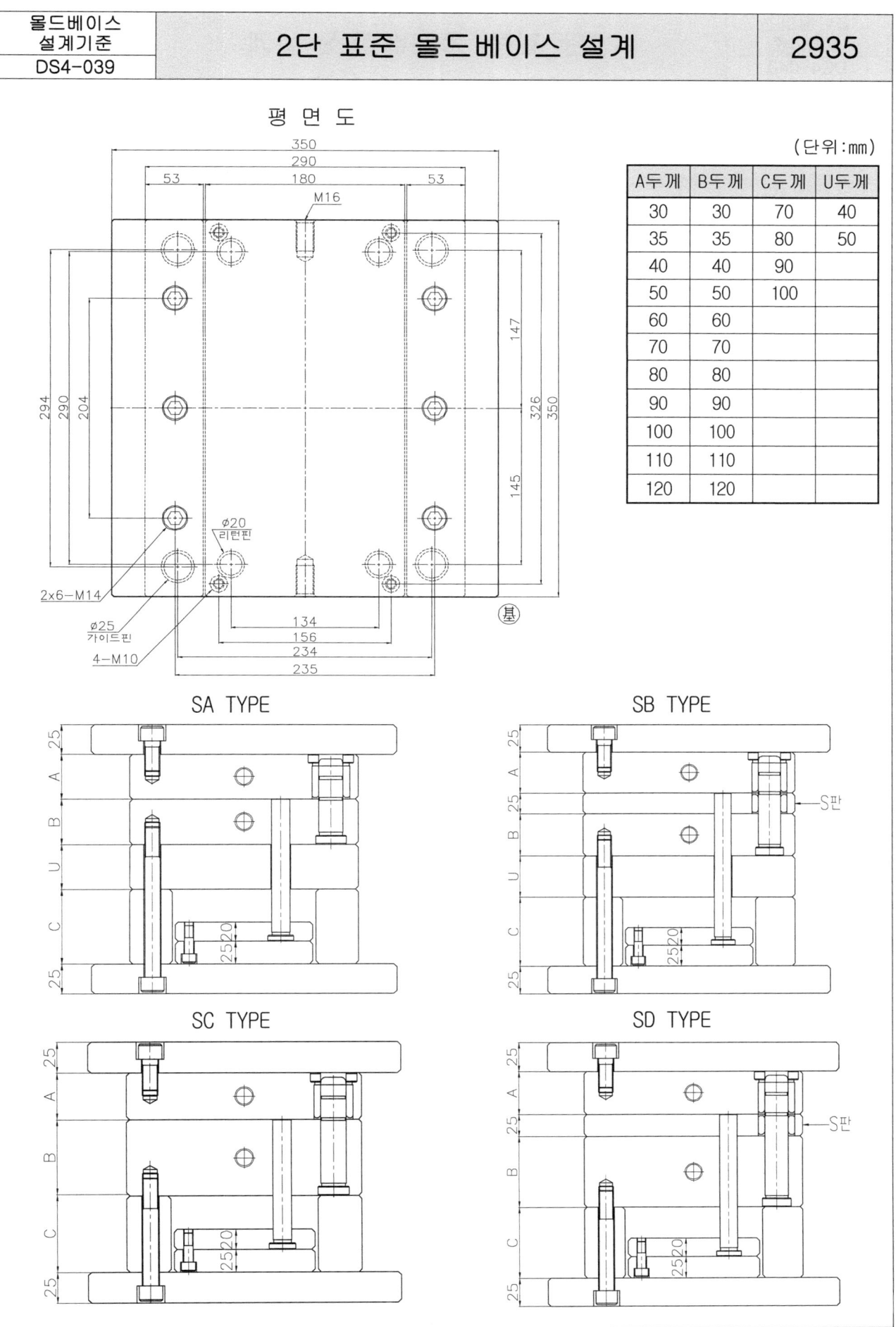

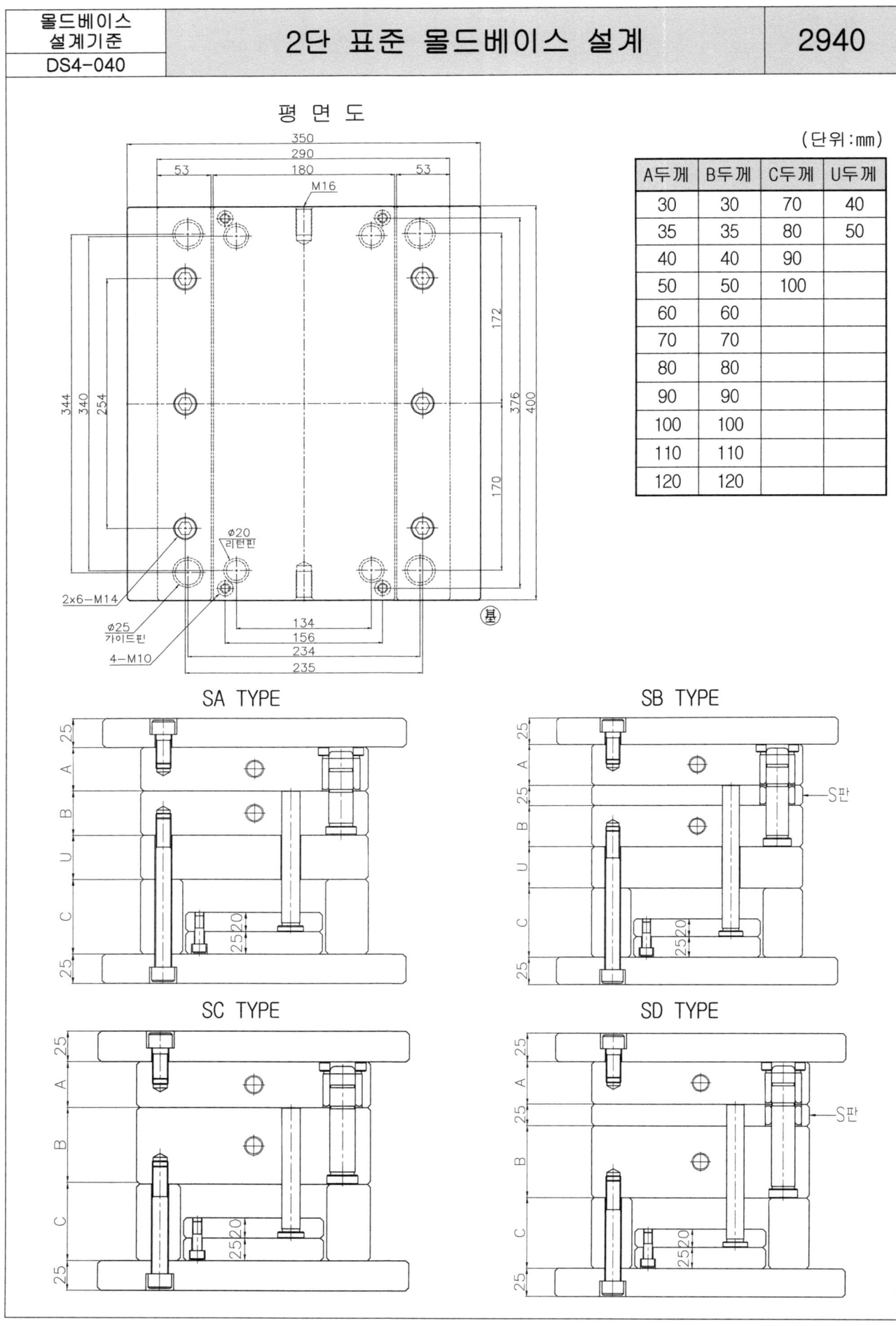

2단 표준 몰드베이스 설계

몰드베이스 설계기준 DS4-040 — 2940

(단위:mm)

A두께	B두께	C두께	U두께
30	30	70	40
35	35	80	50
40	40	90	
50	50	100	
60	60		
70	70		
80	80		
90	90		
100	100		
110	110		
120	120		

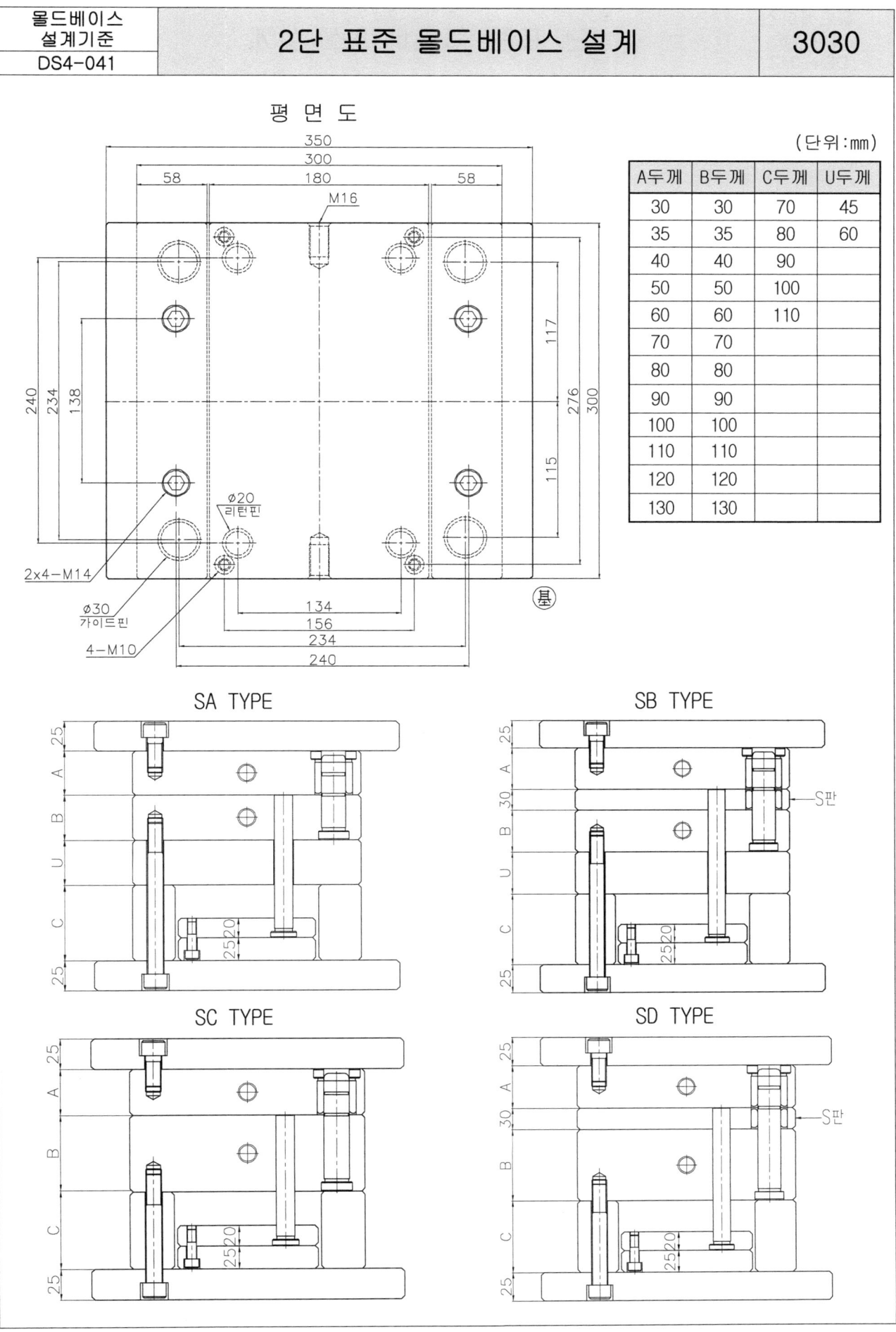

2단 표준 몰드베이스 설계 — 3030

(단위:mm)

A두께	B두께	C두께	U두께
30	30	70	45
35	35	80	60
40	40	90	
50	50	100	
60	60	110	
70	70		
80	80		
90	90		
100	100		
110	110		
120	120		
130	130		

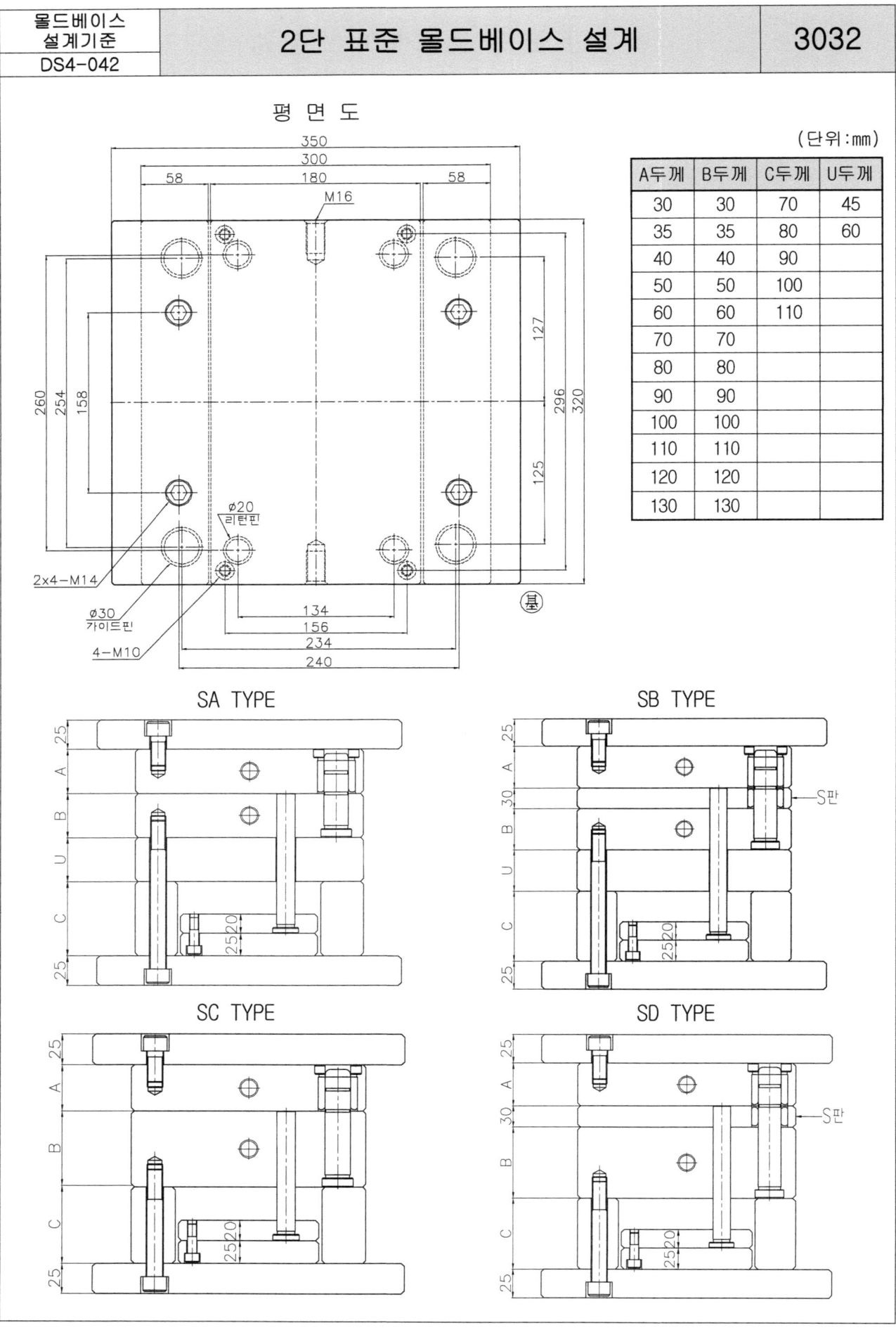

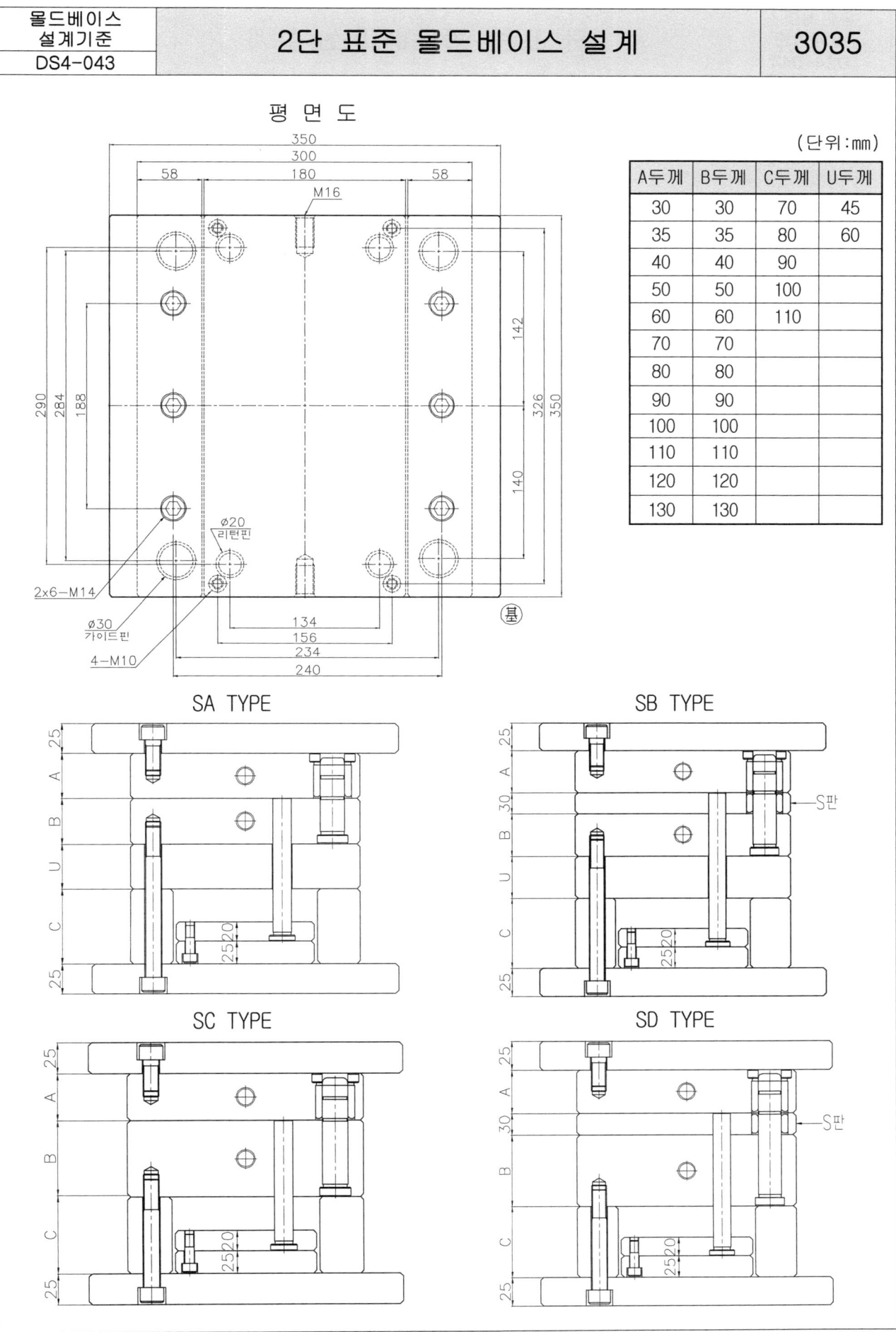

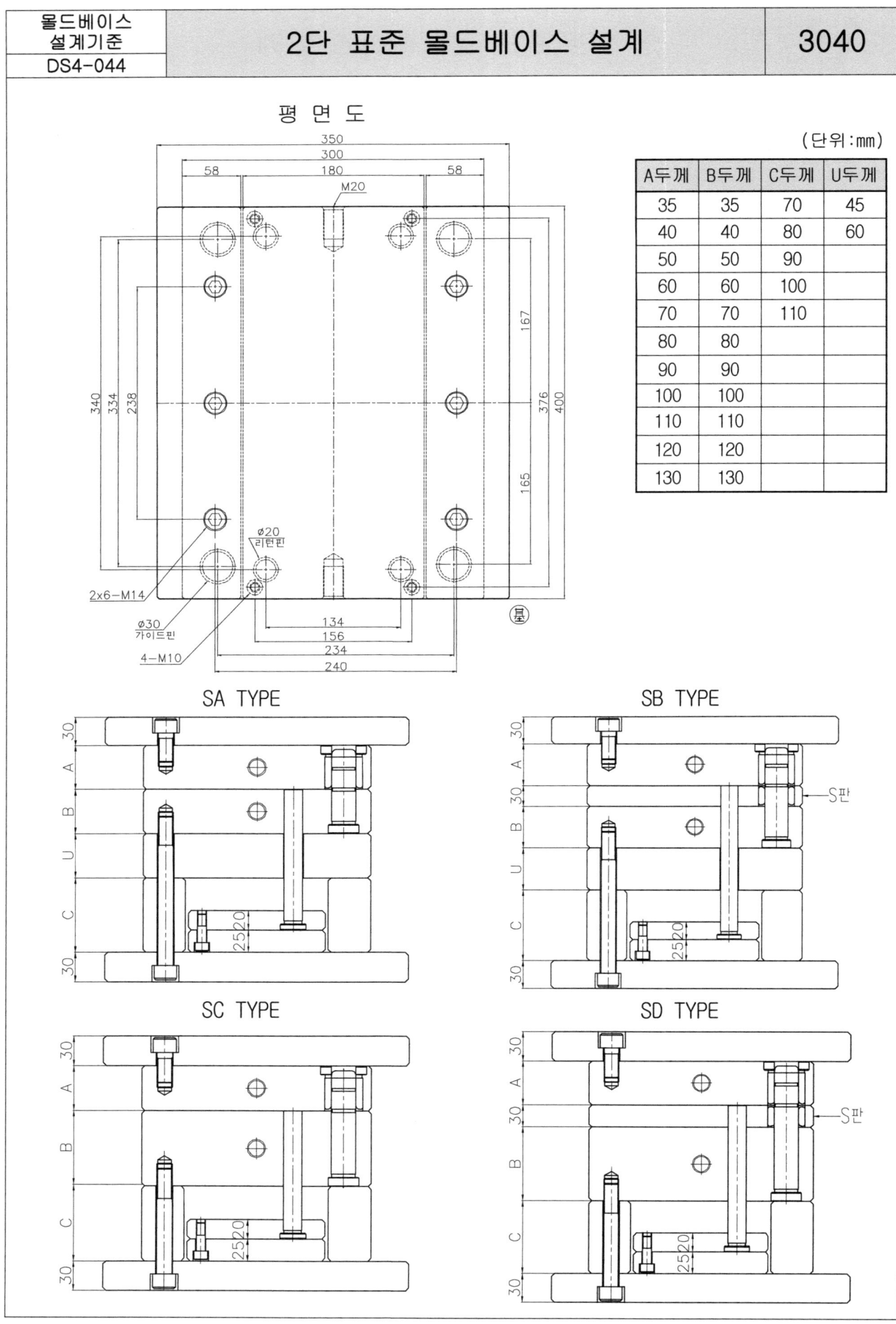

| 몰드베이스
설계기준
DS4-045 | 2단 표준 몰드베이스 설계 | 3045 |

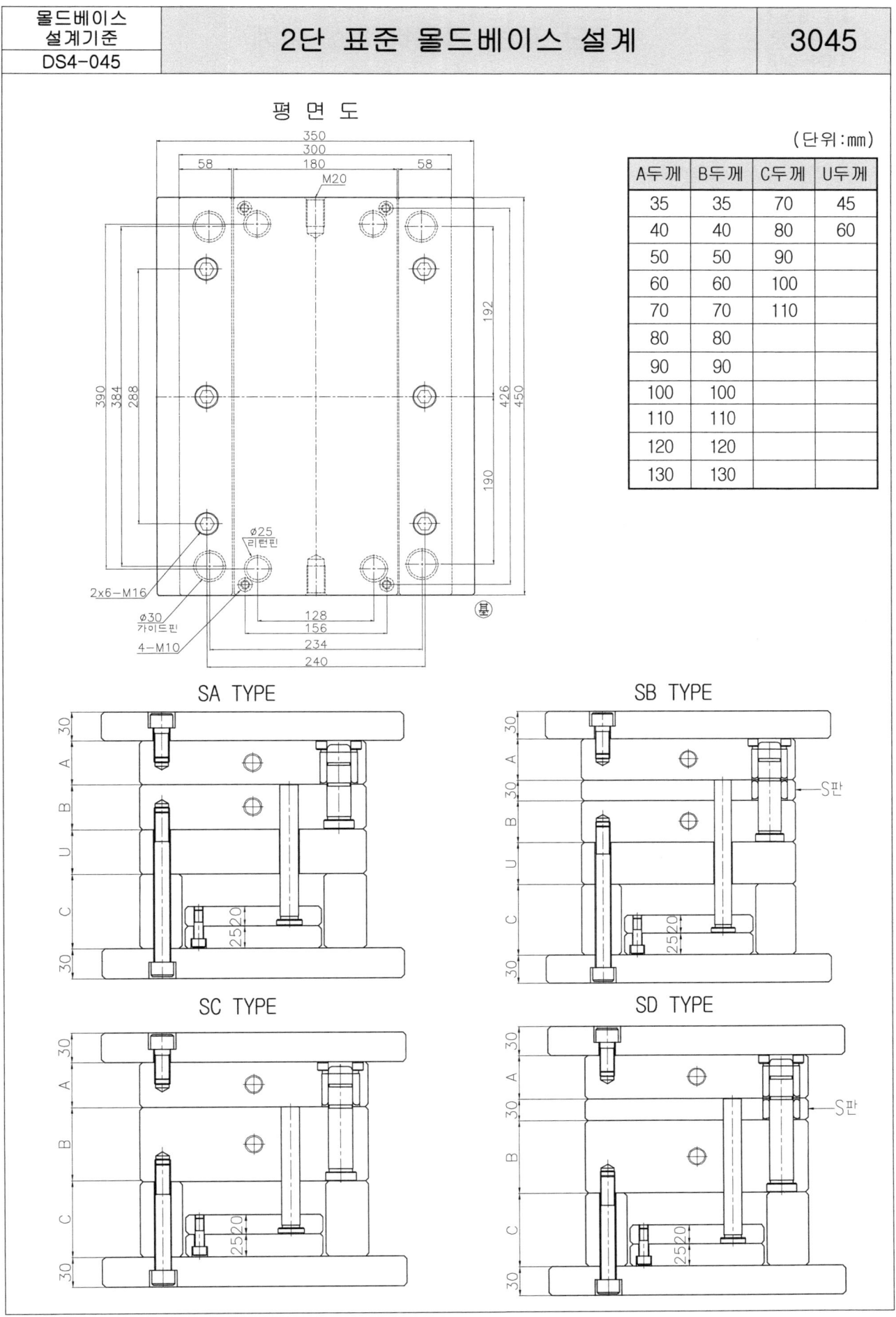

(단위:mm)

A두께	B두께	C두께	U두께
35	35	70	45
40	40	80	60
50	50	90	
60	60	100	
70	70	110	
80	80		
90	90		
100	100		
110	110		
120	120		
130	130		

| 몰드베이스 설계기준 DS4-046 | 2단 표준 몰드베이스 설계 | 3050 |

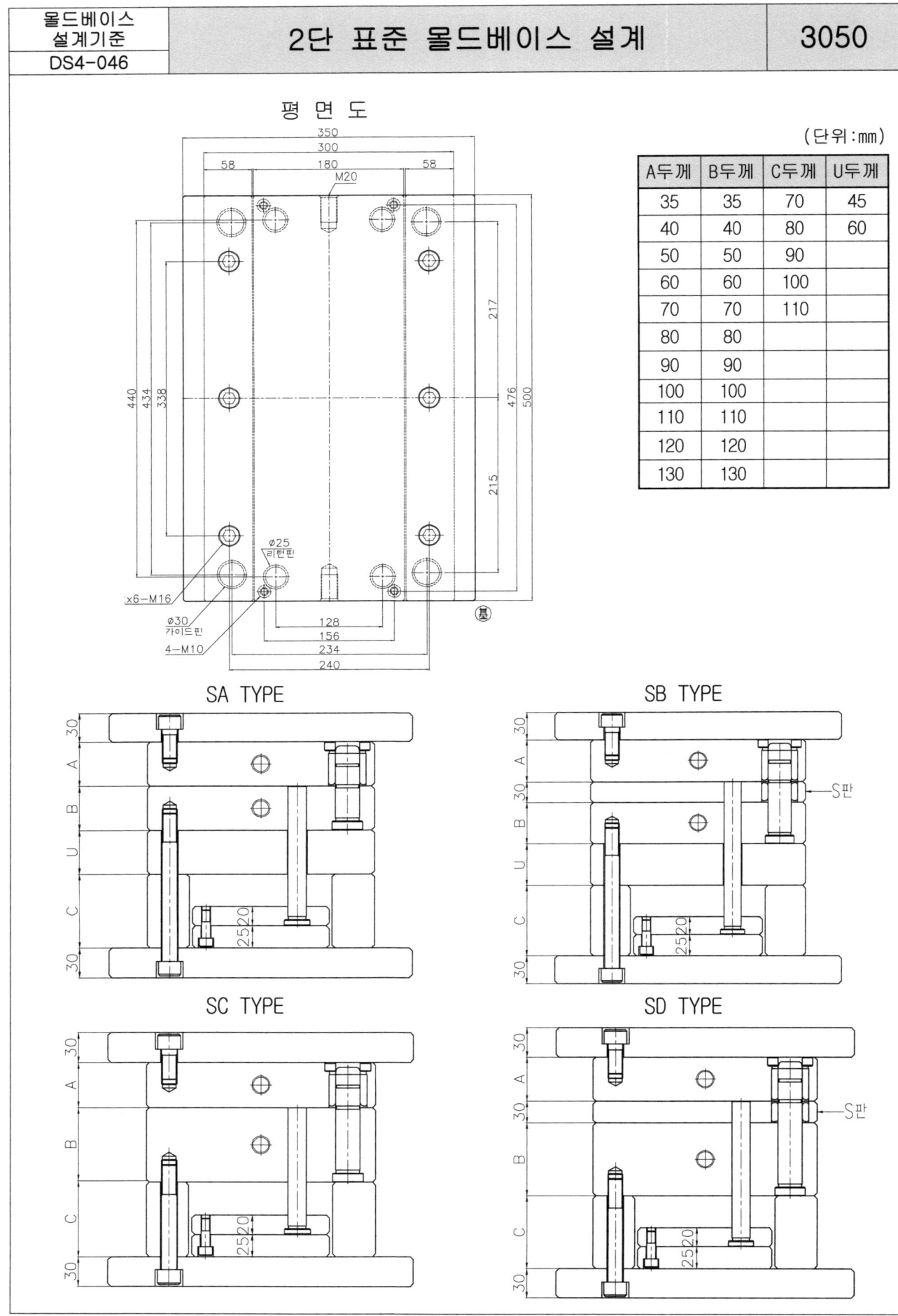

(단위:mm)

A두께	B두께	C두께	U두께
35	35	70	45
40	40	80	60
50	50	90	
60	60	100	
70	70	110	
80	80		
90	90		
100	100		
110	110		
120	120		
130	130		

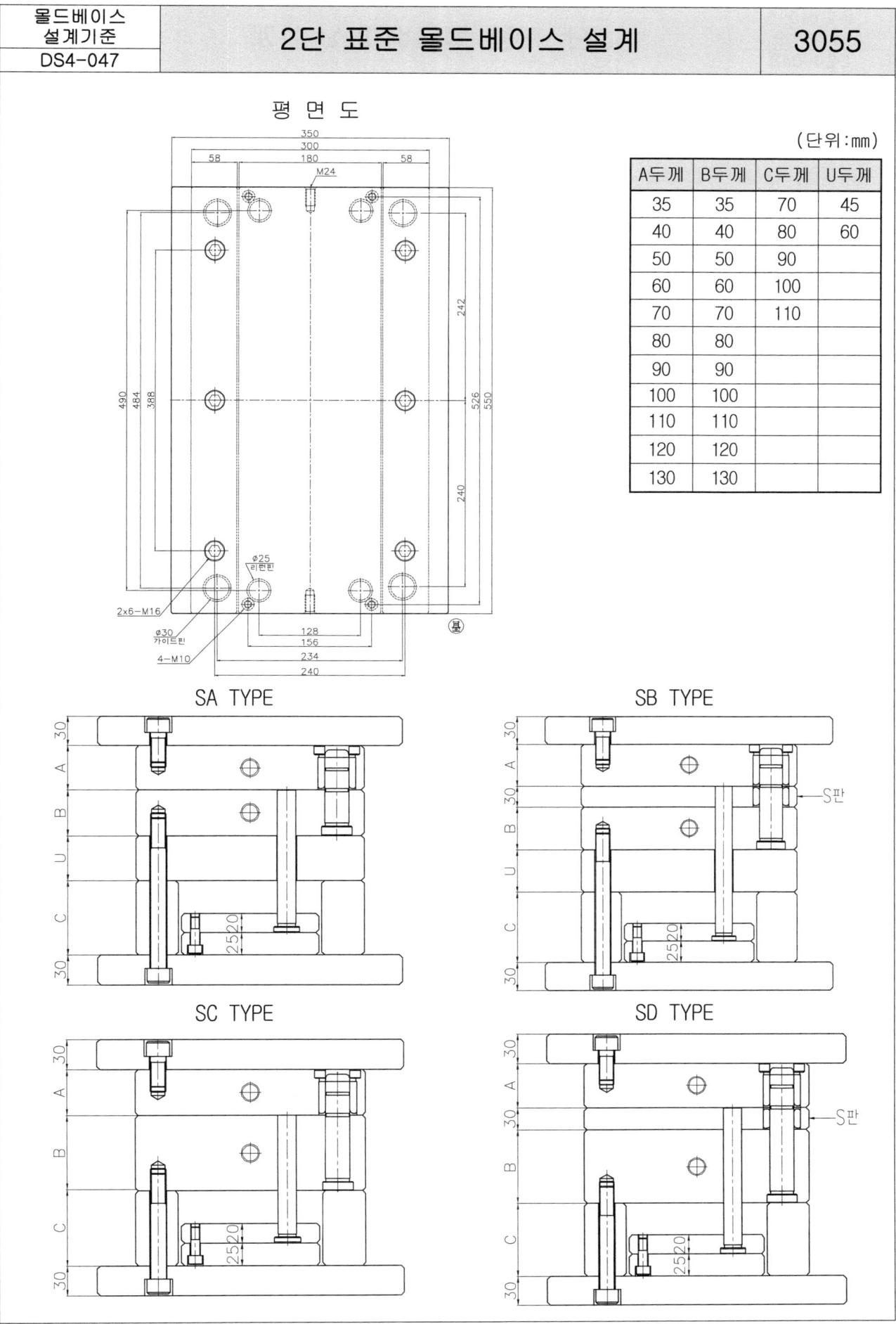

2단 표준 몰드베이스 설계

몰드베이스 설계기준 DS4-047 | 3055

(단위:mm)

A두께	B두께	C두께	U두께
35	35	70	45
40	40	80	60
50	50	90	
60	60	100	
70	70	110	
80	80		
90	90		
100	100		
110	110		
120	120		
130	130		

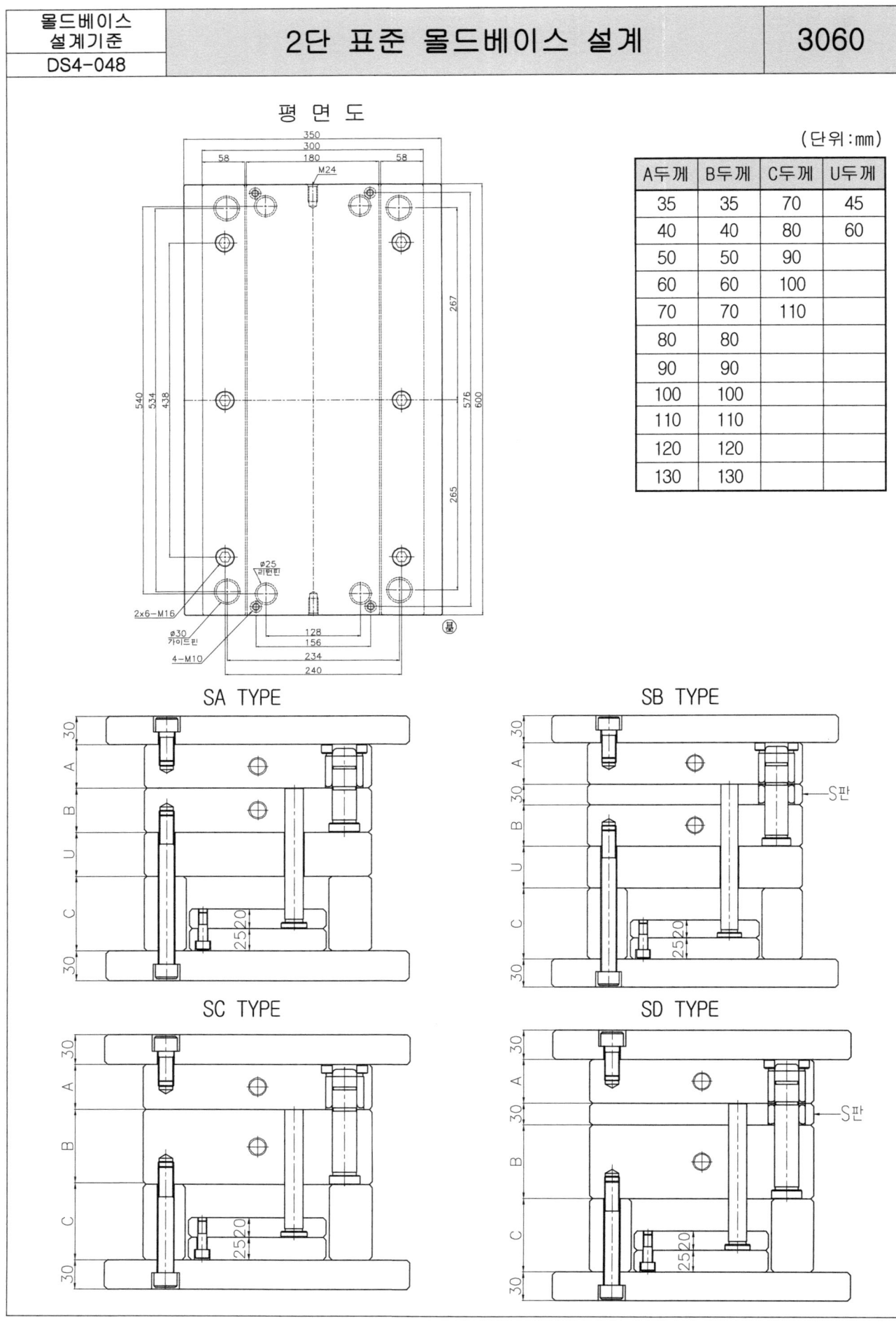

제 5 장

3단 몰드베이스 설계기준

| 몰드베이스 설계기준 DS5-001-1 | 3단 표준 몰드베이스 설계 |

1. 3플레이트 타입 (D, E 시리즈) 구조와 명칭

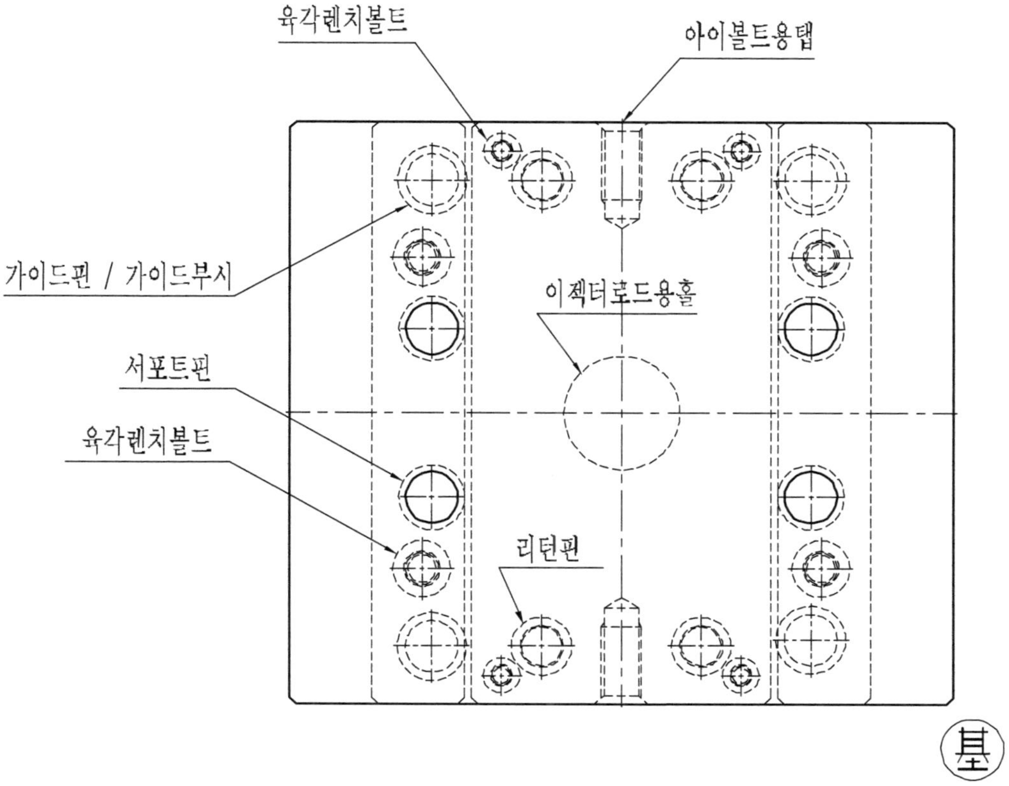

평면도 명칭:
- 육각렌치볼트
- 아이볼트용탭
- 가이드핀 / 가이드부시
- 이젝터로드용홀
- 서포트핀
- 육각렌치볼트
- 리턴핀

基

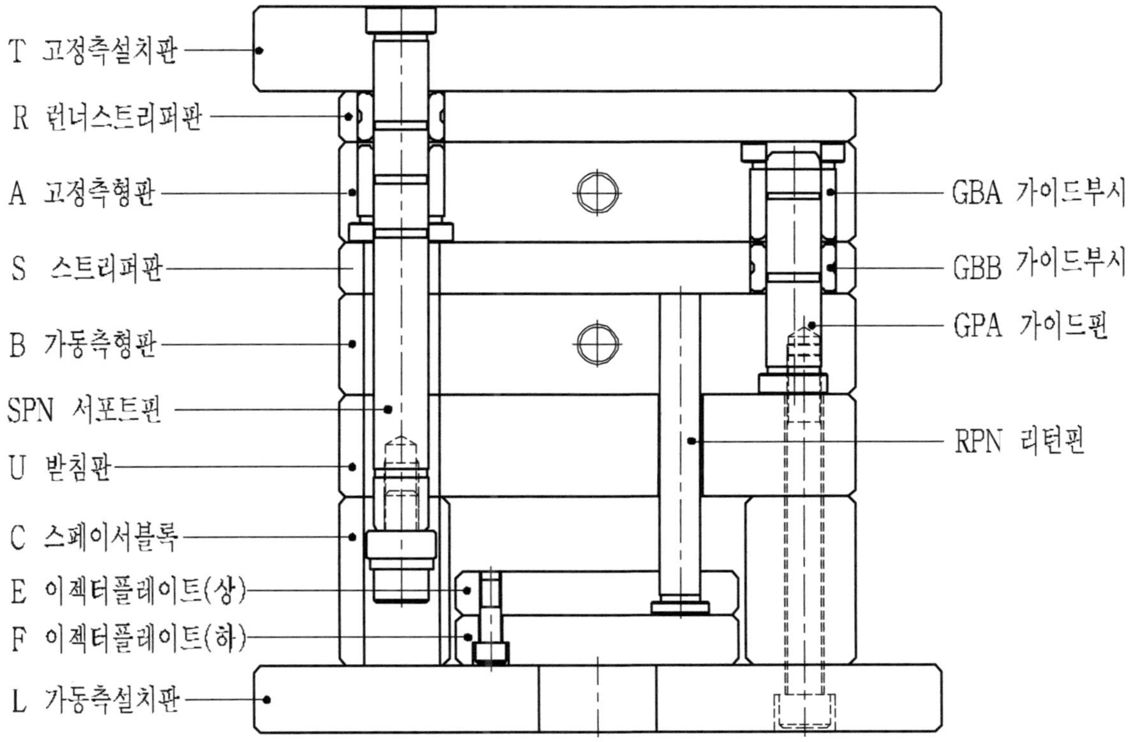

측면도 명칭:
- T 고정측설치판
- R 런너스트리퍼판
- A 고정측형판
- S 스트리퍼판
- B 가동측형판
- SPN 서포트핀
- U 받침판
- C 스페이서블록
- E 이젝터플레이트(상)
- F 이젝터플레이트(하)
- L 가동측설치판
- GBA 가이드부시
- GBB 가이드부시
- GPA 가이드핀
- RPN 리턴핀

3단 표준 몰드베이스 설계

몰드베이스 설계기준
DS5-001-2

2. 3플레이트 D 타입의 종류

(1) DA 타입 (이젝터 돌출방식)

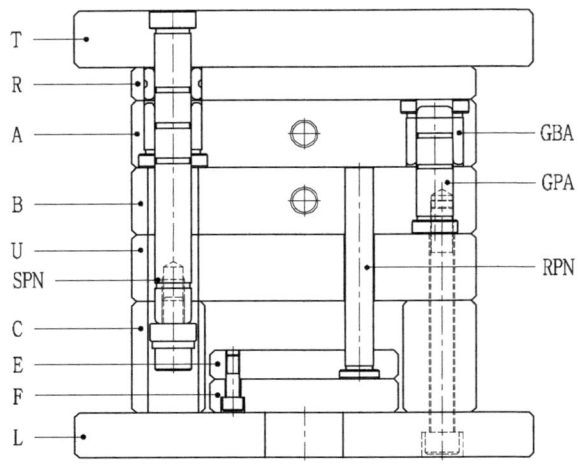

(2) DB 타입 (스트리퍼판 돌출방식)

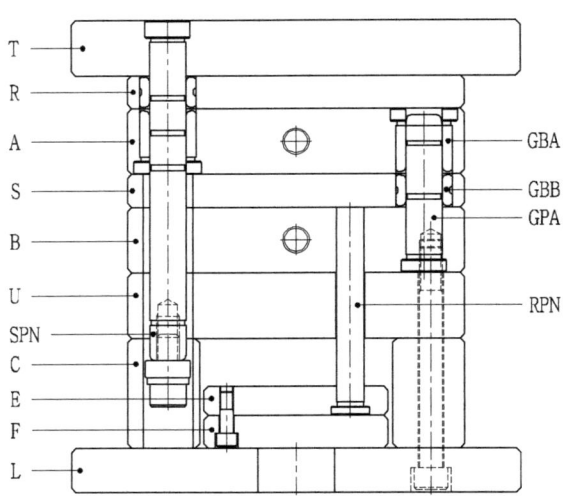

(3) DC 타입 (이젝터핀 돌출방식) (받침판 없음)

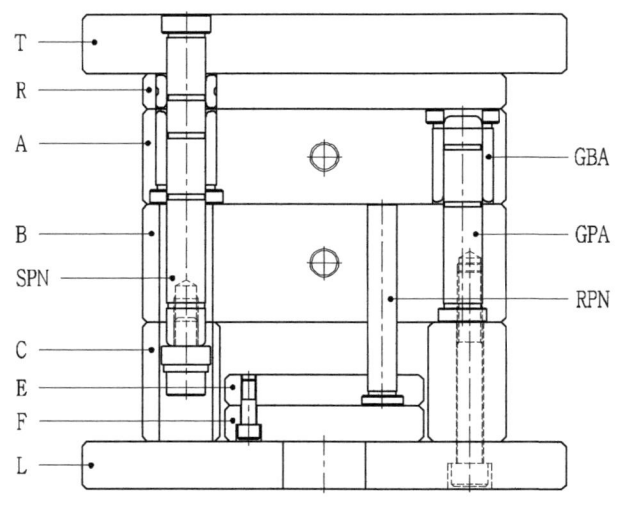

(4) DD 타입 (스트리퍼판 돌출방식) (받침판 없음)

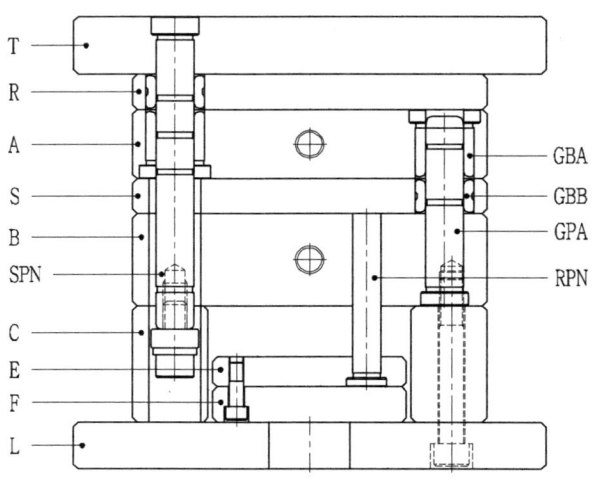

3단 표준 몰드베이스 설계

몰드베이스 설계기준 DS5-001-3

3. 3플레이트 E 타입의 종류

(1) EA 타입 (이젝터 돌출방식)
(런너 스트리퍼판 없음)

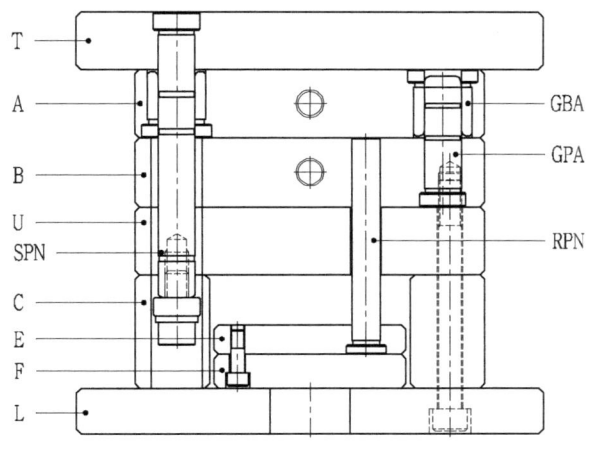

(2) EB 타입 (스트리퍼판 돌출방식)
(런너 스트리퍼판 없음)

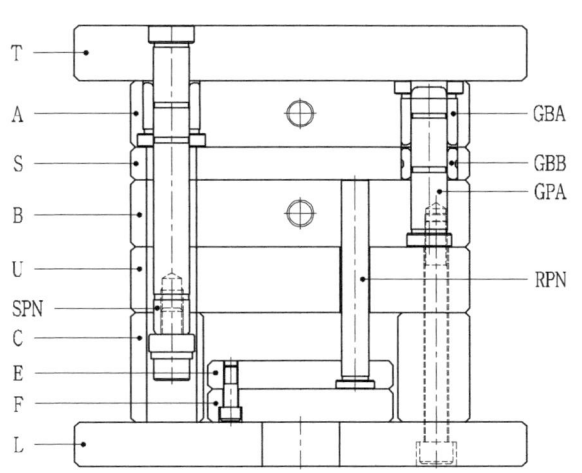

(3) EC 타입 (이젝터핀 돌출방식)
(런너 스트리퍼판 없음)
(받침판 없음)

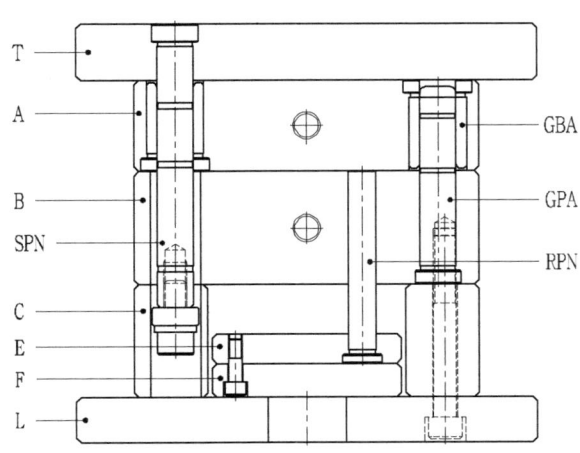

(4) ED 타입 (스트리퍼판 돌출방식)
(런너 스트리퍼판 없음)
(받침판 없음)

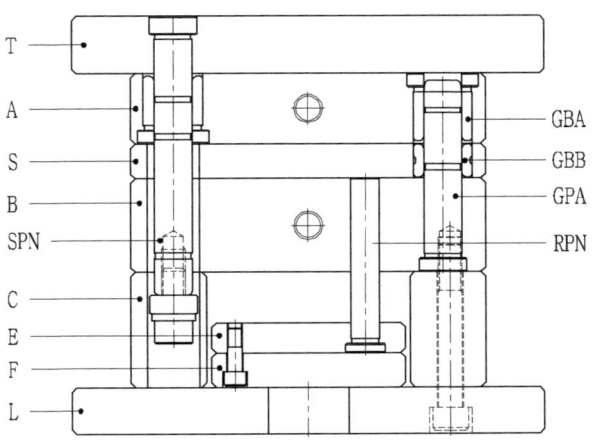

| 몰드베이스 설계기준 DS5-001-3 | 3단 표준 몰드베이스 설계 |

4. 3플레이트 발주

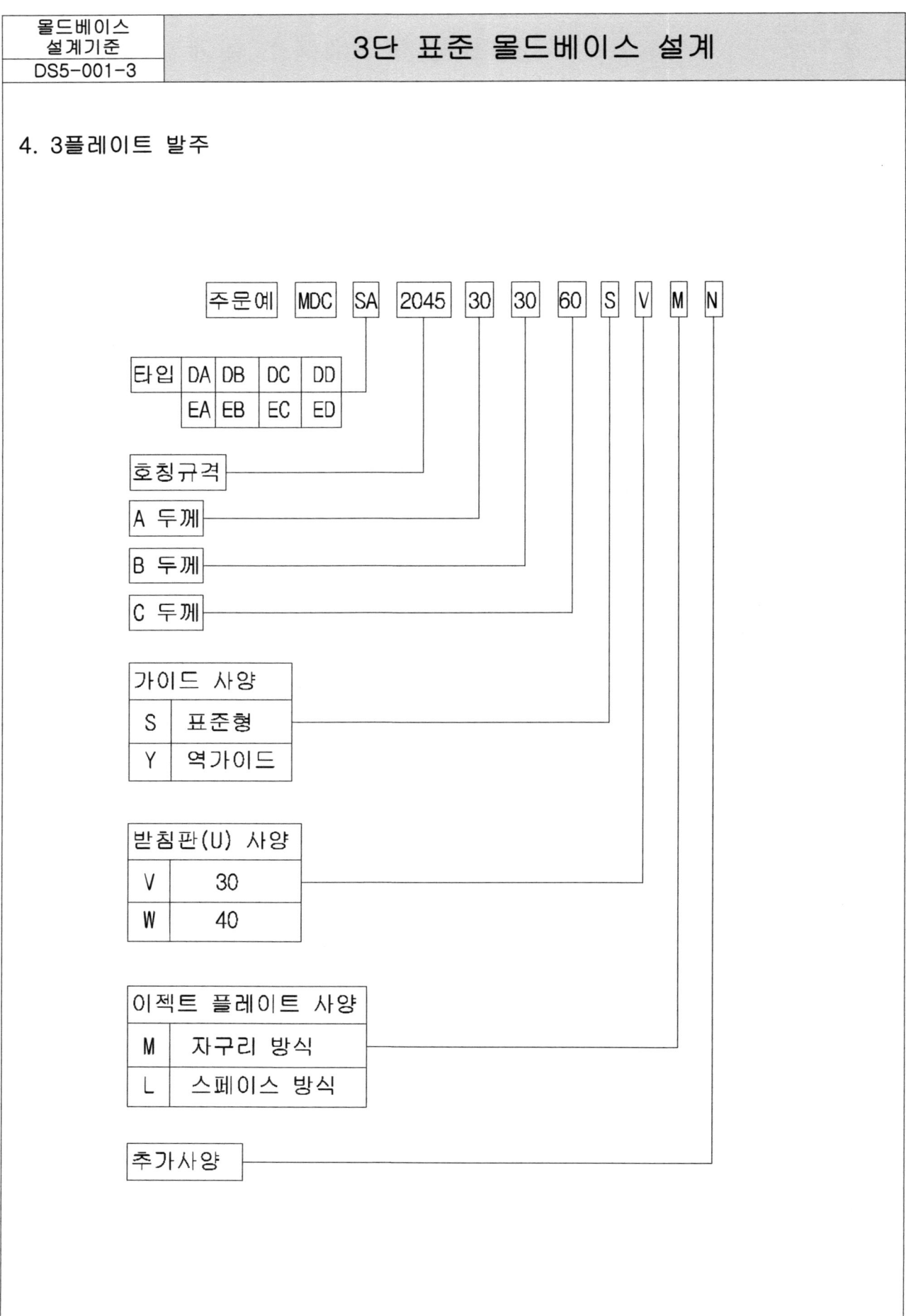

| 몰드베이스 설계기준 DS5-002 | 3단 표준 몰드베이스 설계 | 1518 |

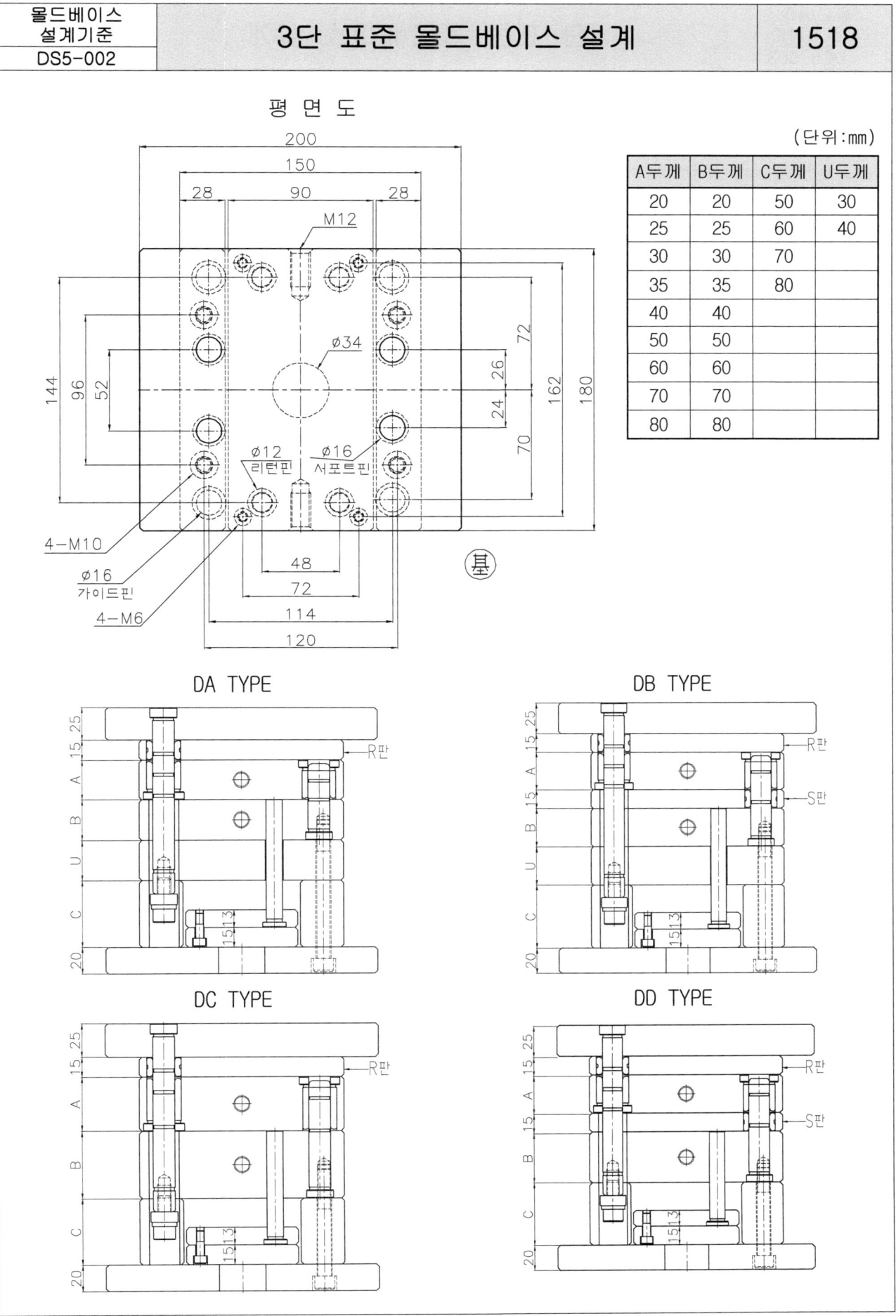

평면도

(단위:mm)

A두께	B두께	C두께	U두께
20	20	50	30
25	25	60	40
30	30	70	
35	35	80	
40	40		
50	50		
60	60		
70	70		
80	80		

DA TYPE DB TYPE DC TYPE DD TYPE

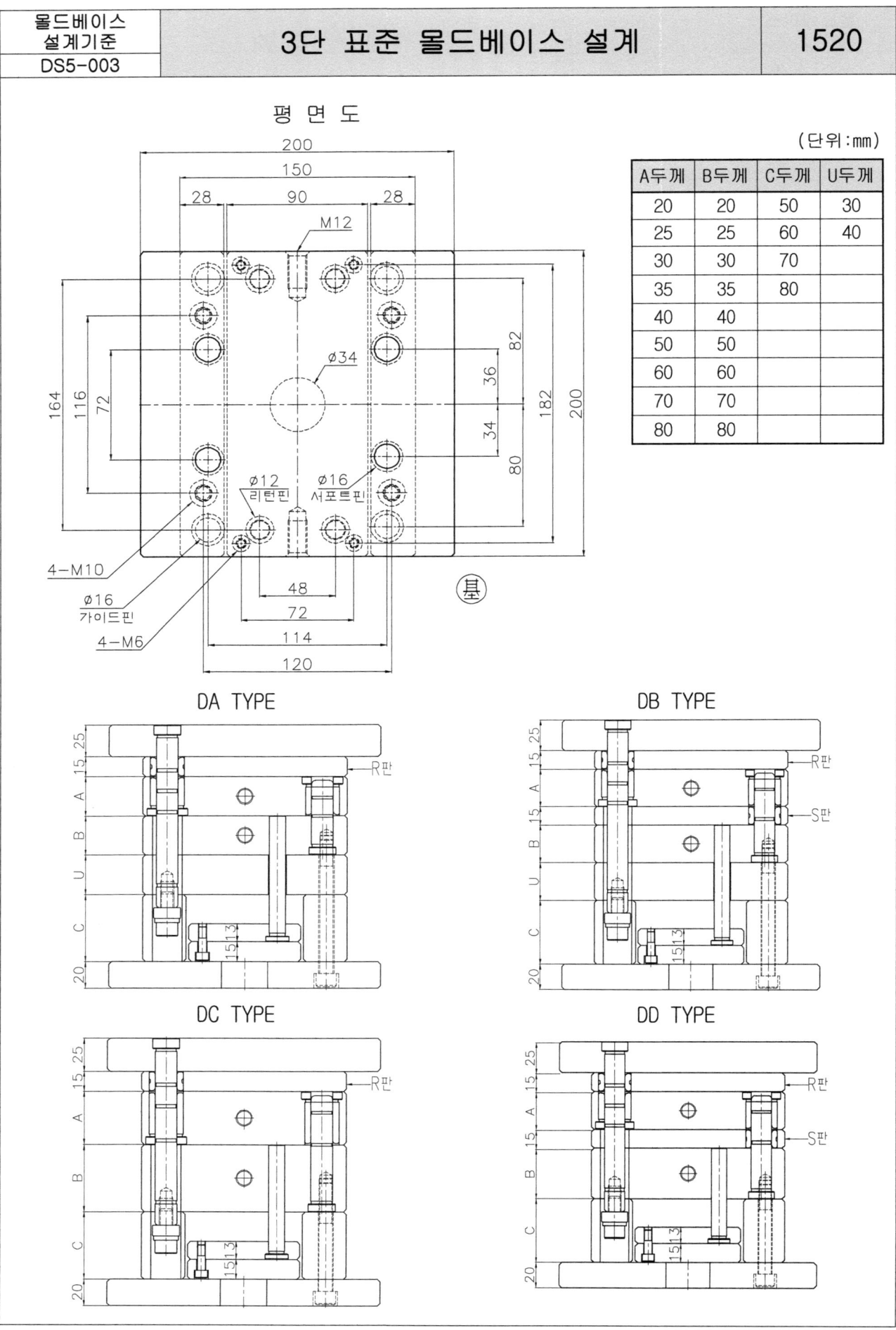

| 몰드베이스 설계기준 DS5-004 | 3단 표준 몰드베이스 설계 | 1523 |

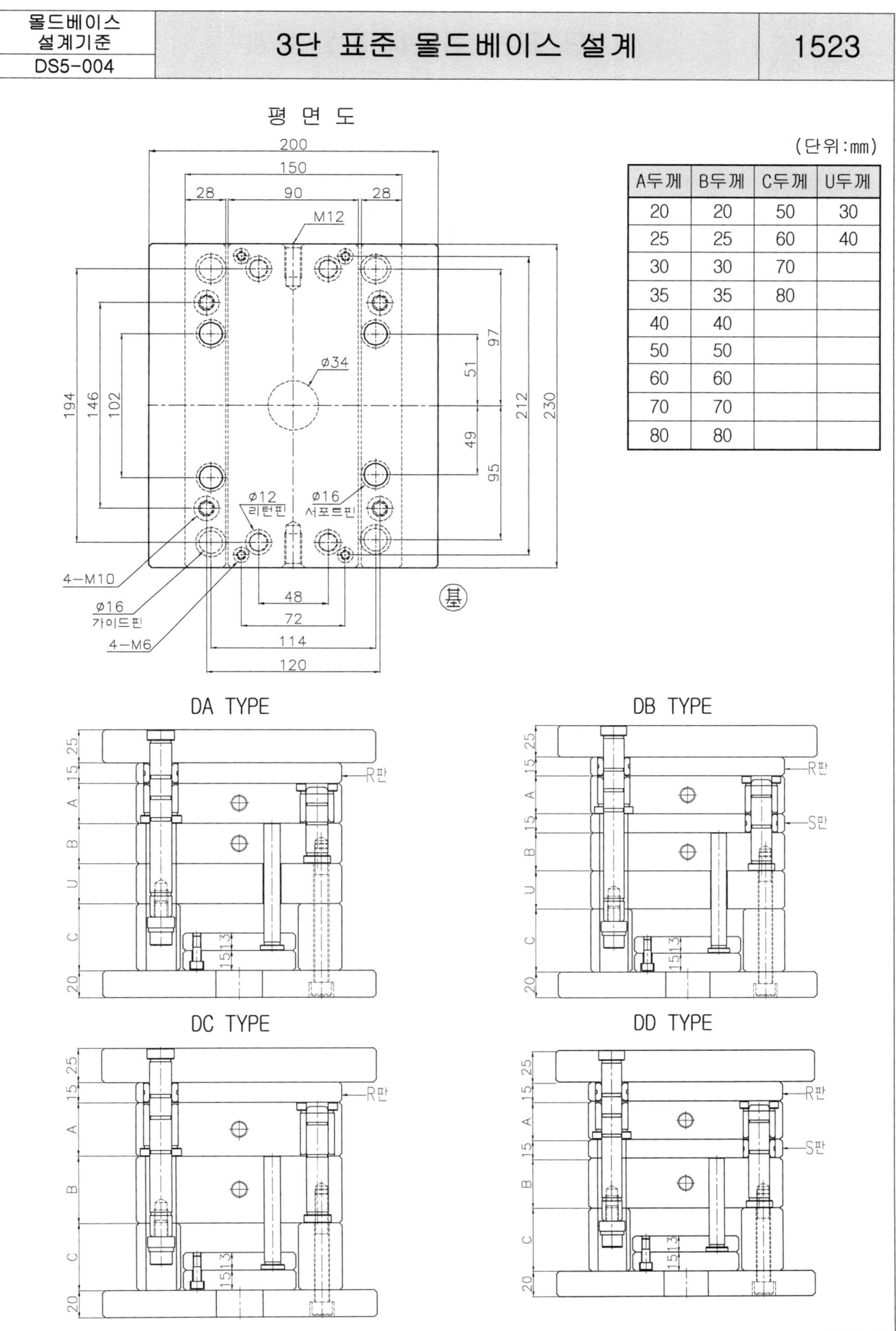

A두께	B두께	C두께	U두께
20	20	50	30
25	25	60	40
30	30	70	
35	35	80	
40	40		
50	50		
60	60		
70	70		
80	80		

(단위:mm)

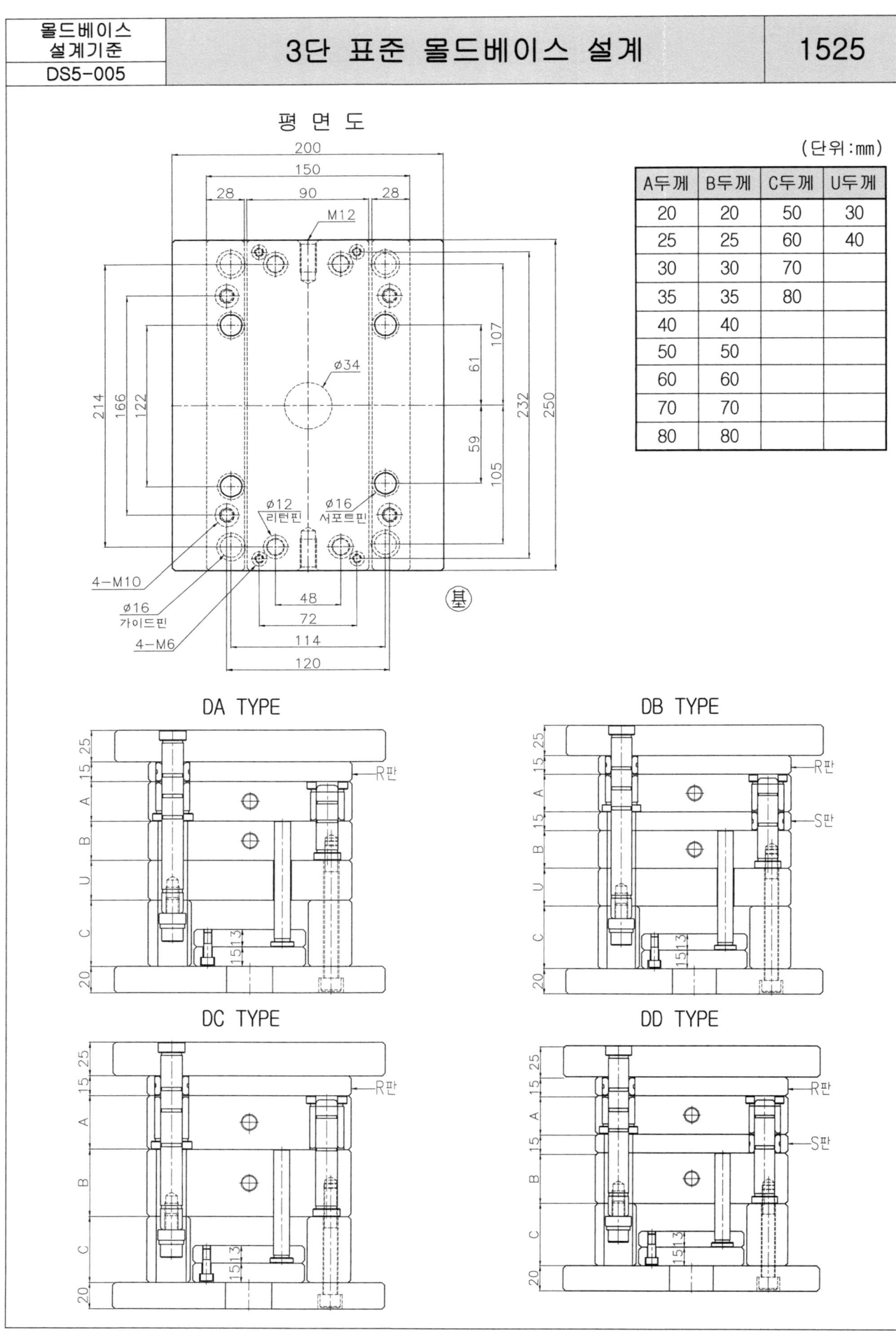

3단 표준 몰드베이스 설계

몰드베이스 설계기준 DS5-006 — 1530

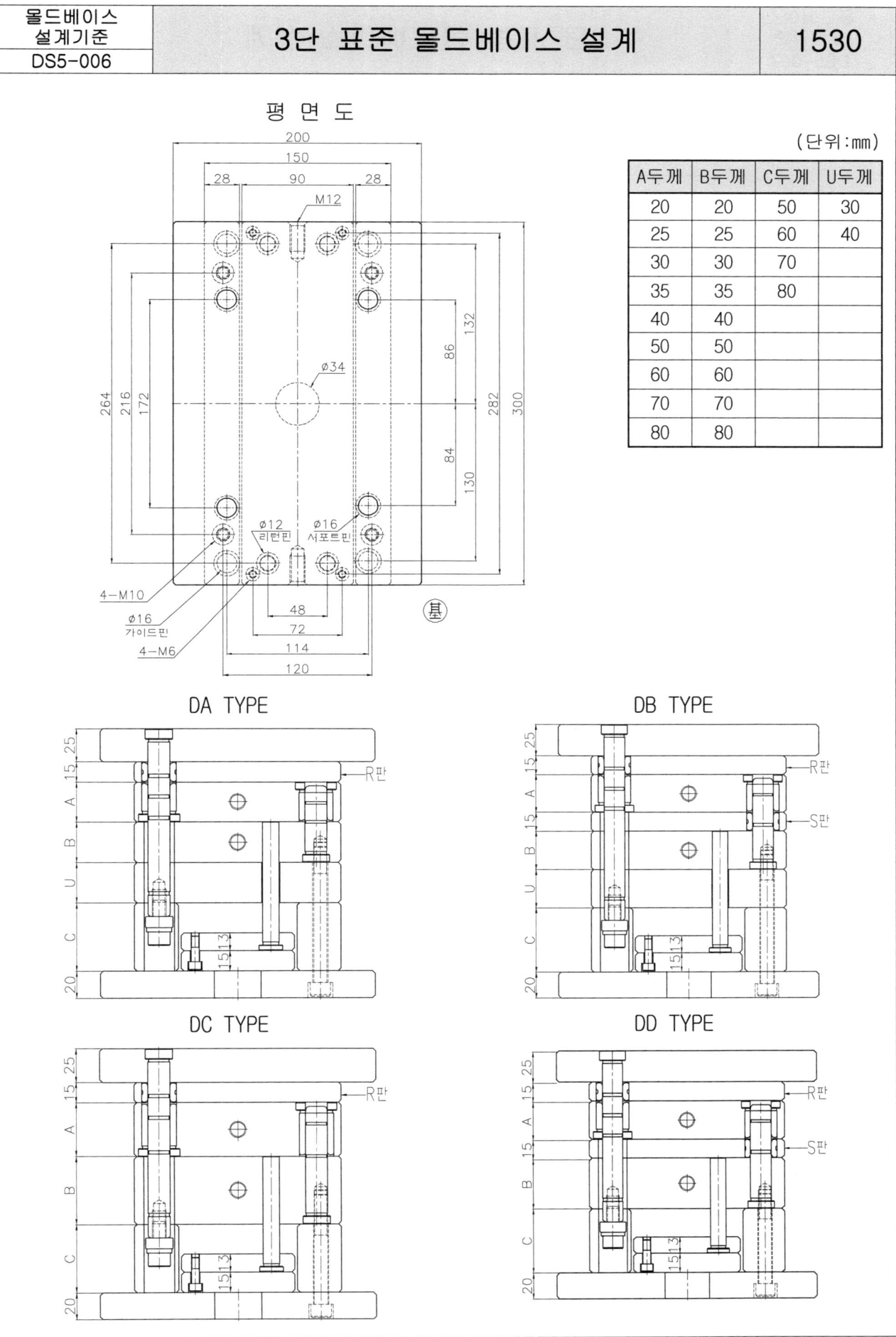

(단위:mm)

A두께	B두께	C두께	U두께
20	20	50	30
25	25	60	40
30	30	70	
35	35	80	
40	40		
50	50		
60	60		
70	70		
80	80		

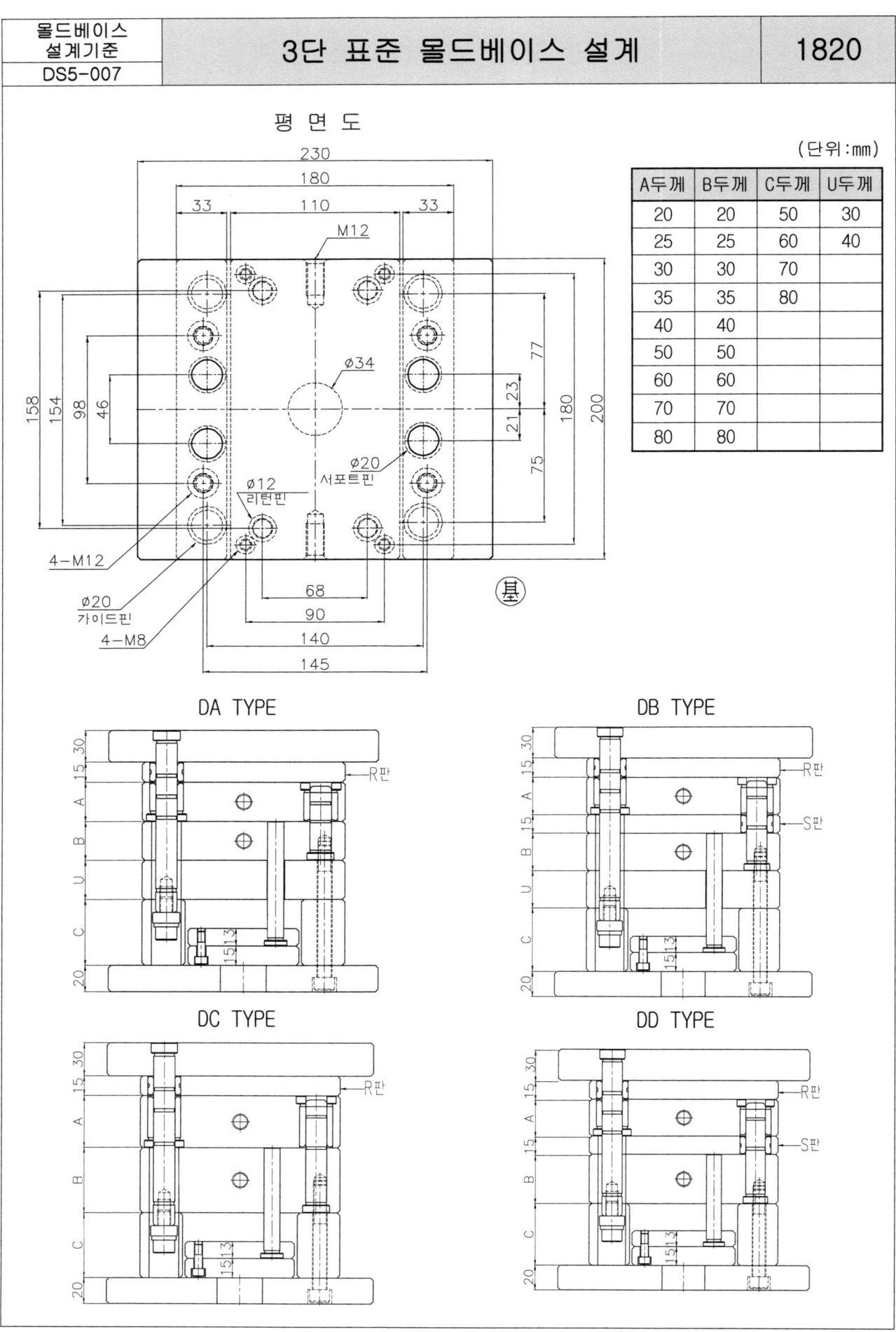

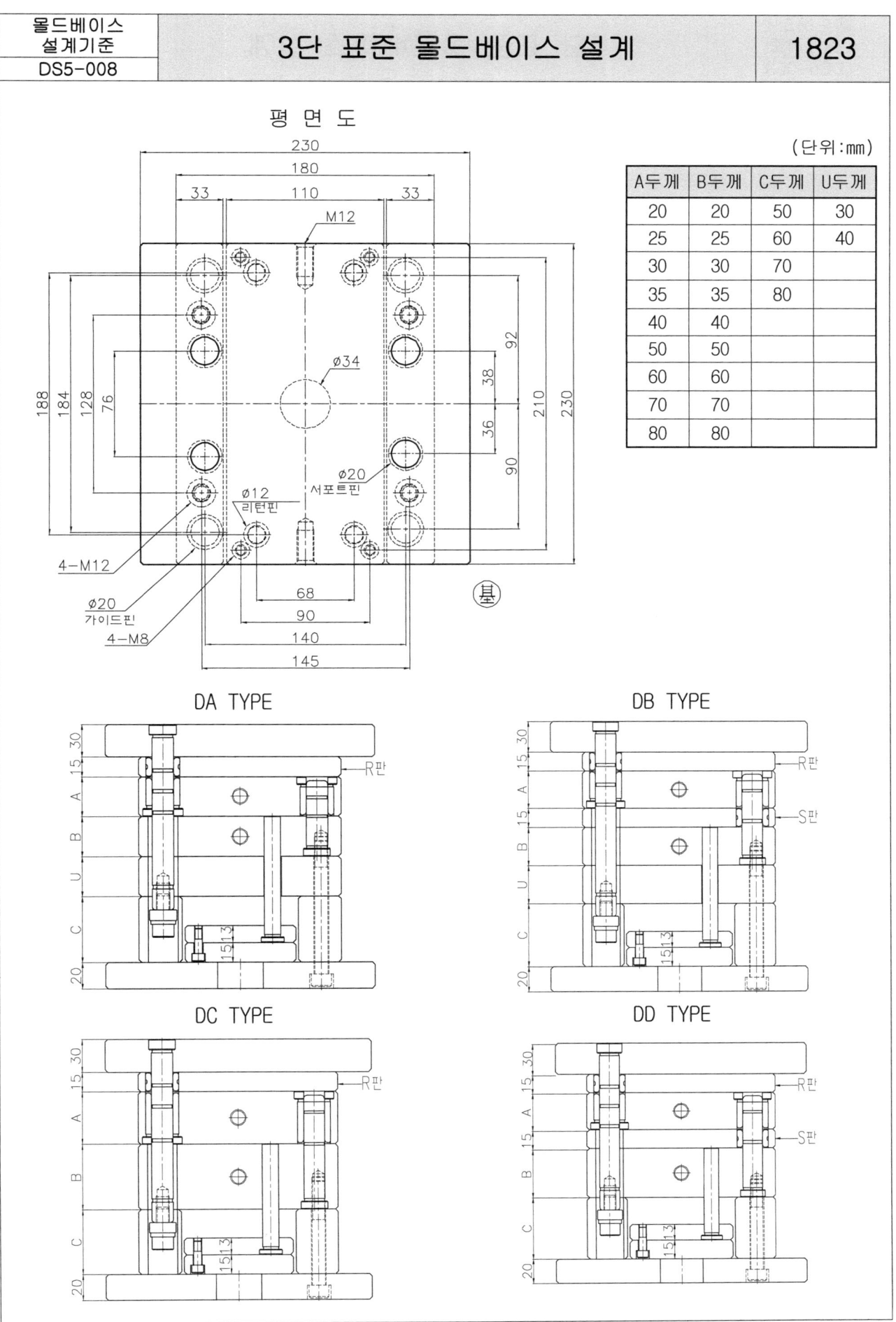

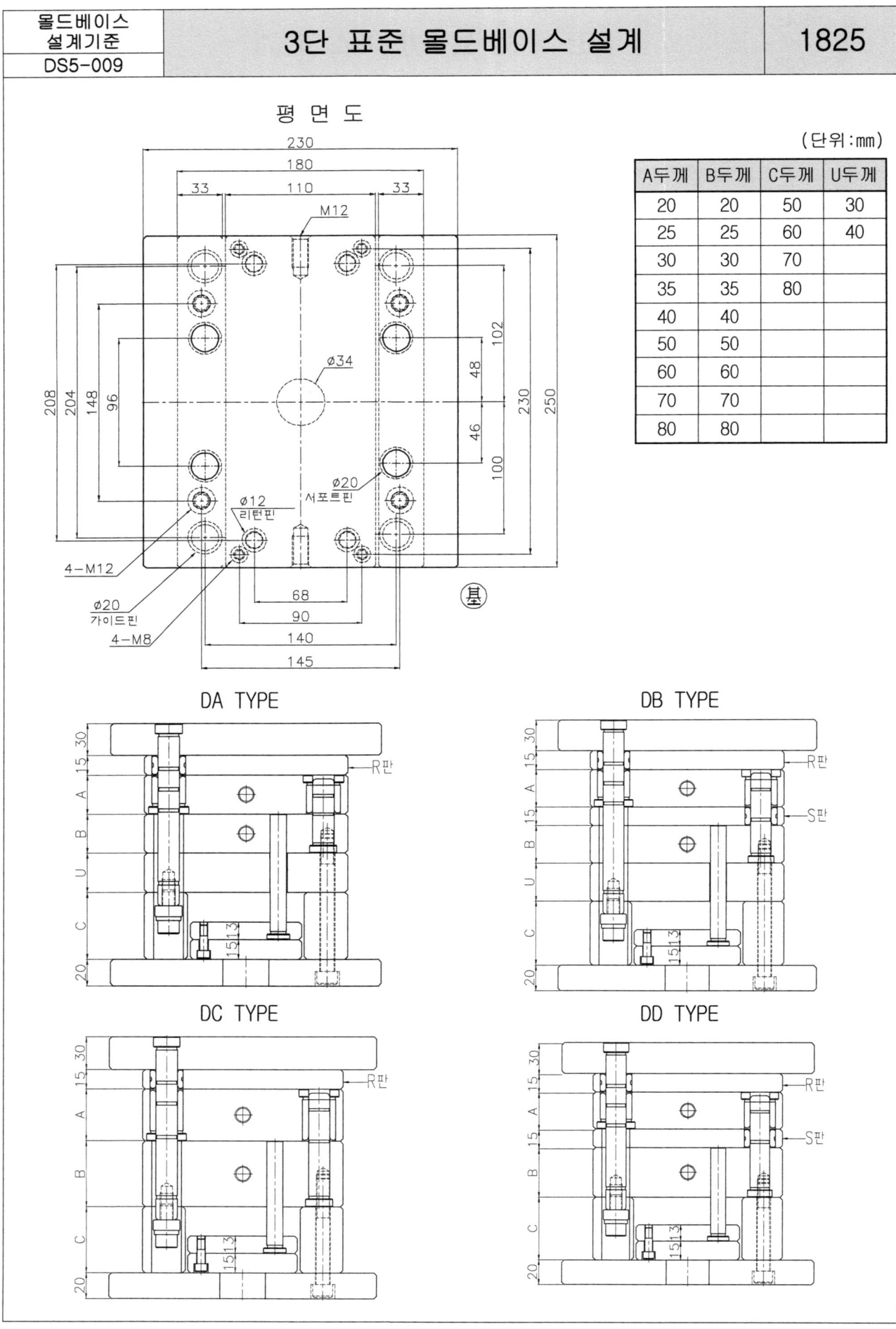

A두께	B두께	C두께	U두께
20	20	50	30
25	25	60	40
30	30	70	
35	35	80	
40	40		
50	50		
60	60		
70	70		
80	80		

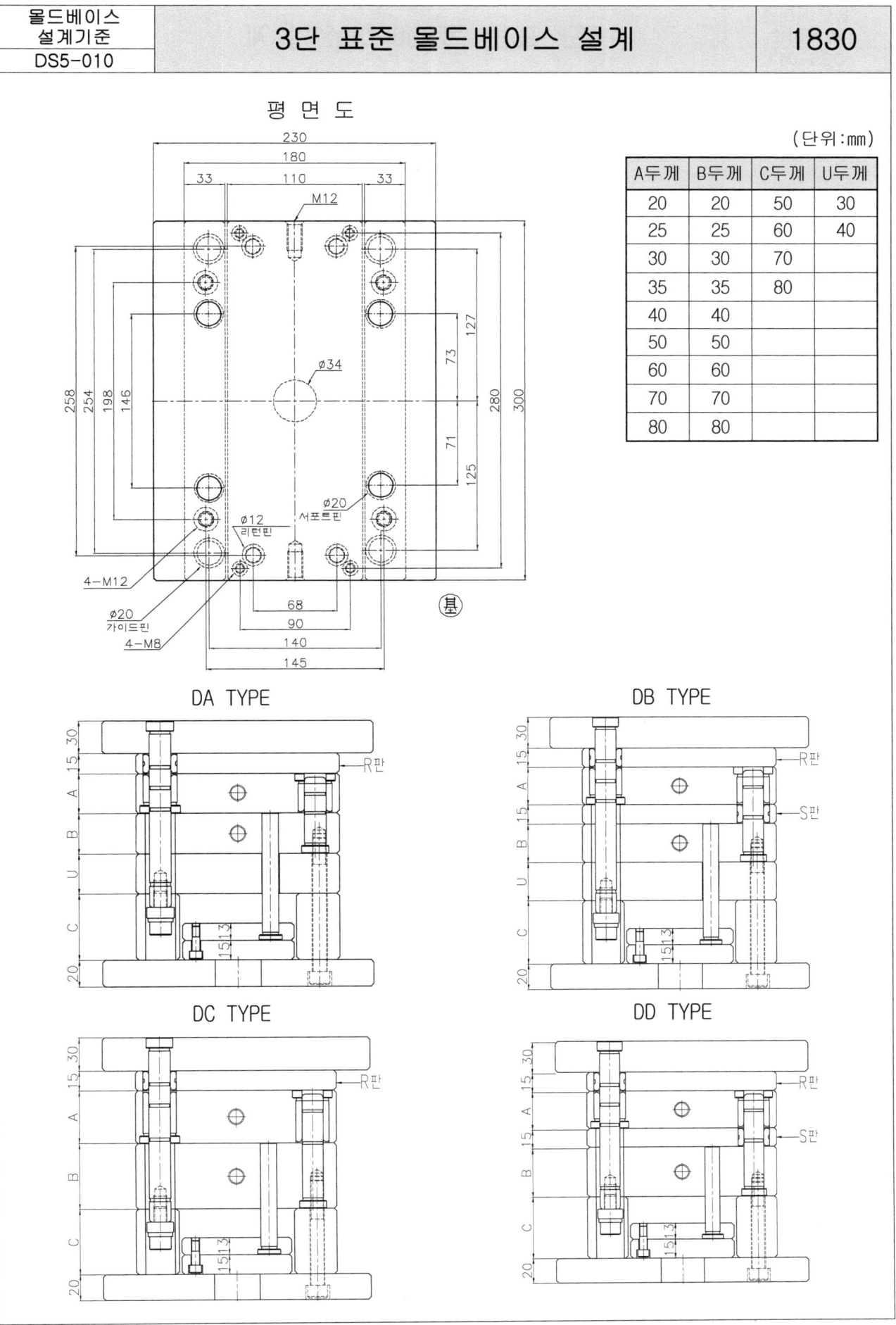

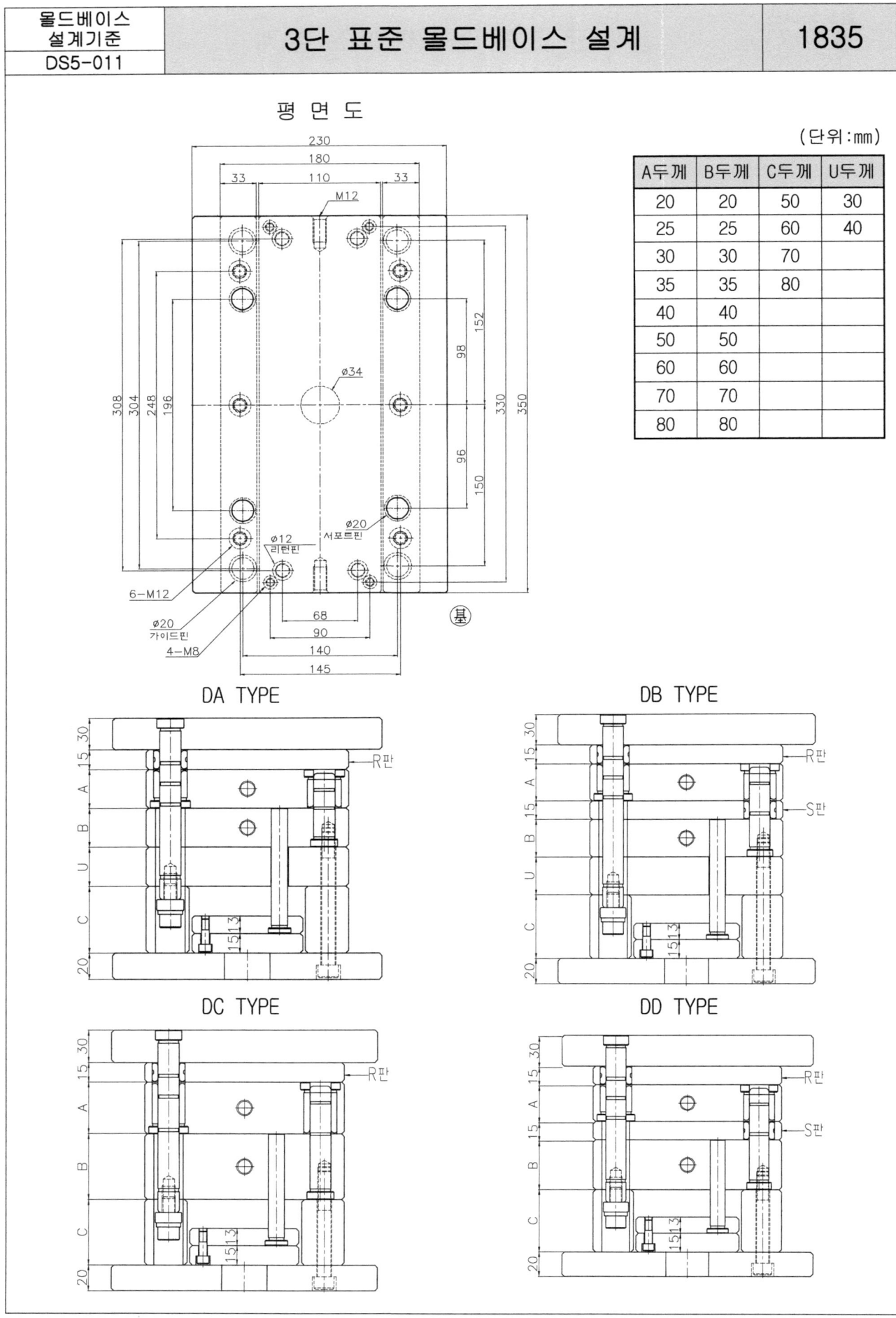

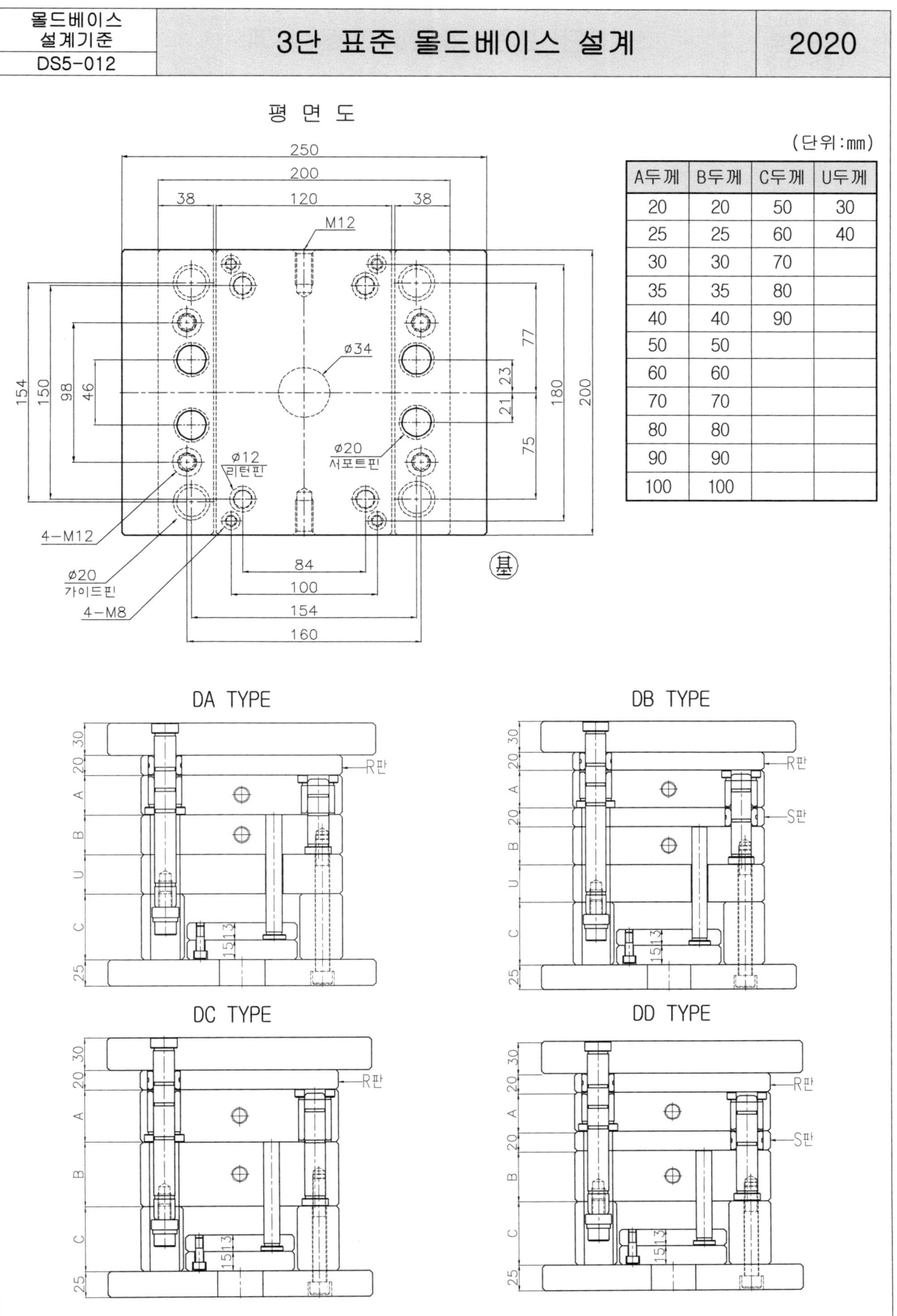

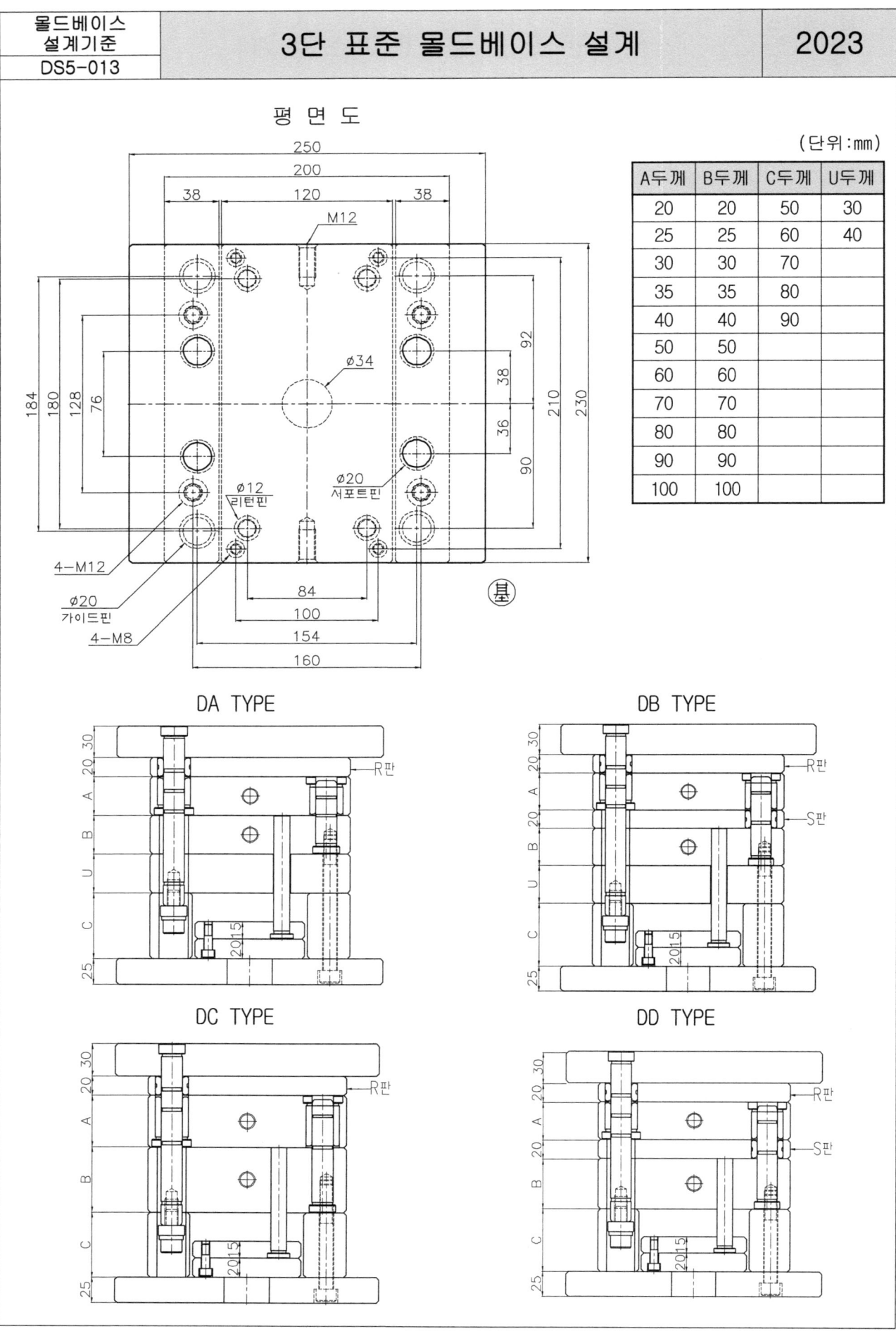

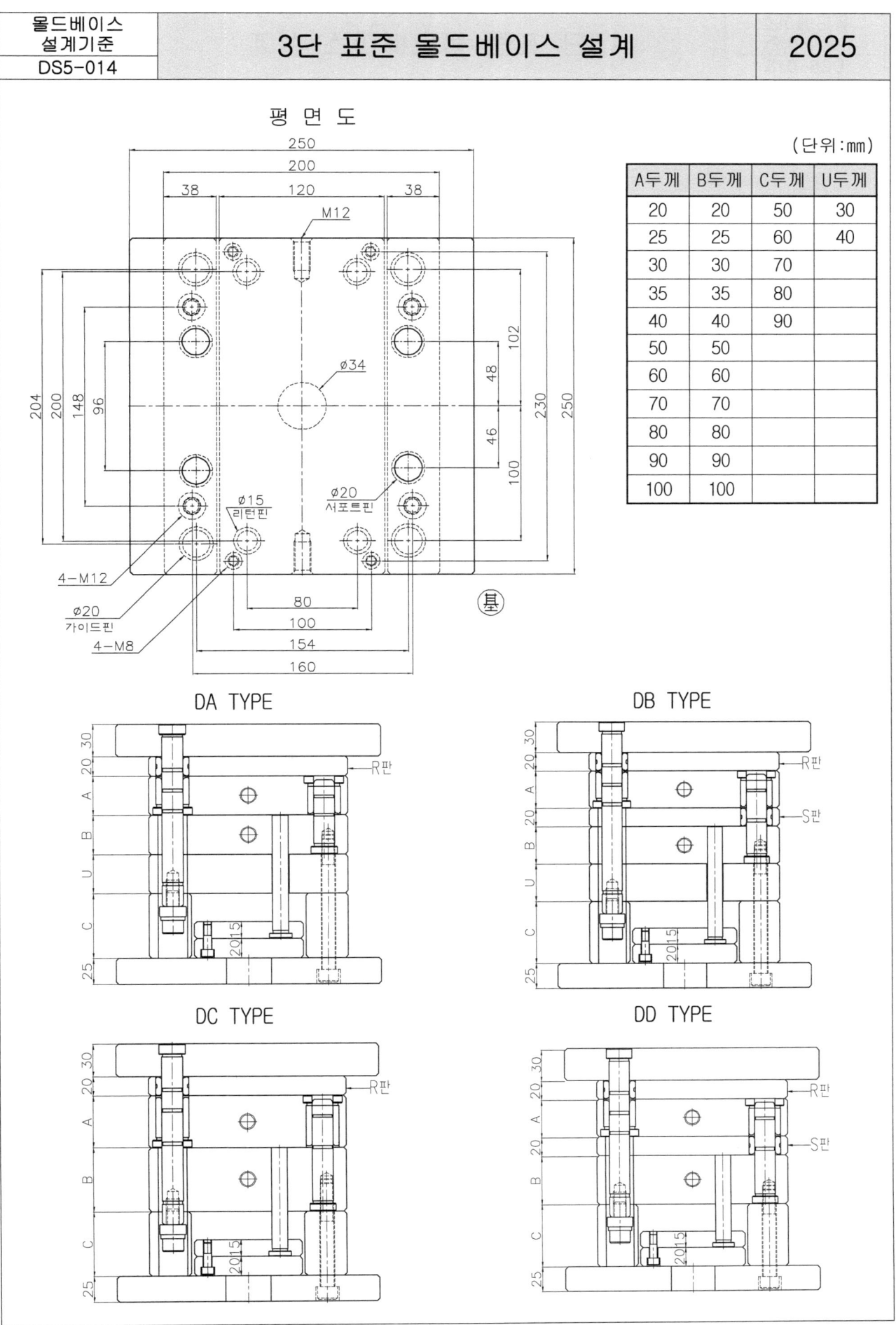

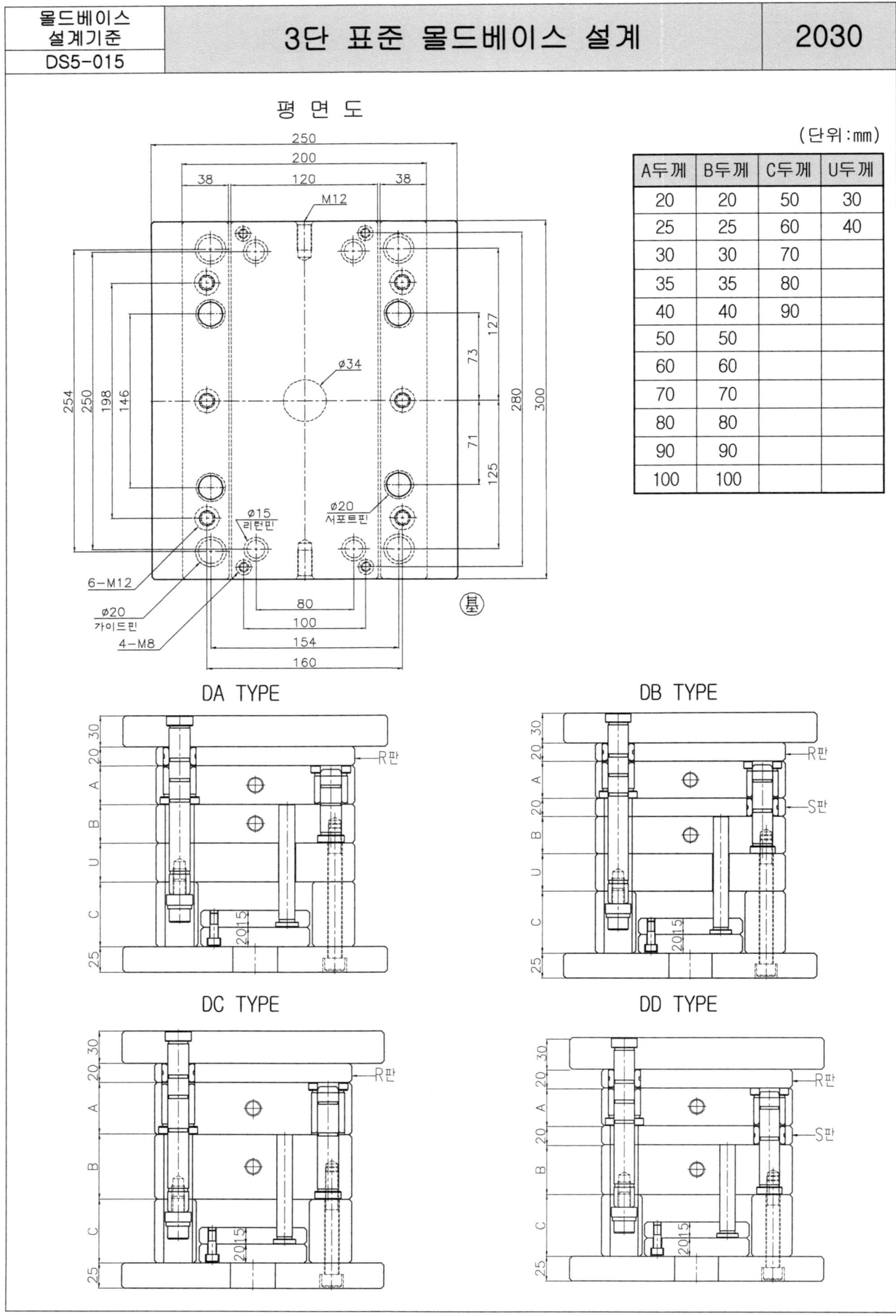

몰드베이스 설계기준 DS5-016	3단 표준 몰드베이스 설계	2035

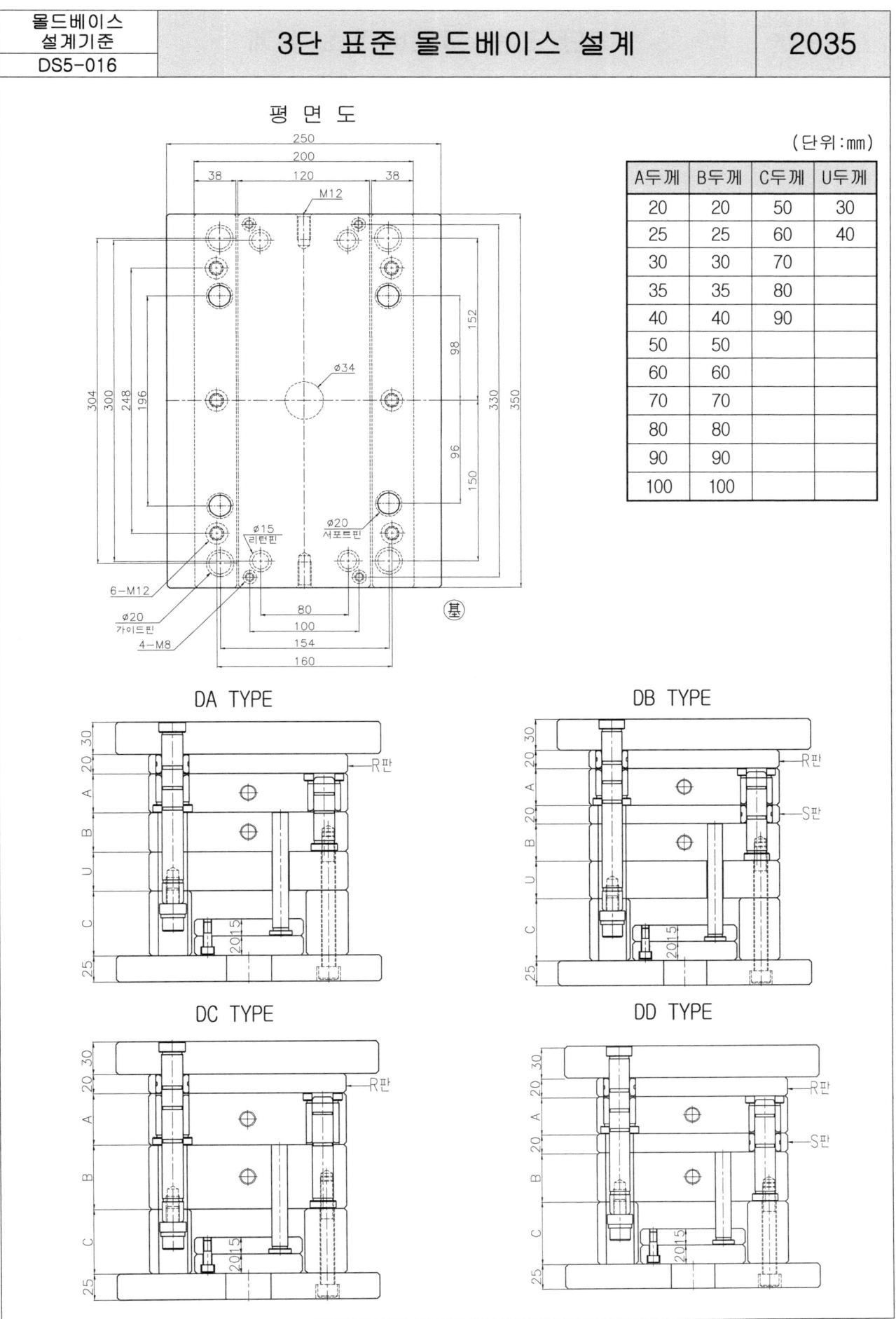

평면도 (단위:mm)

A두께	B두께	C두께	U두께
20	20	50	30
25	25	60	40
30	30	70	
35	35	80	
40	40	90	
50	50		
60	60		
70	70		
80	80		
90	90		
100	100		

DA TYPE DB TYPE DC TYPE DD TYPE

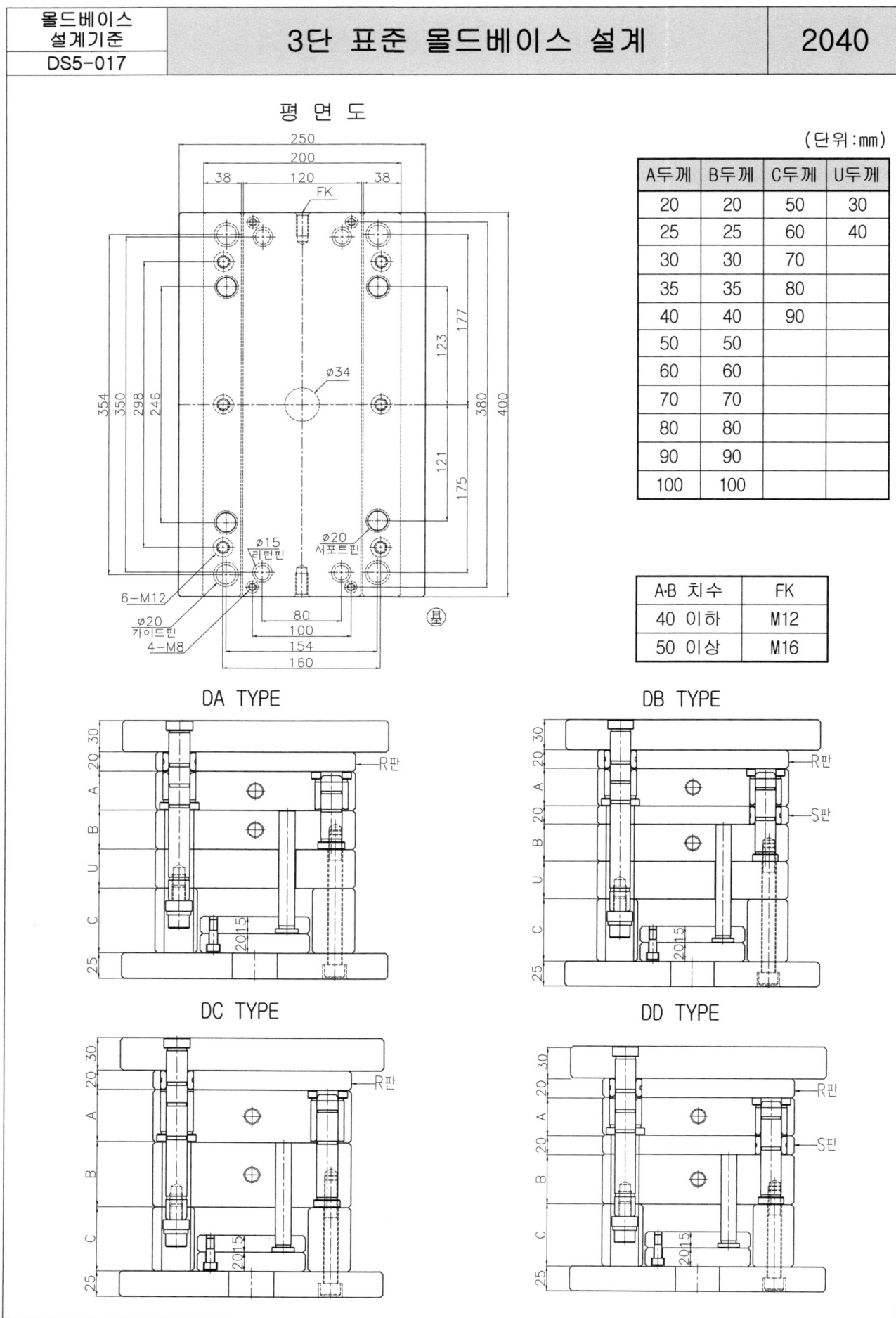

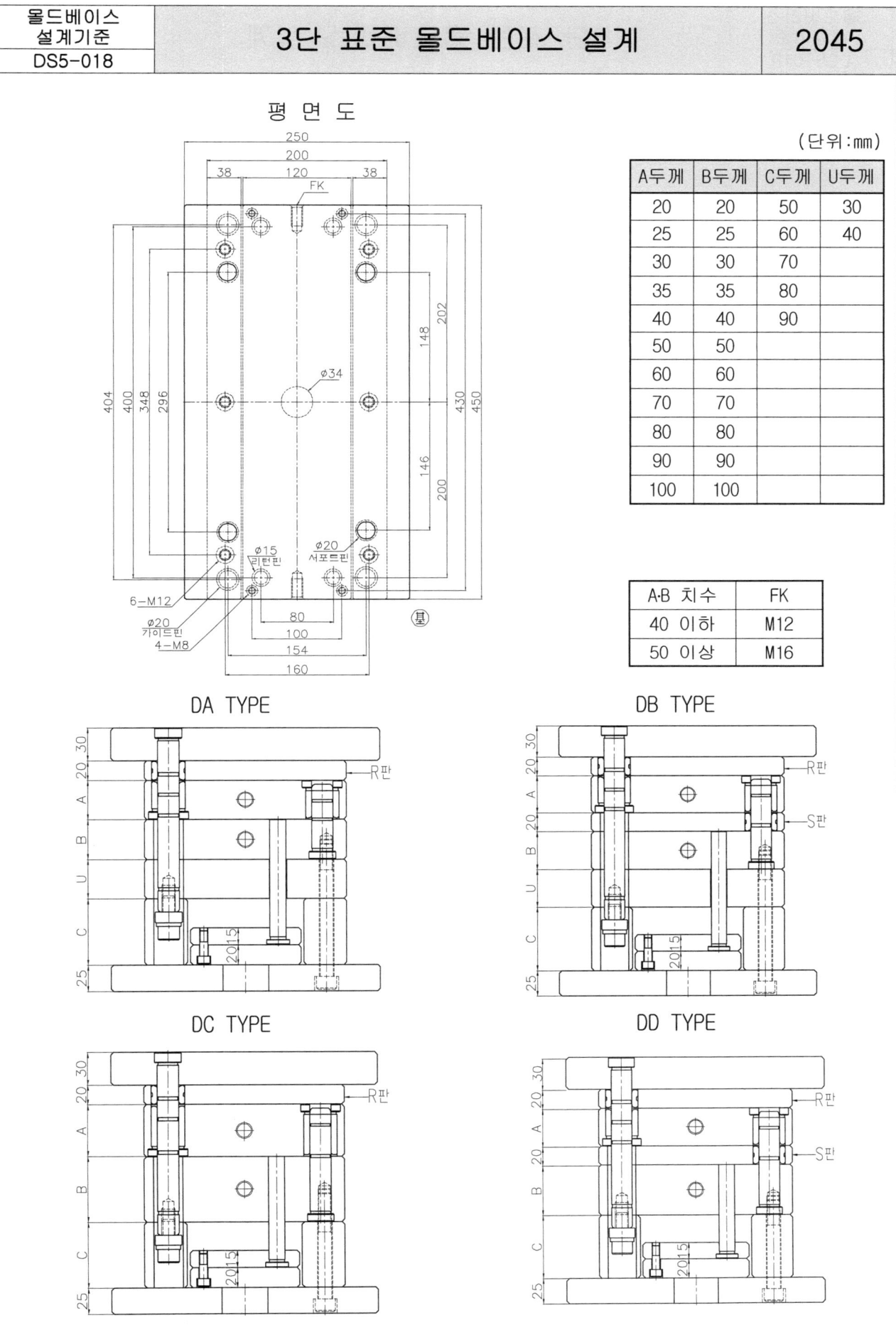

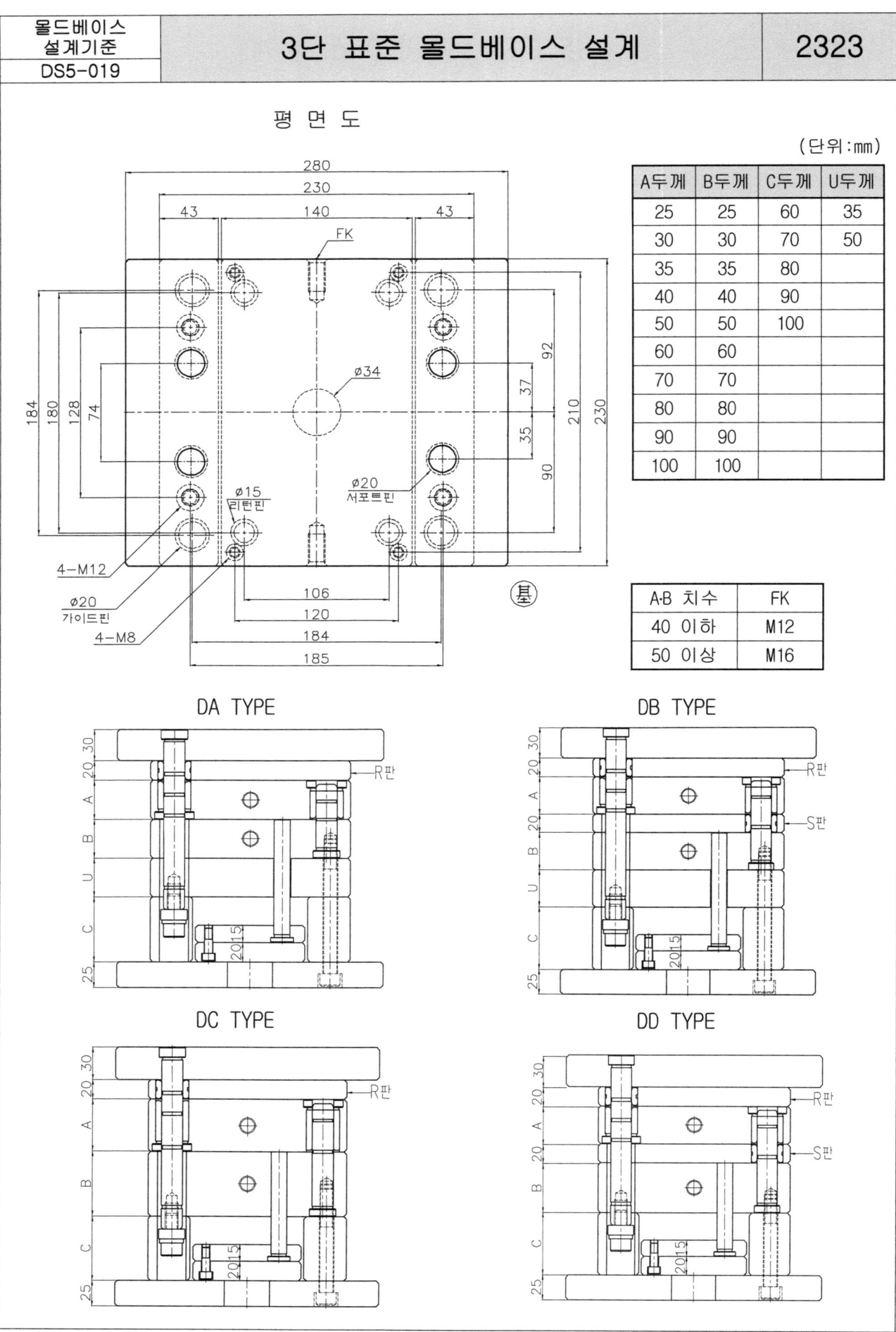

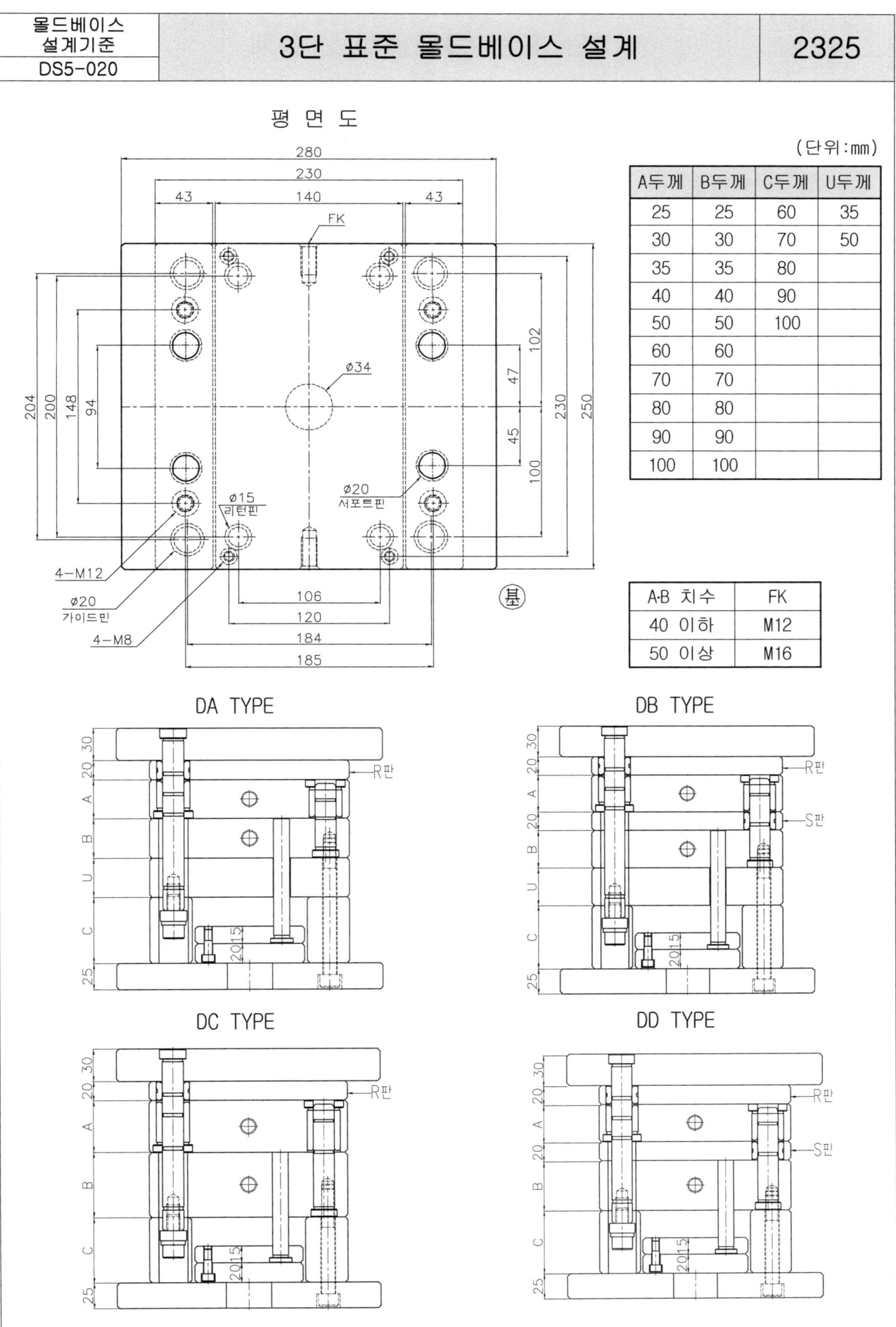

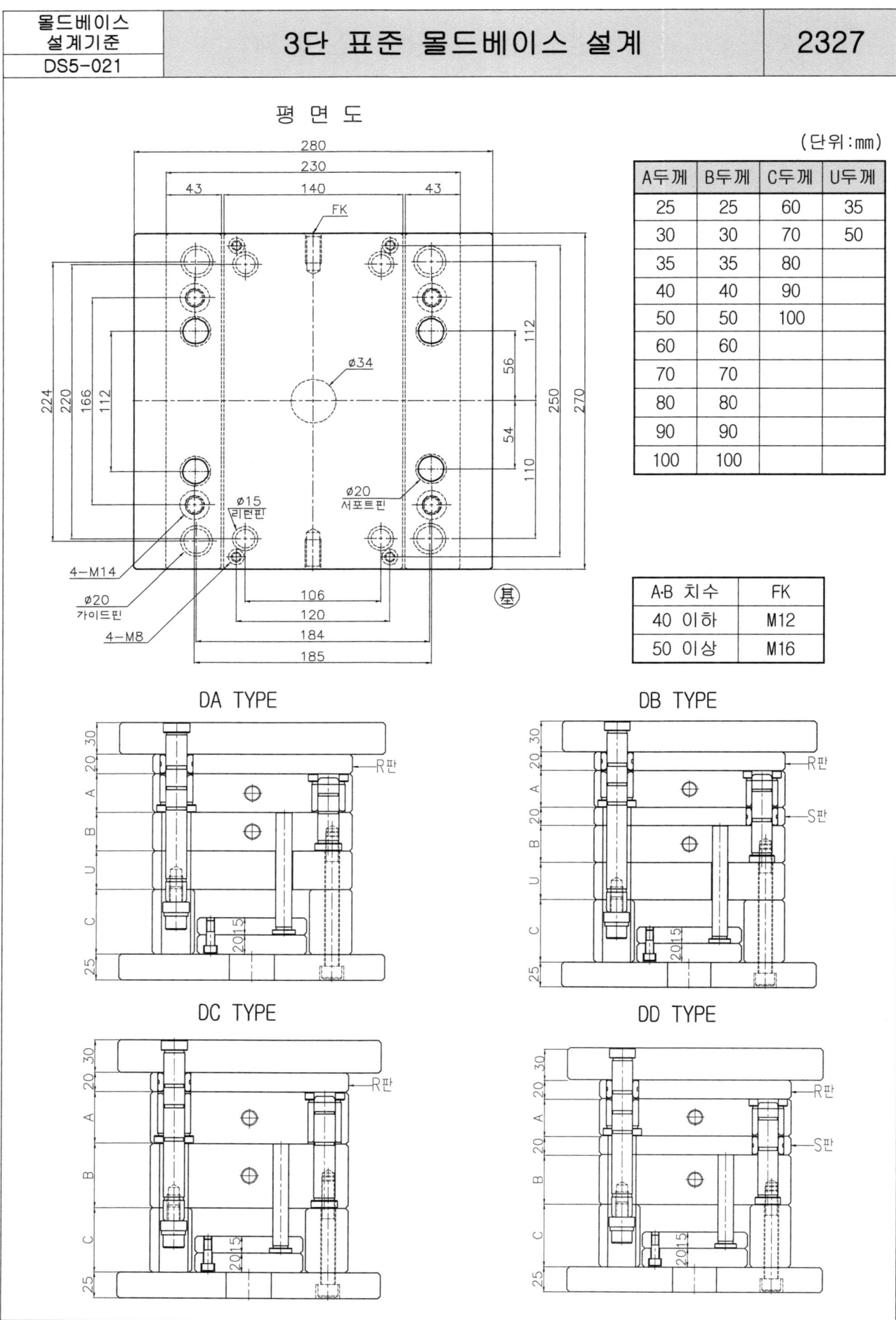

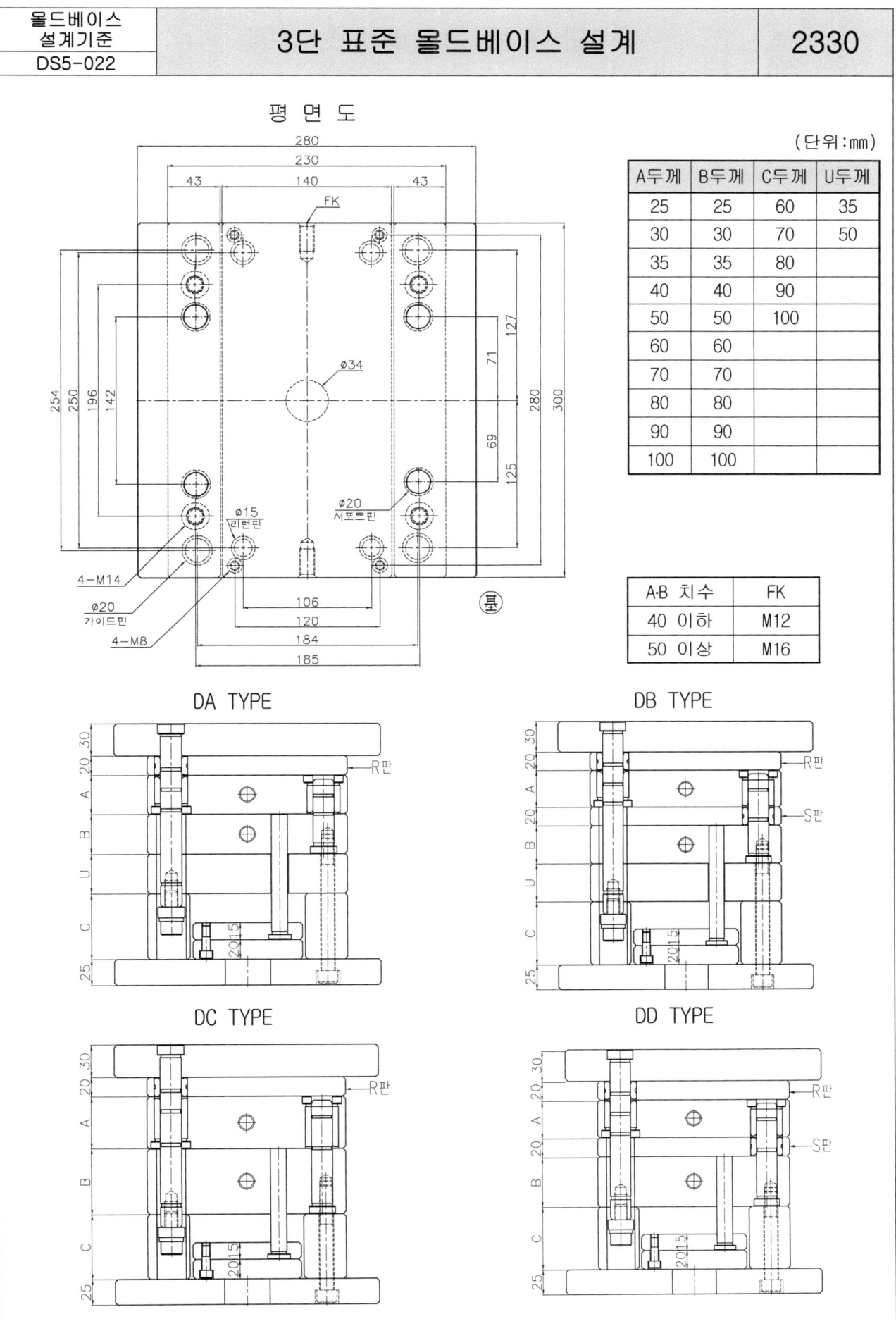

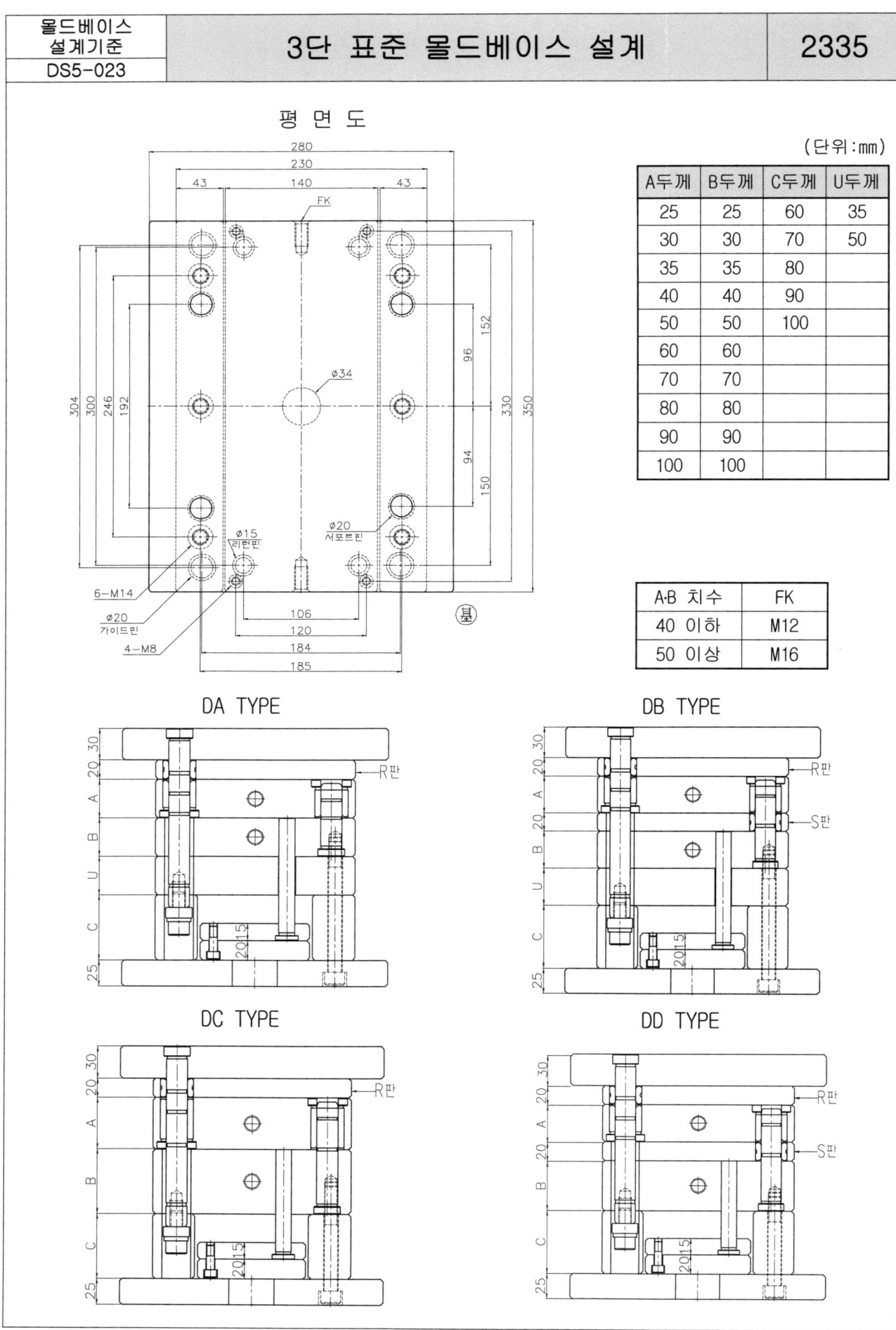

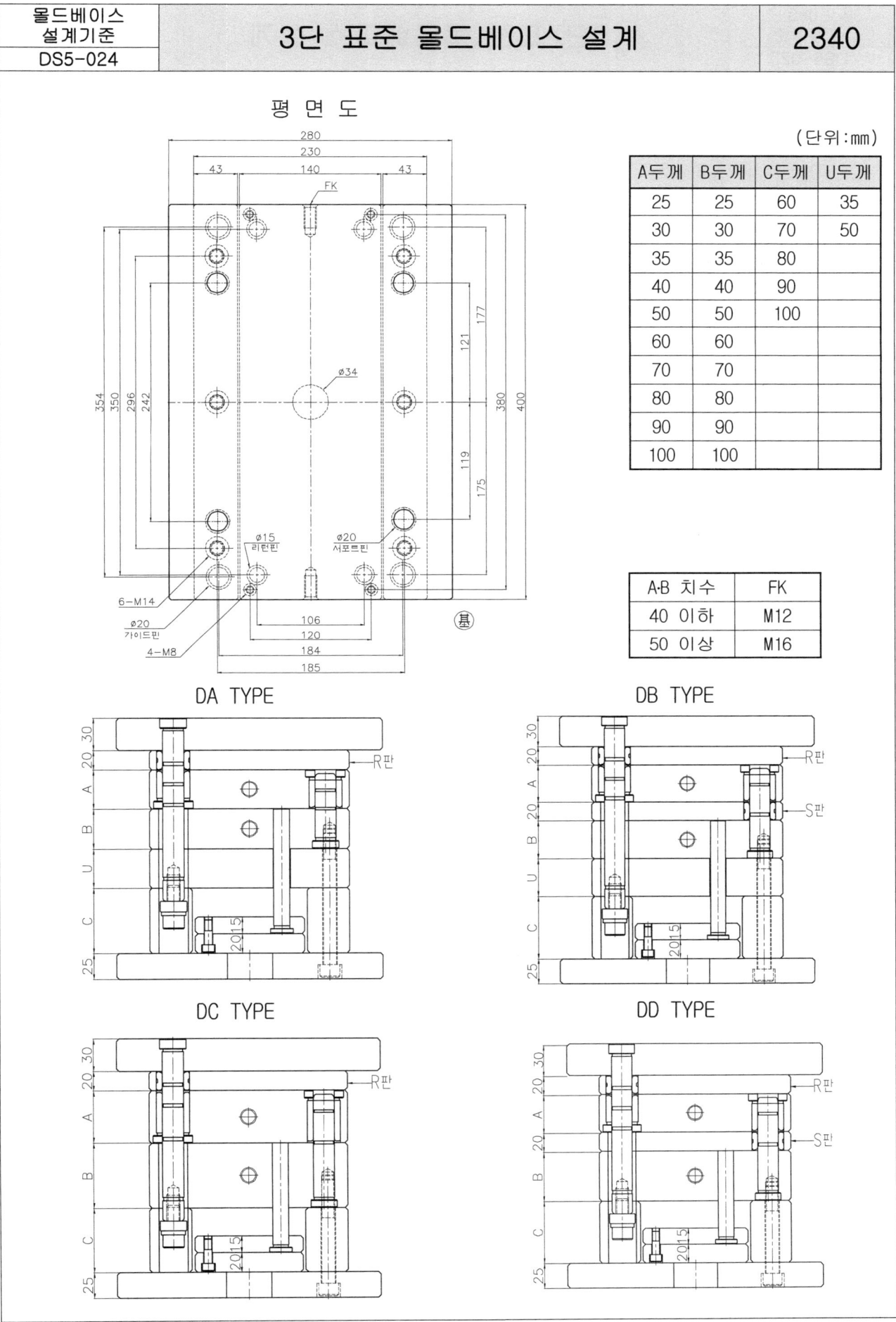

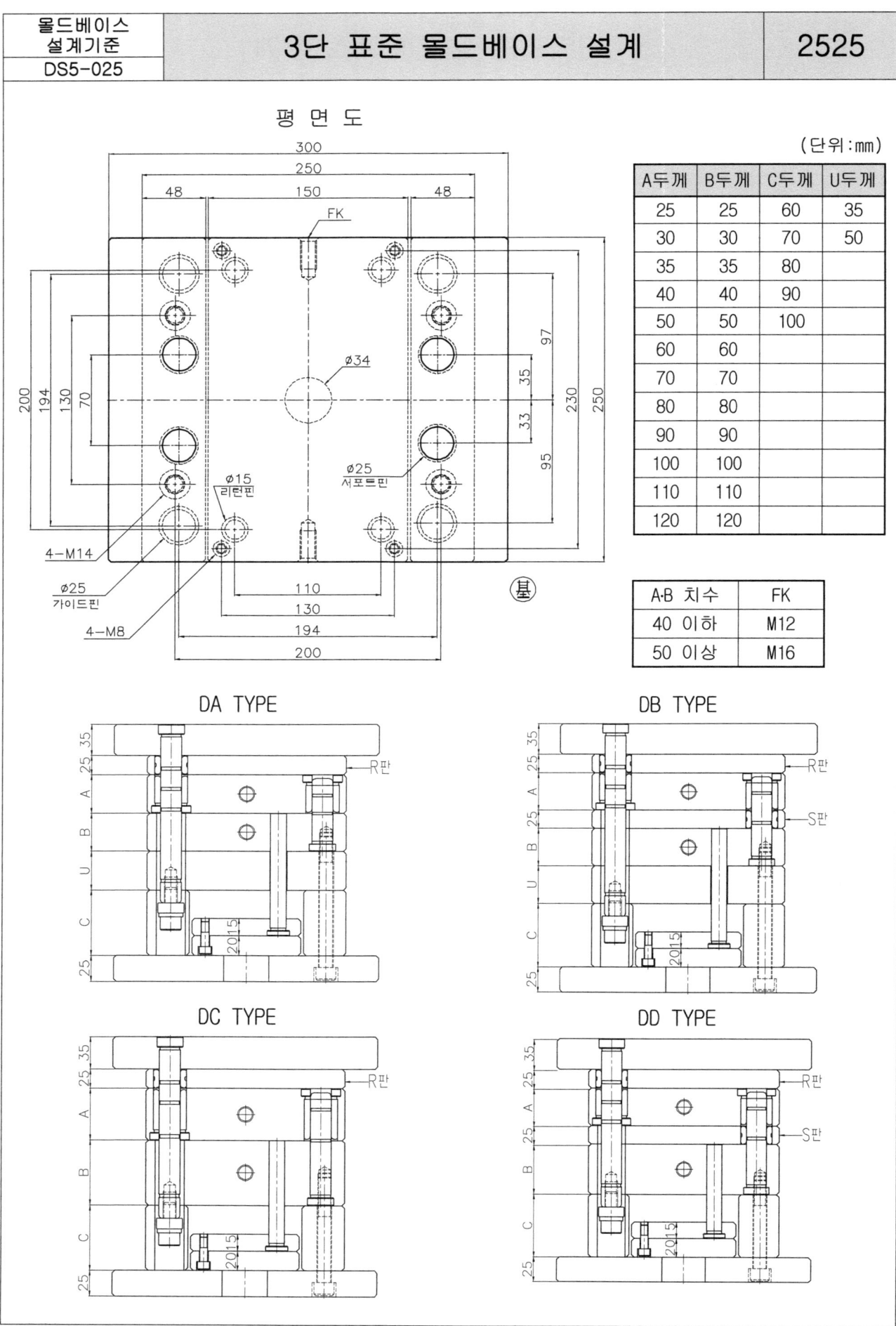

몰드베이스 설계기준 DS5-026	3단 표준 몰드베이스 설계	2527

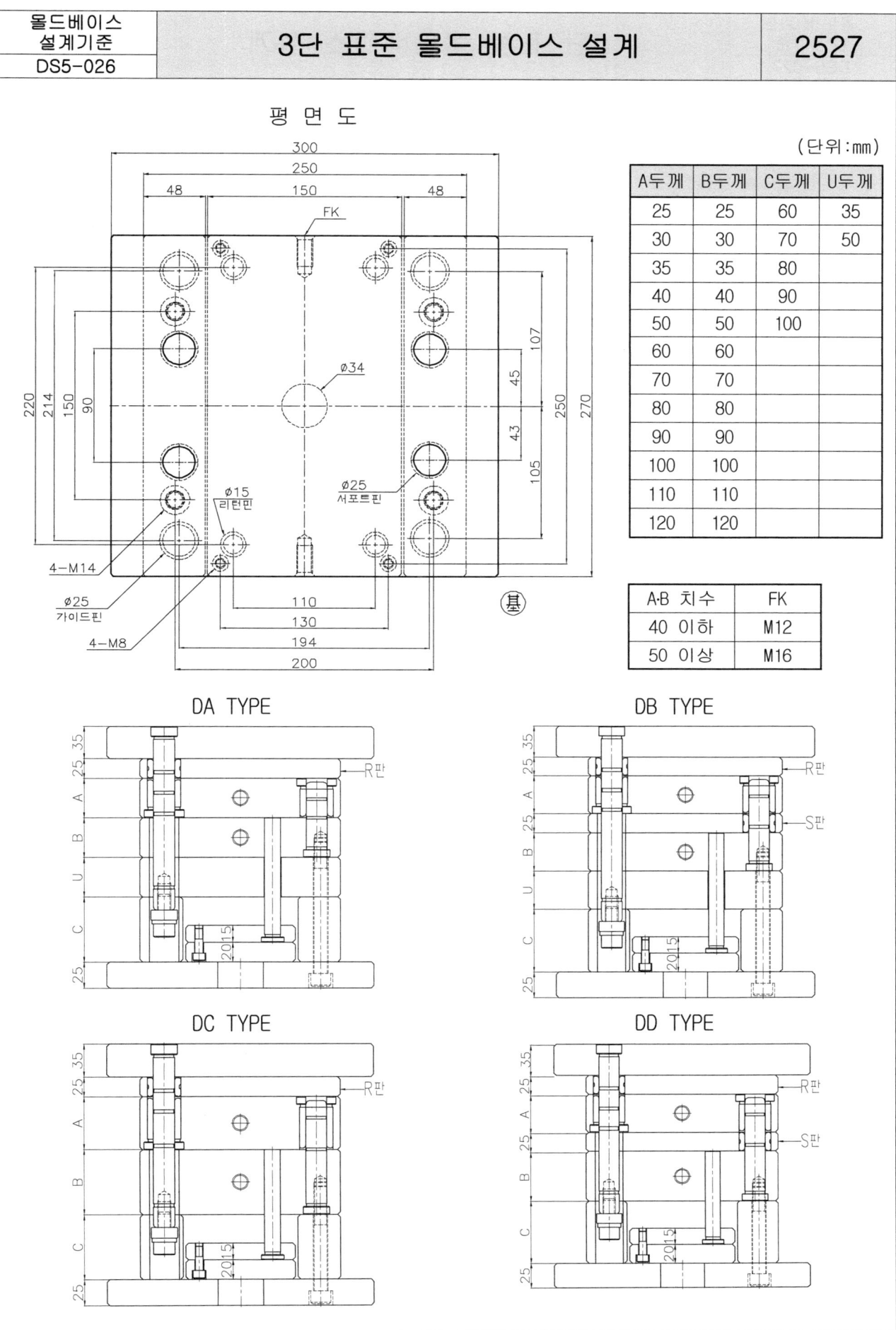

A두께	B두께	C두께	U두께
25	25	60	35
30	30	70	50
35	35	80	
40	40	90	
50	50	100	
60	60		
70	70		
80	80		
90	90		
100	100		
110	110		
120	120		

A·B 치수	FK
40 이하	M12
50 이상	M16

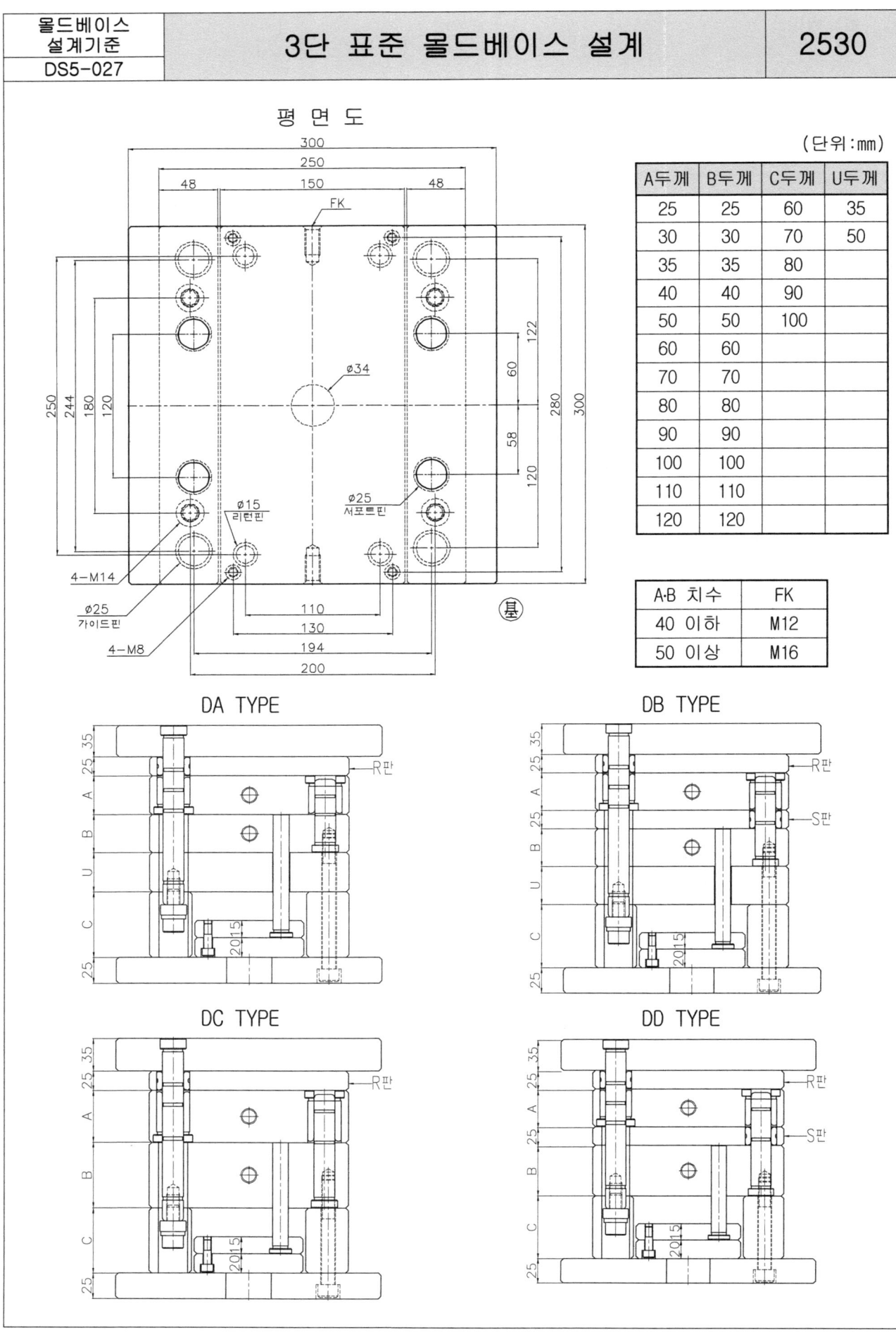

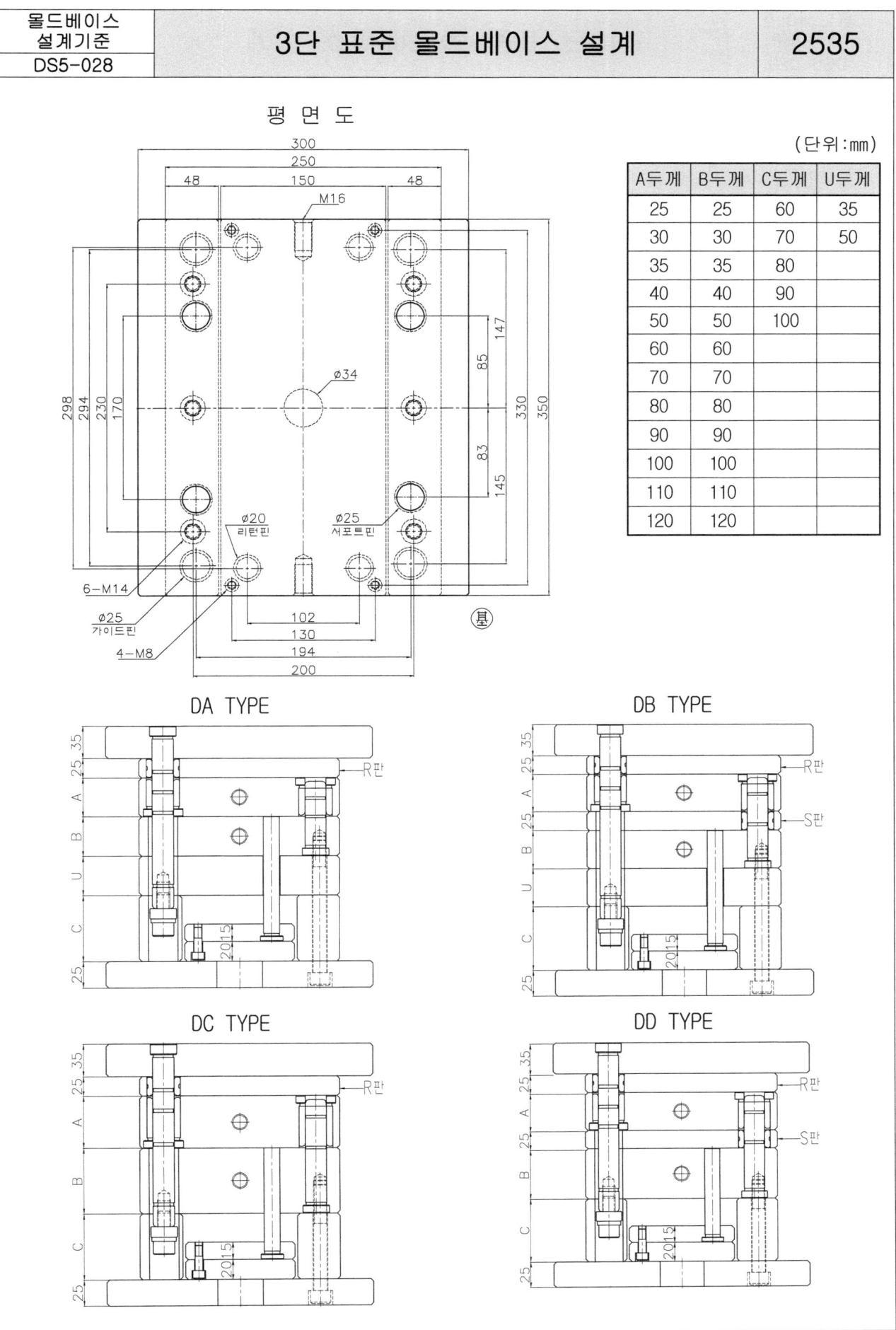

A두께	B두께	C두께	U두께
25	25	60	35
30	30	70	50
35	35	80	
40	40	90	
50	50	100	
60	60		
70	70		
80	80		
90	90		
100	100		
110	110		
120	120		

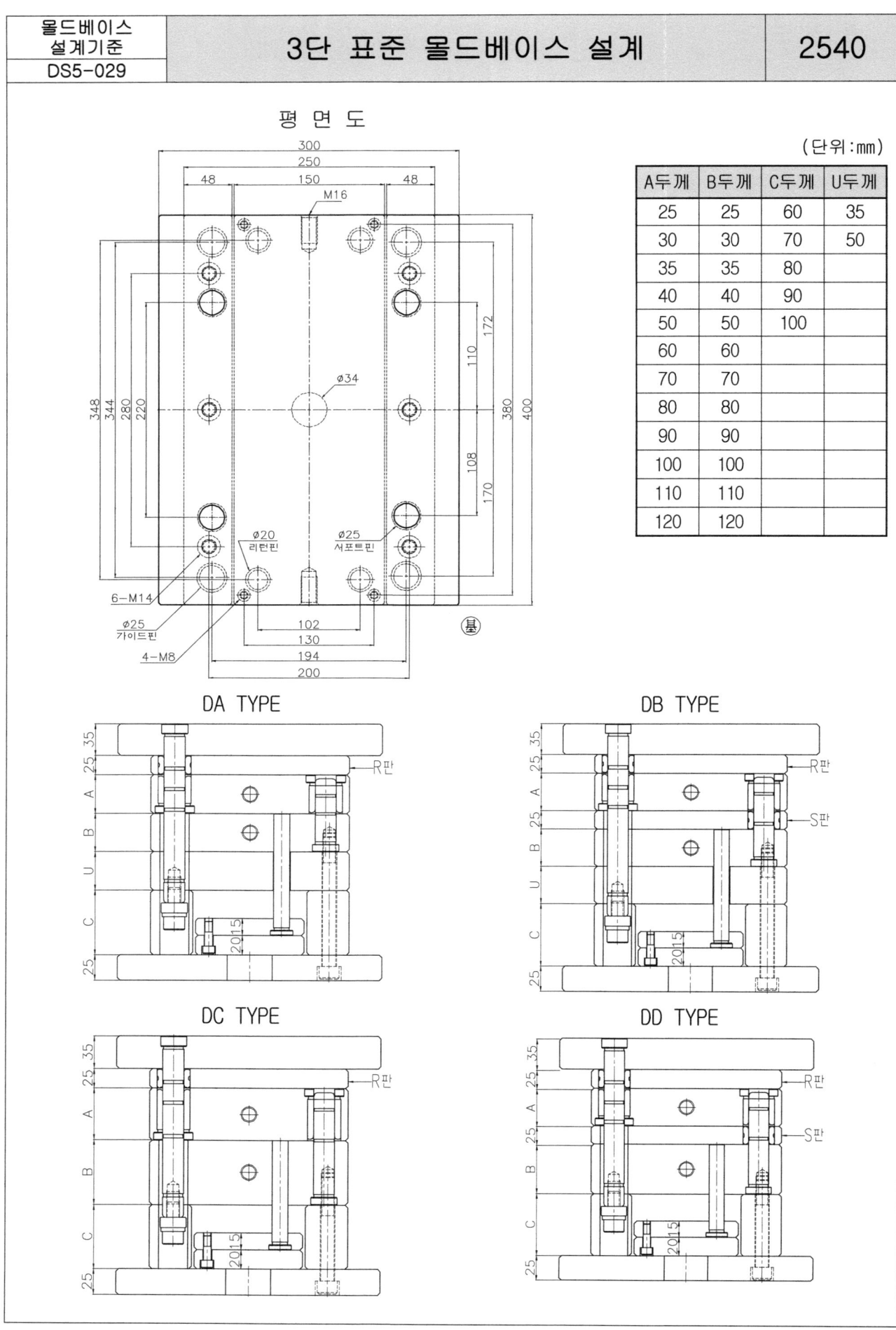

| 몰드베이스 설계기준 DS5-030 | 3단 표준 몰드베이스 설계 | 2545 |

평면도

(단위:mm)

A두께	B두께	C두께	U두께
25	25	60	35
30	30	70	50
35	35	80	
40	40	90	
50	50	100	
60	60		
70	70		
80	80		
90	90		
100	100		
110	110		
120	120		

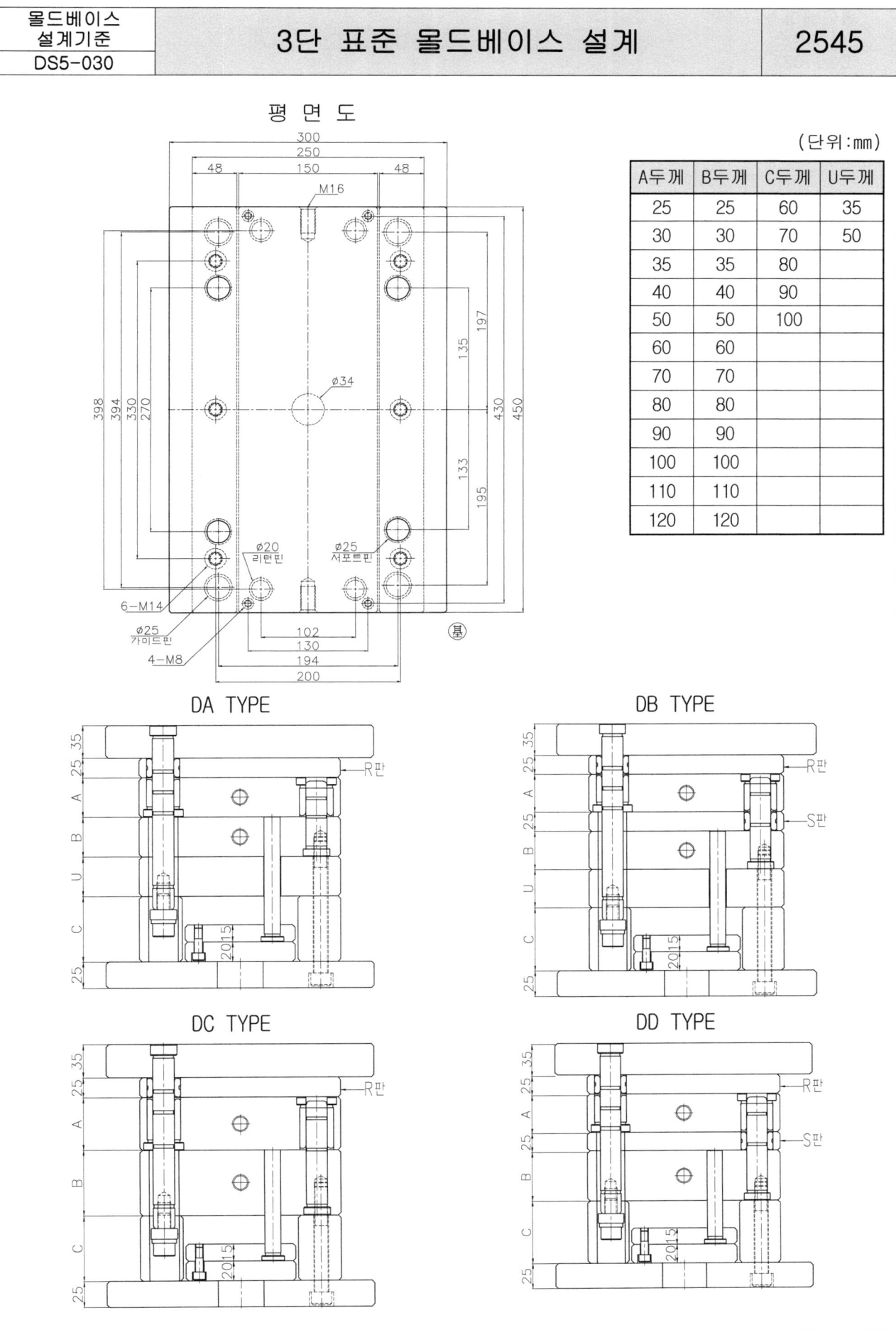

DA TYPE DB TYPE DC TYPE DD TYPE

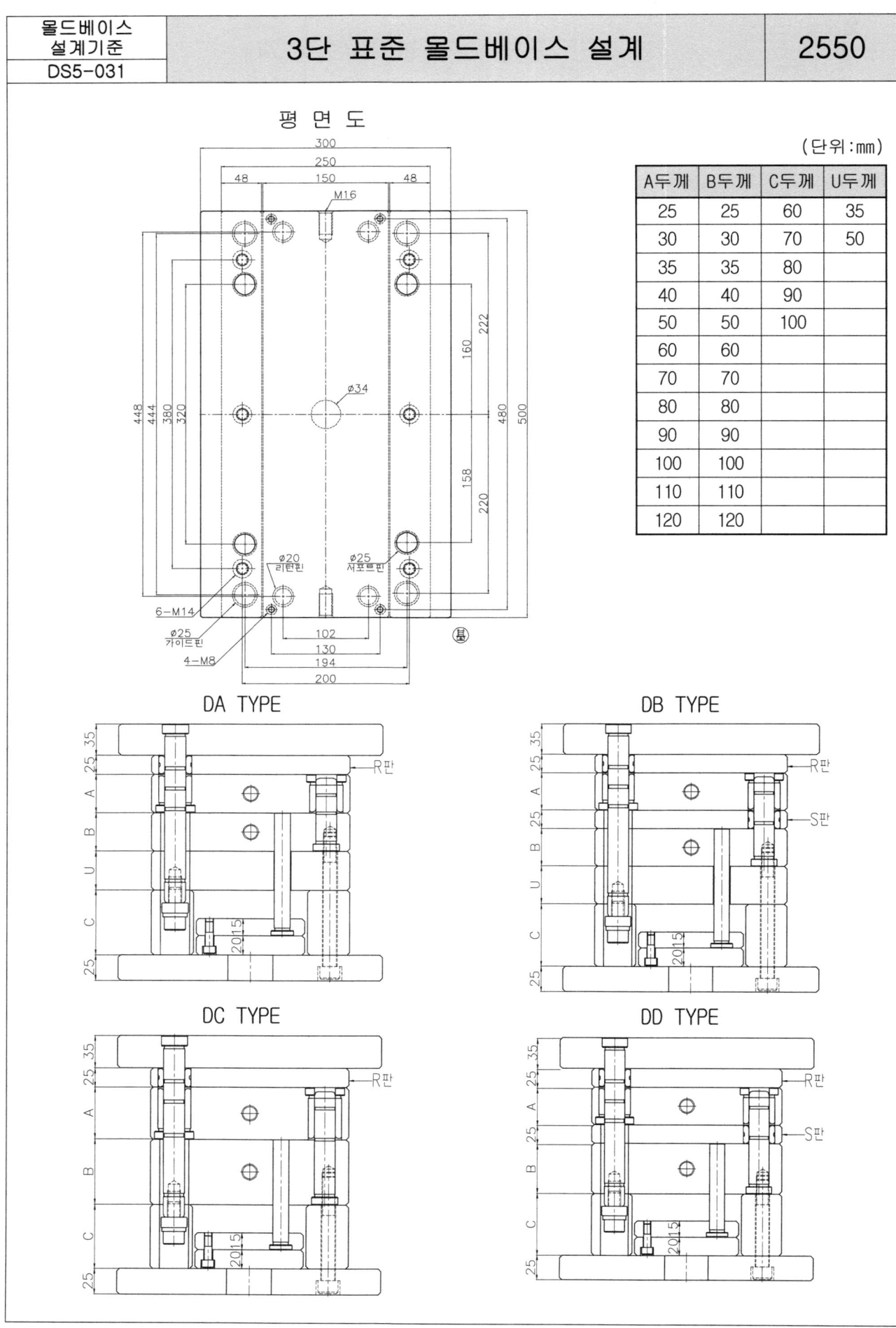

| 몰드베이스 설계기준 DS5-032 | 3단 표준 몰드베이스 설계 | 2730 |

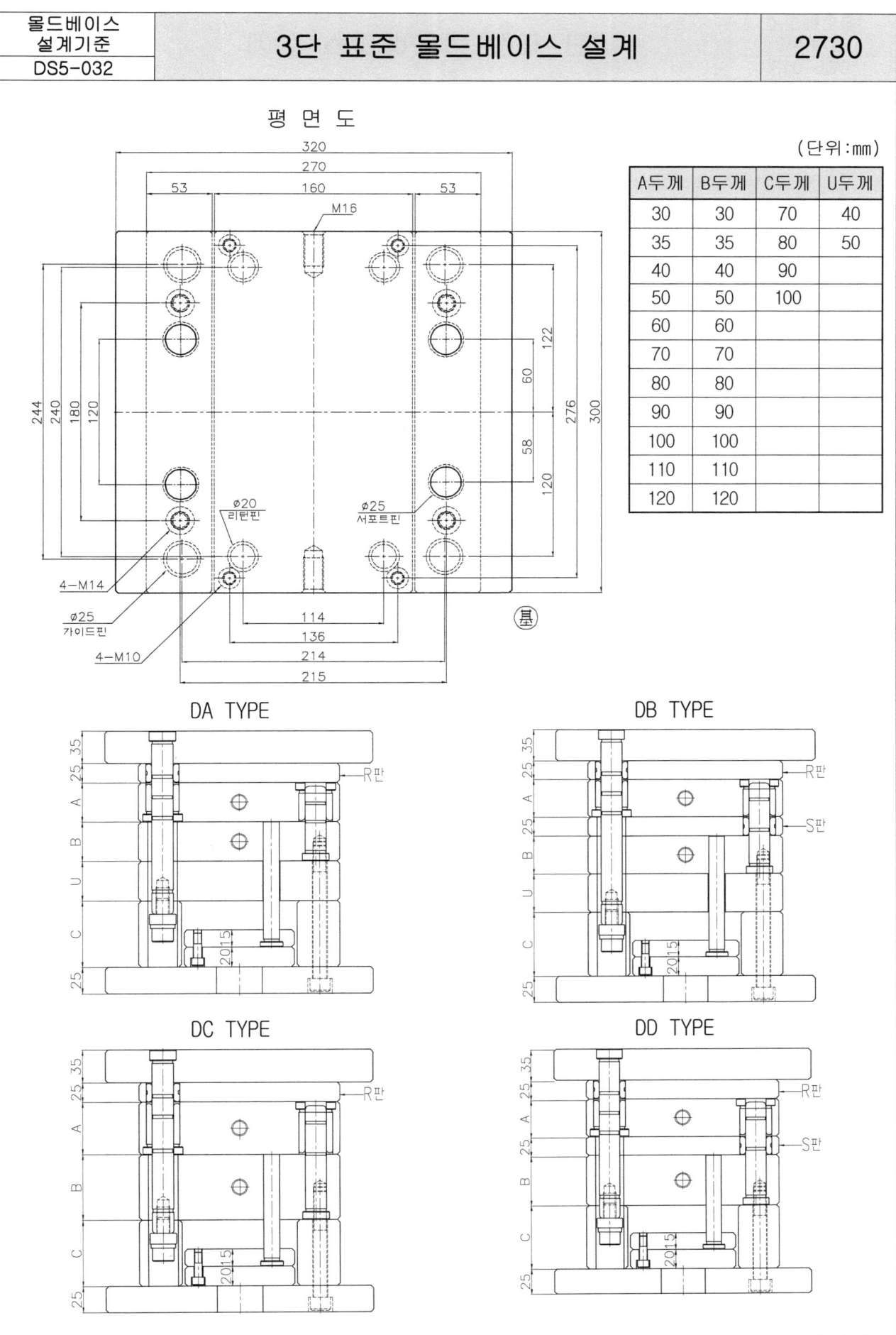

A두께	B두께	C두께	U두께
30	30	70	40
35	35	80	50
40	40	90	
50	50	100	
60	60		
70	70		
80	80		
90	90		
100	100		
110	110		
120	120		

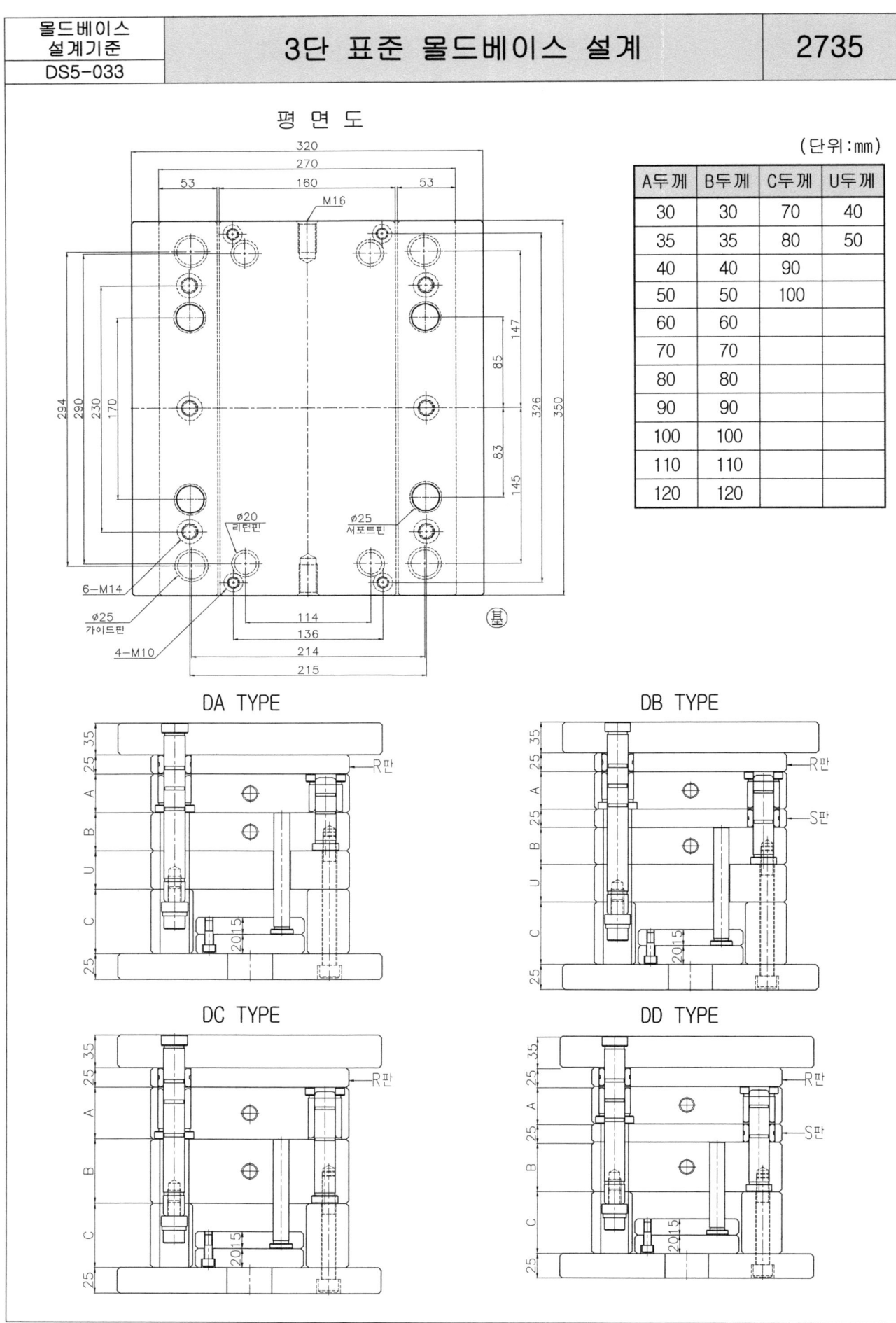

몰드베이스 설계기준 DS5-034	3단 표준 몰드베이스 설계	2740

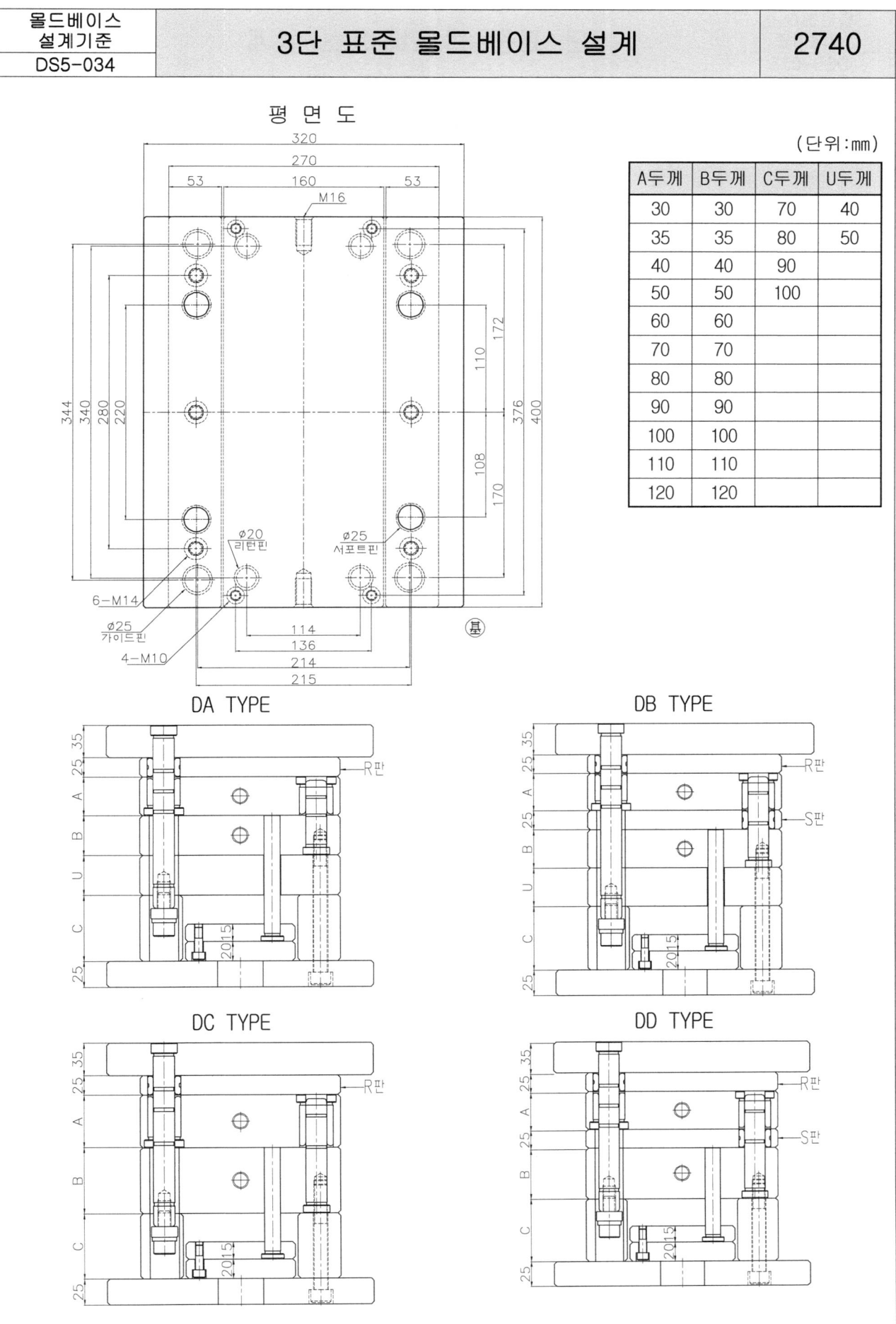

A두께	B두께	C두께	U두께
30	30	70	40
35	35	80	50
40	40	90	
50	50	100	
60	60		
70	70		
80	80		
90	90		
100	100		
110	110		
120	120		

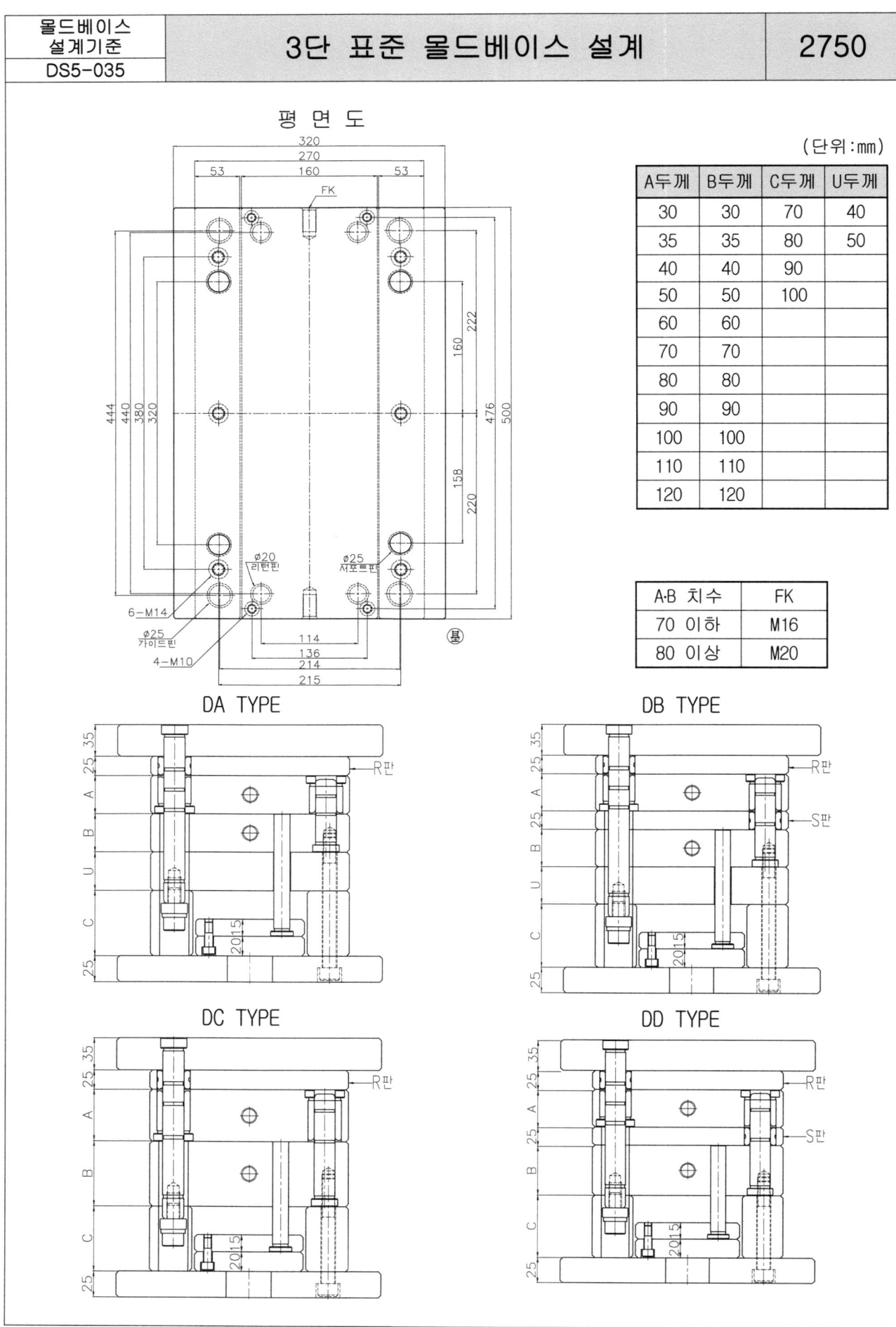

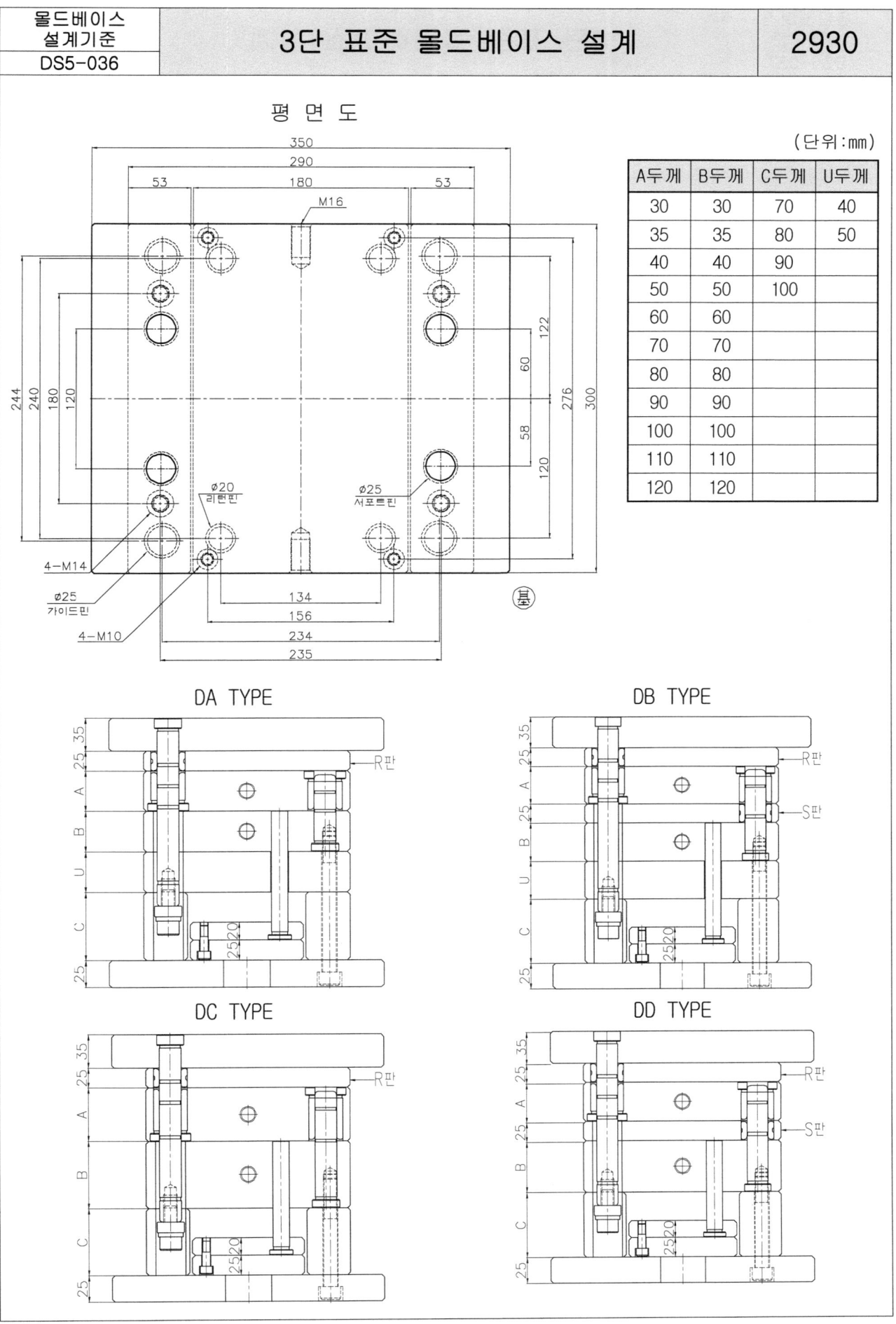

3단 표준 몰드베이스 설계 — 2930

몰드베이스 설계기준 DS5-036

A두께	B두께	C두께	U두께
30	30	70	40
35	35	80	50
40	40	90	
50	50	100	
60	60		
70	70		
80	80		
90	90		
100	100		
110	110		
120	120		

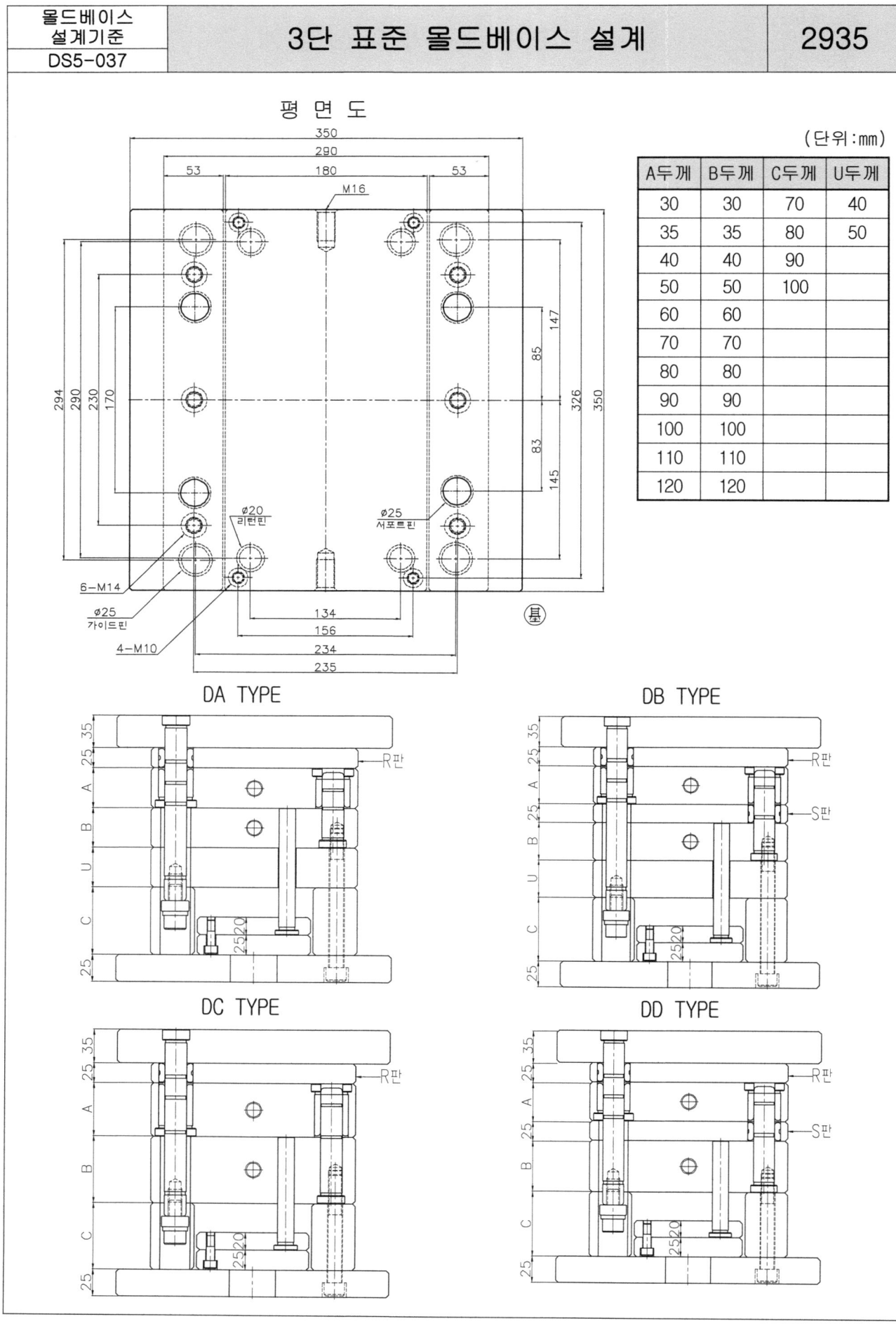

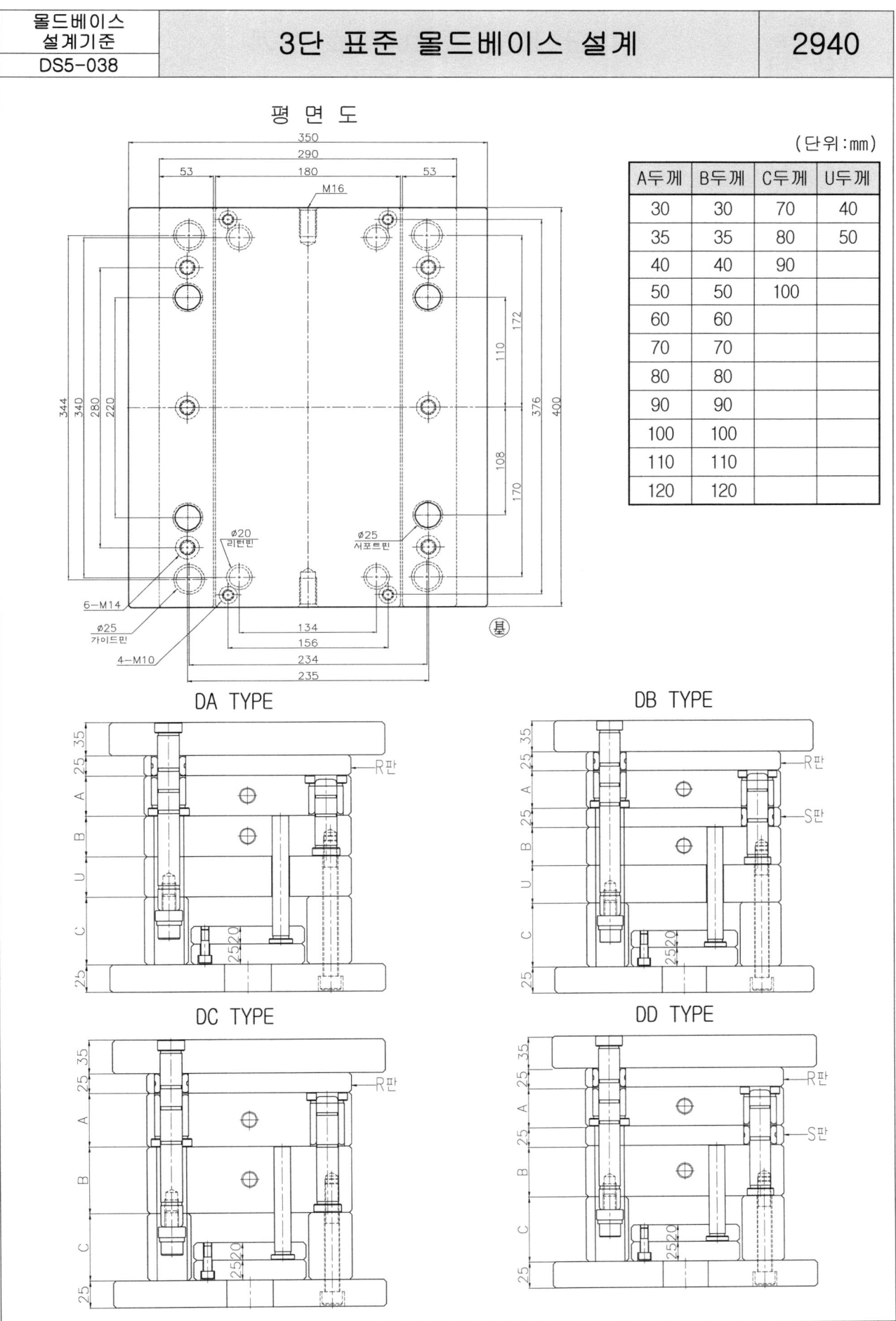

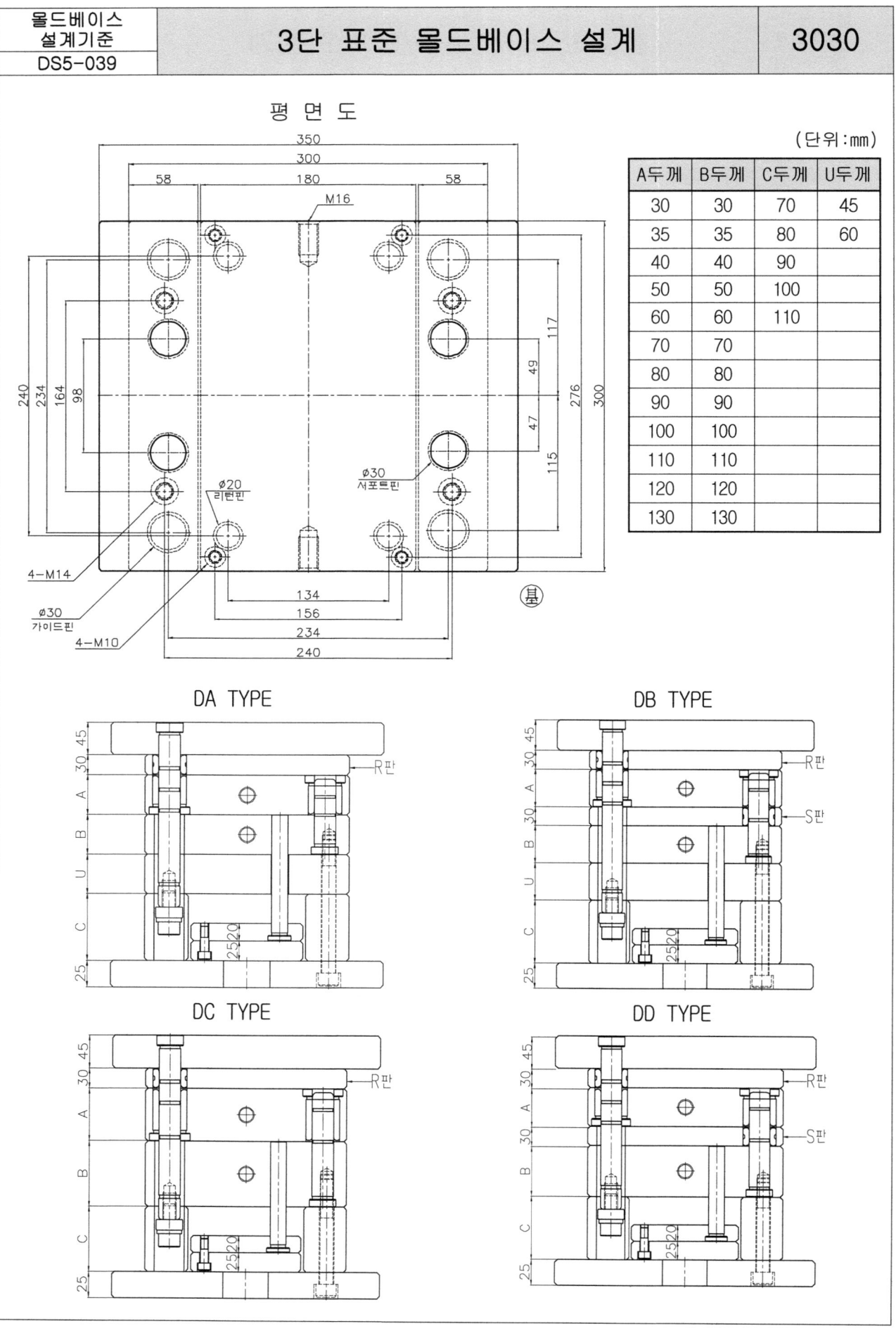

3단 표준 몰드베이스 설계

몰드베이스 설계기준 DS5-040 | 3032

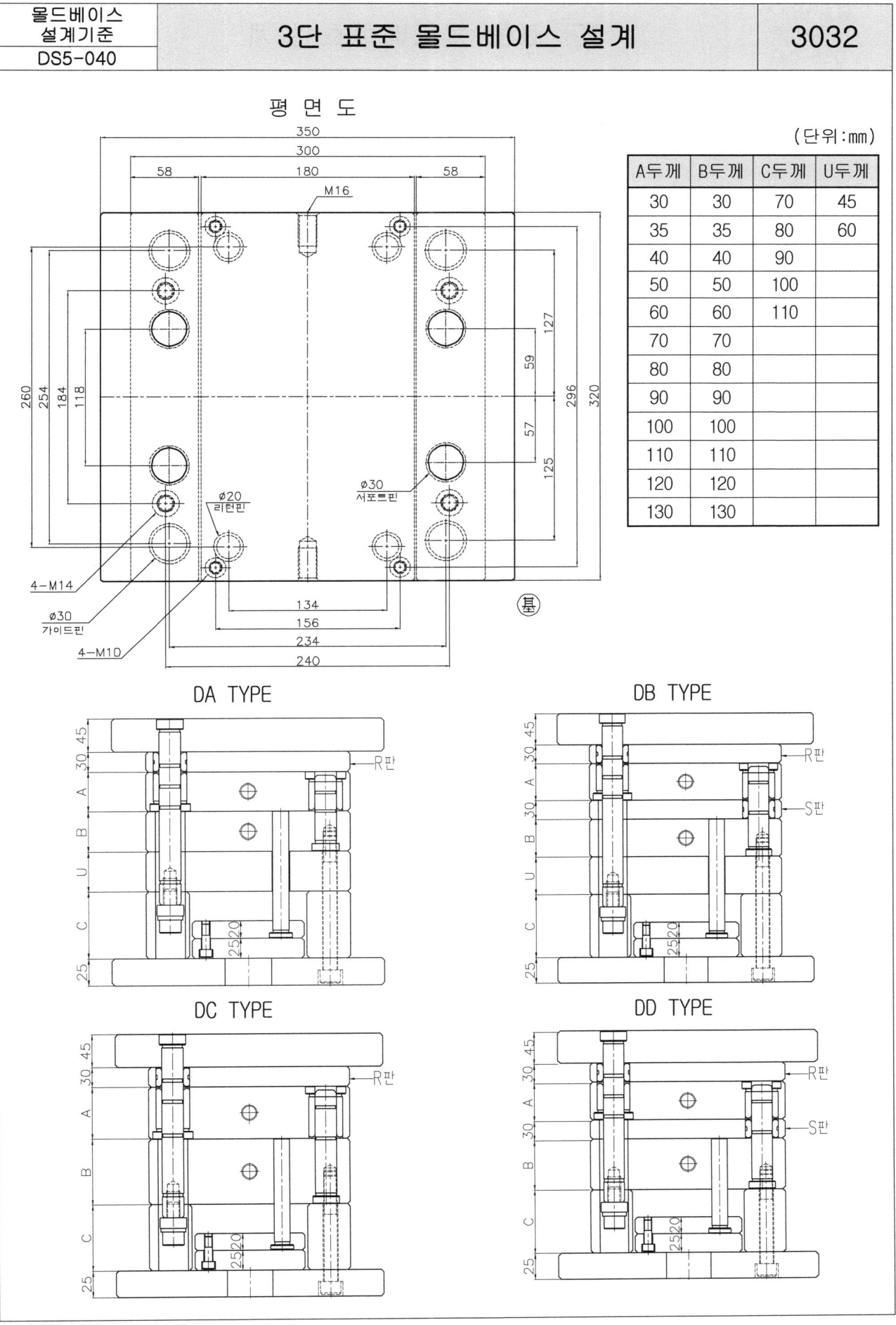

(단위:mm)

A두께	B두께	C두께	U두께
30	30	70	45
35	35	80	60
40	40	90	
50	50	100	
60	60	110	
70	70		
80	80		
90	90		
100	100		
110	110		
120	120		
130	130		

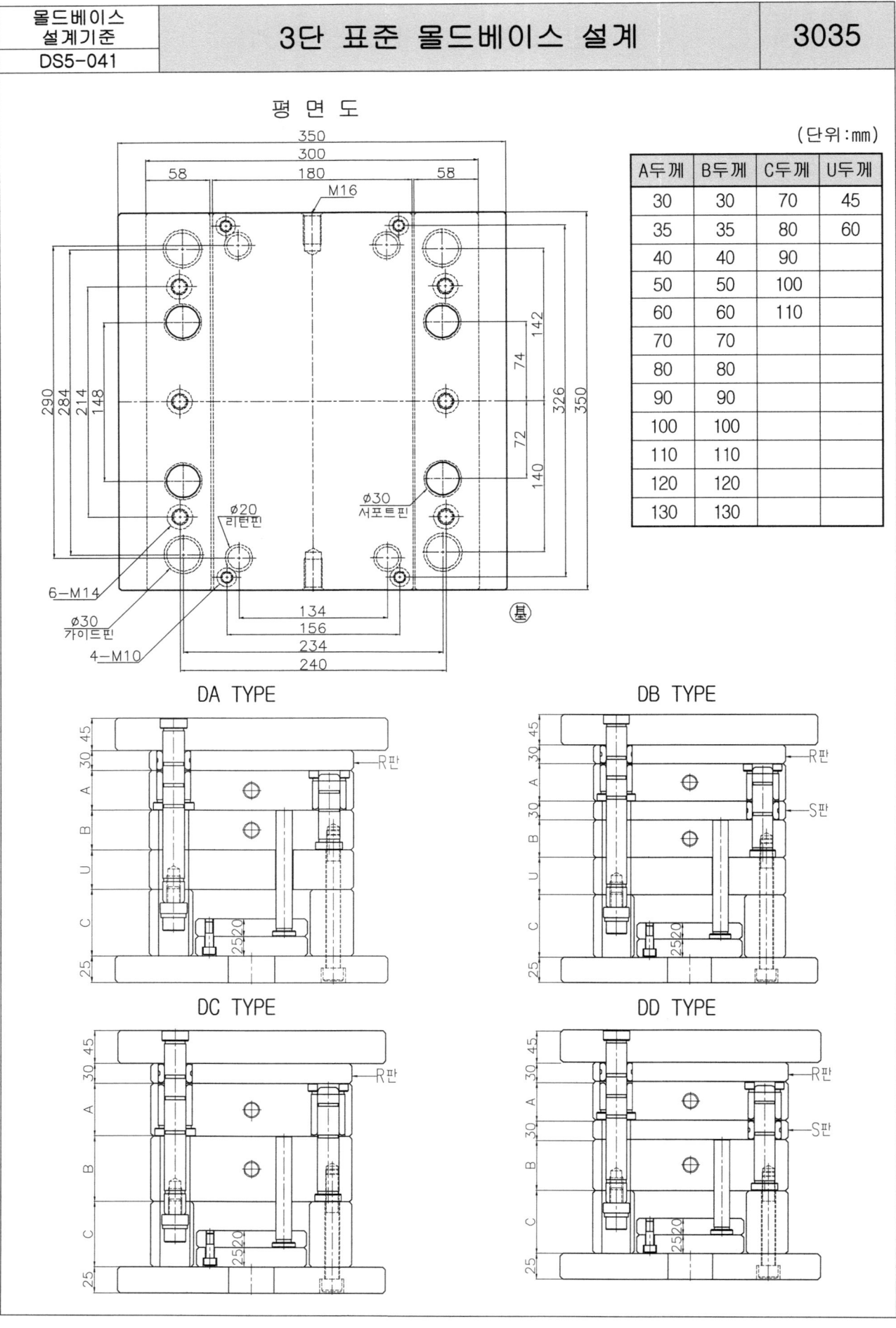

A두께	B두께	C두께	U두께
30	30	70	45
35	35	80	60
40	40	90	
50	50	100	
60	60	110	
70	70		
80	80		
90	90		
100	100		
110	110		
120	120		
130	130		

| 몰드베이스
설계기준
DS5-042 | 3단 표준 몰드베이스 설계 | 3040 |

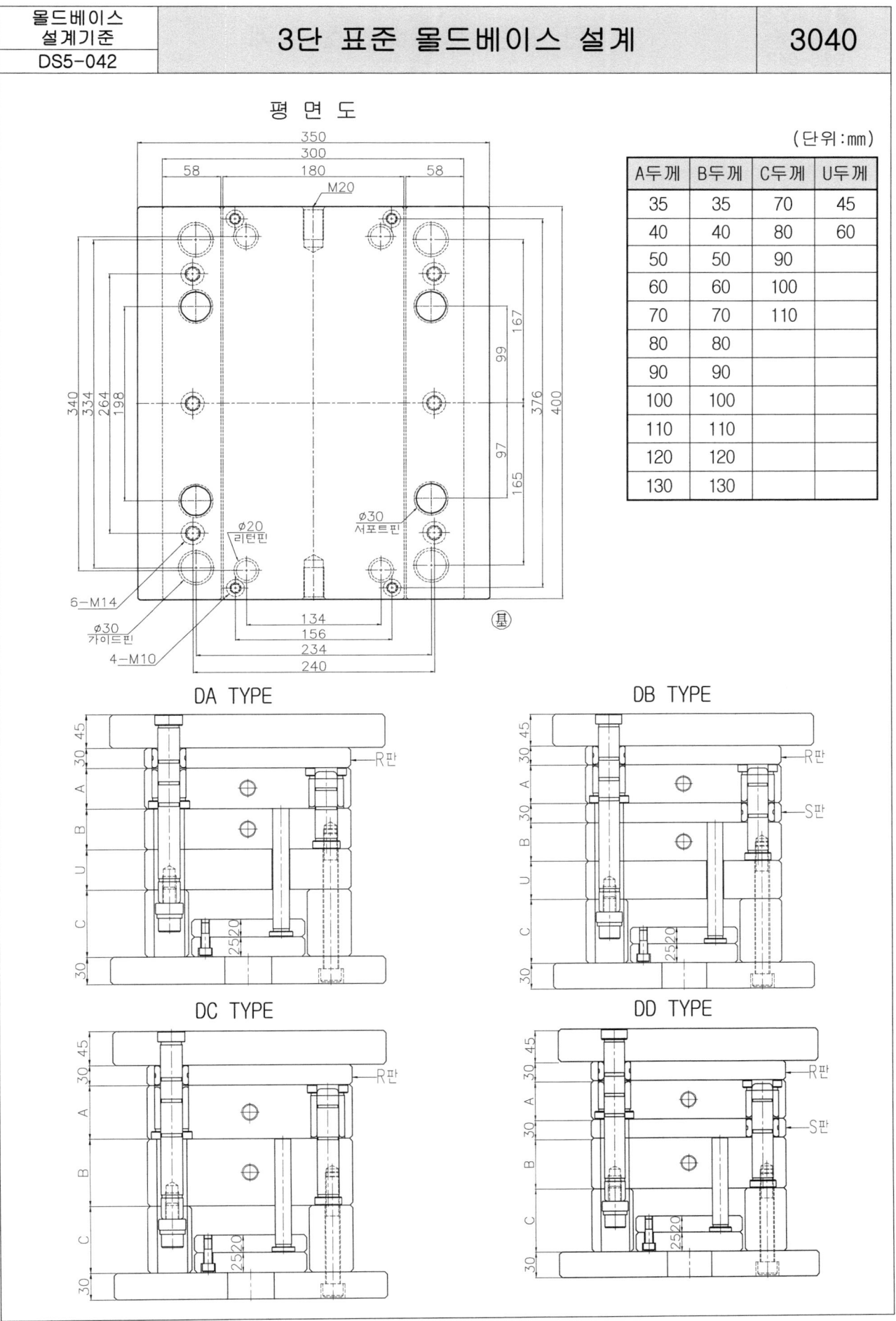

(단위:mm)

A두께	B두께	C두께	U두께
35	35	70	45
40	40	80	60
50	50	90	
60	60	100	
70	70	110	
80	80		
90	90		
100	100		
110	110		
120	120		
130	130		

| 몰드베이스 설계기준 DS5-043 | 3단 표준 몰드베이스 설계 | 3045 |

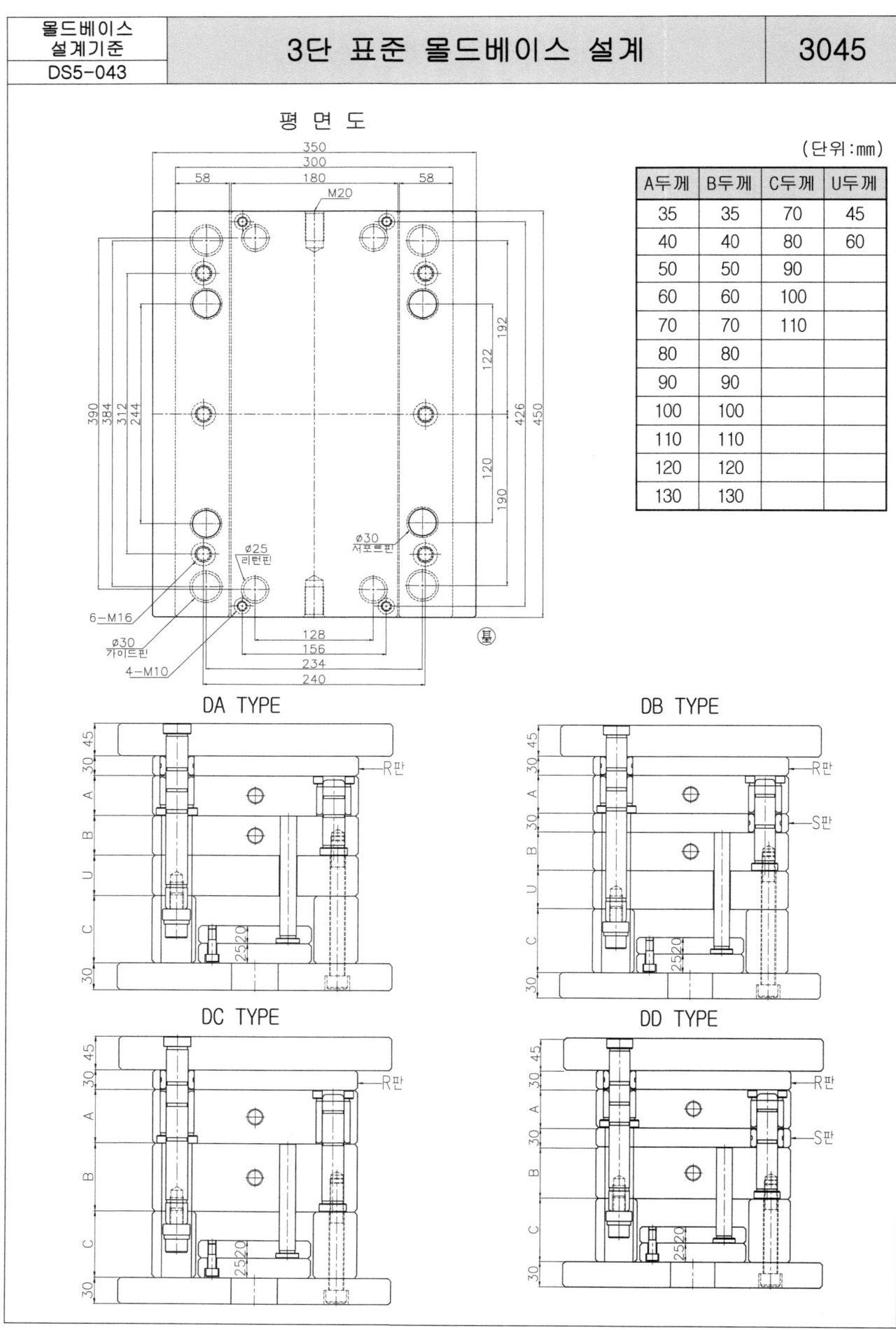

(단위:mm)

A두께	B두께	C두께	U두께
35	35	70	45
40	40	80	60
50	50	90	
60	60	100	
70	70	110	
80	80		
90	90		
100	100		
110	110		
120	120		
130	130		

몰드베이스 설계기준 DS5-044	3단 표준 몰드베이스 설계	3050

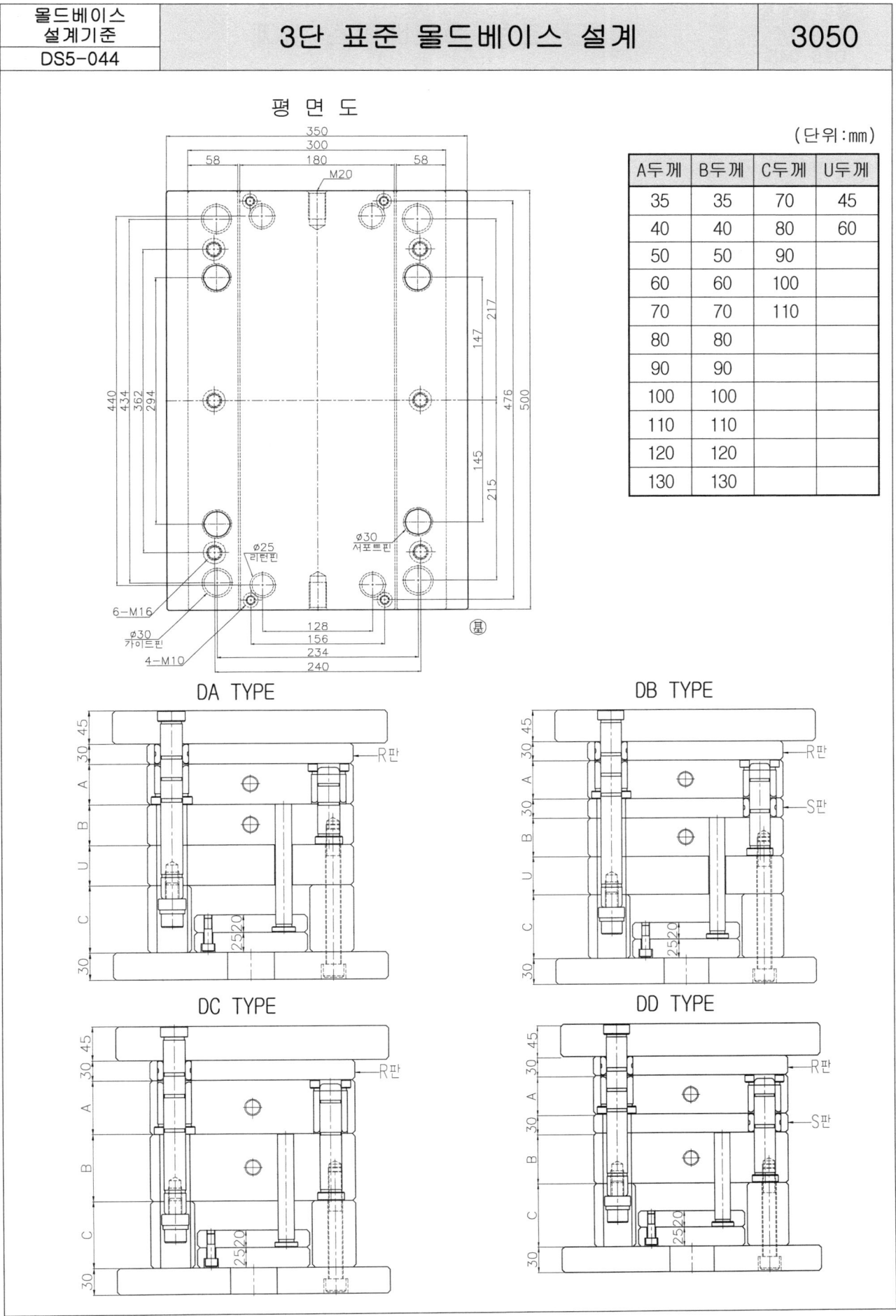

(단위:mm)

A두께	B두께	C두께	U두께
35	35	70	45
40	40	80	60
50	50	90	
60	60	100	
70	70	110	
80	80		
90	90		
100	100		
110	110		
120	120		
130	130		

| 몰드베이스 설계기준 DS5-045 | 3단 표준 몰드베이스 설계 | 3055 |

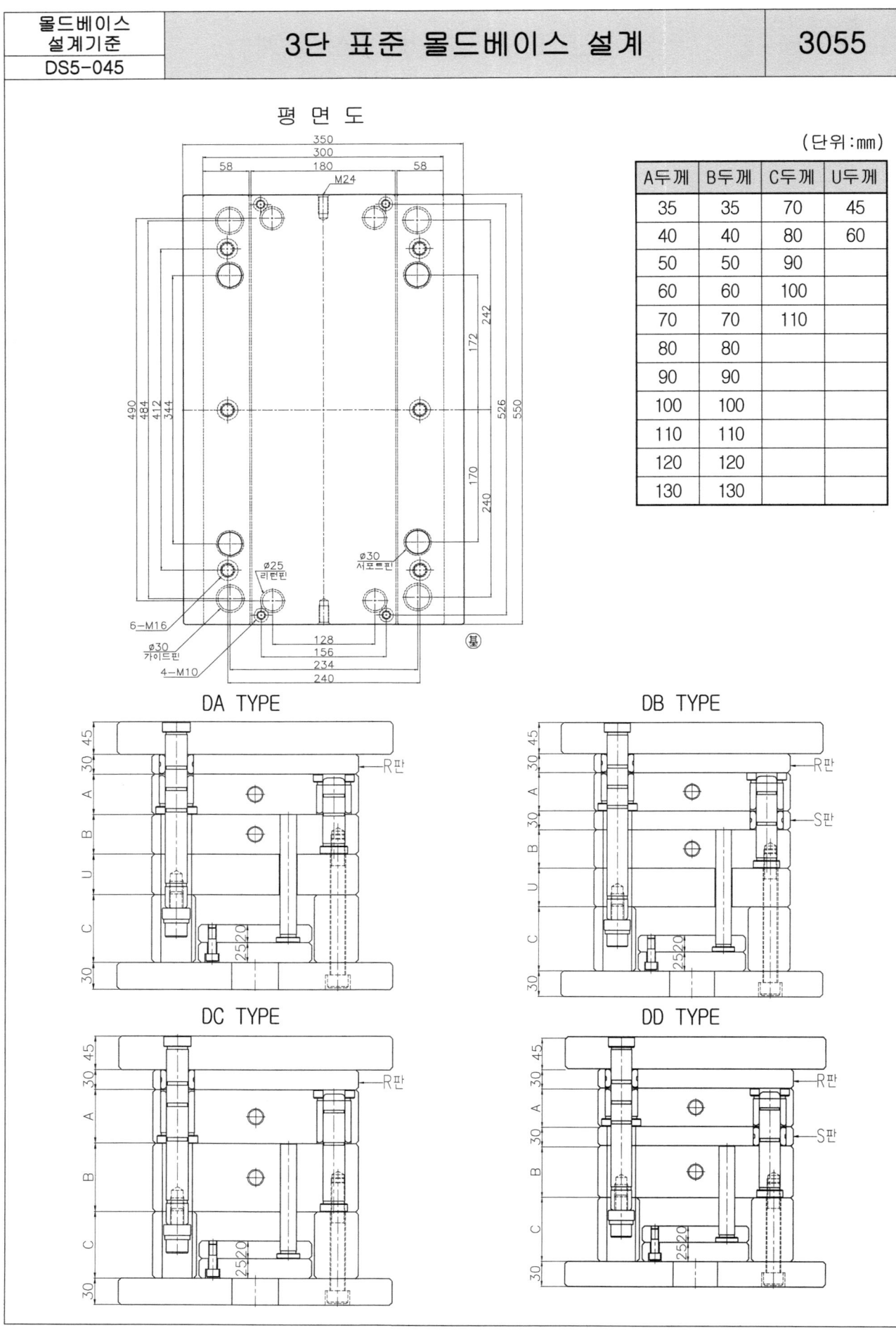

(단위:mm)

A두께	B두께	C두께	U두께
35	35	70	45
40	40	80	60
50	50	90	
60	60	100	
70	70	110	
80	80		
90	90		
100	100		
110	110		
120	120		
130	130		

| 몰드베이스 설계기준 DS5-046 | 3단 표준 몰드베이스 설계 | 3060 |

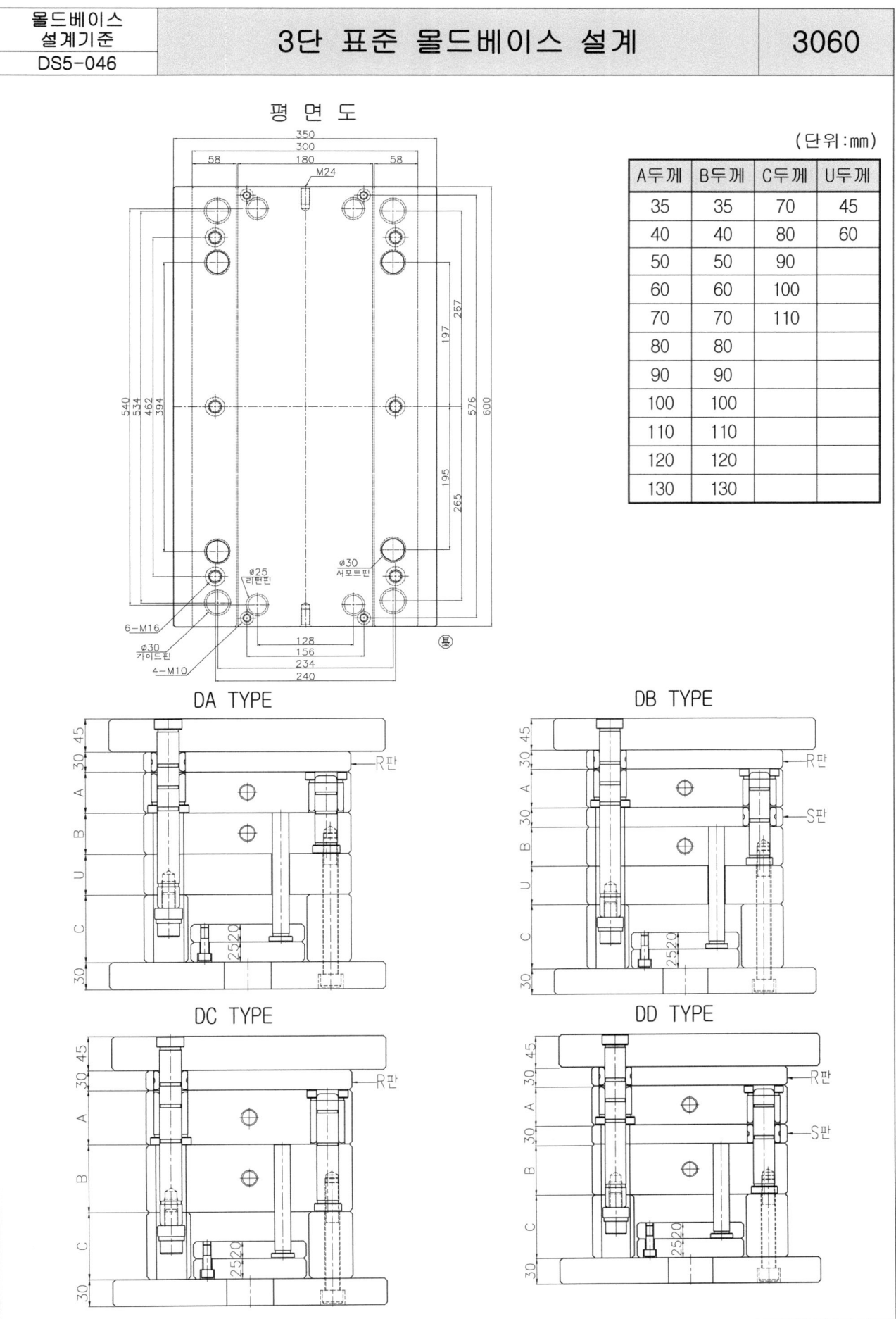

(단위:mm)

A두께	B두께	C두께	U두께
35	35	70	45
40	40	80	60
50	50	90	
60	60	100	
70	70	110	
80	80		
90	90		
100	100		
110	110		
120	120		
130	130		

제 6 장

사출 금형 설계이론

사출금형설계이론
DS6-001

국제 SI 단위계

1). 국제단위계(SI) 사용법

1-1) 적용 : 이 규격은 국제 단위계(SI) 및 국제 단위계에 의한 단위의 사용법과 국제 단위계에 의한 단위와 병용하는 단위 및 병용해도 좋은 단위에 대해 규정한다.

1-2) 용어와 정의 : 이 규격에서 사용하는 주요 용어와 정의는 다음과 같다.

(1) **국제 단위계 (SI)** : 국제 도량형 총회에서 채용하여 권장한 일관된 단위계. 기본 단위, 보조 단위 및 이 두 가지 단위를 조립한 조립 단위와 이들 단위의 10의 정수 승배로 이루어진다. SI는 국제 단위계의 약칭이다.

(2) **SI 단위** : 국제 단위계(SI)의 기본 단위, 보조 단위 및 조립 단위의 총칭.

(3) **기본 단위** : [표1]에 나타내는 것을 기본 단위로 한다.

(4) **보조 단위** : [표2]에 나타내는 것을 보조 단위로 한다.

표 1 기본단위

양	단위명칭	단위기호	정 의
길이	미터	m	미터는 빛의 진공상태에서 1 / 299 792 458 초의 시간 동안 진행하는 거리.
질량	킬로그램	kg	킬로그램은 (중량도 힘도 아닌) 질량 단위로 국제 킬로그램 원기의 질량과 같다.
시간	초	s	초는 세슘 133의 원자의 바닥 상태에 있는 2개의 초미세 준위 사이의 전이에 대응하는 복사선의 9 192 631 770주기의 지속 시간
전류	암페어	A	암페어는 무한히 길고, 무한히 작은 원형 단면적을 2개의 평행한 직선 도체가 진공 속에서 1미터 간격으로 유지 될 때에 2도체 사이에 1미터 마다 2 ×10^{-7} 뉴턴의 힘을 생기게 하는 일정한 전류
열역학온도	켈빈	K	켈빈은 물과 얼음과 수증기가 공존하는 물의 2중점의 열역학 온도의 1 / 273.16
물질량	몰	mol	몰은 0.012킬로그램의 탄소12속에 존재하는 원자수와 같은 수의 요소 입자[1] 또는 요소입자의 집합체(조성이 명확한 것에 한정함)로 구성된 어떤 계의 물질량으로 요소 입자 또는 요소 입자의 집합체를 규정하는데 사용한다.
광도	칸델라	cd	칸델라는 주파수 540×10^{12} 헤르츠의 단색광을 방출하는 광원의 방사 강도가 일정 방향에 대해 매 스테라디안마다 1 / 683 와트일 때 이 방향에 대한 광도이다.

(주1) 여기서 말하는 요소 입자란 원자, 분자, 이온, 전자, 기타 입자를 말한다.

표 2 보조단위

양	단위명칭	단위기호	정 의
평면각	라디안	rad	라디안의 원주 위에서 그 반지름의 길이와 같은 호를 잘라내는 2개의 반지름 사이에 포함되는 평면각.
입체각	스테라디안	sr	스테라디안은 구의 중심을 정점으로 하고, 그 구의 반지름을 한 변으로 하는 정사각형의 면적과 같은 면적을 그 구의 표면 위에서 잘라낸 입체각.

사출금형설계이론
DS6-001

입체 형상의 체적 계산

사출금형설계이론 DS6-002

입체	체적	입체	체적	입체	체적
경사면 원추	$V=\frac{\pi}{4}d^2h$ $=\frac{\pi}{4}d^2\left(\frac{h_1+h_2}{2}\right)$	중공원추(관)	$V=\frac{\pi}{4}h(D^2-d^2)$ $=\pi th(D-t)$ $=\pi th(d+t)$	원추형	$V=\frac{\pi}{3}r^2h$ $=1.0472r^2h$
각뿔	$V=\frac{h}{3}A=\frac{h}{6}arn$ A=밑면적 r=내접원의 반지름 a=정다각형의 변의 길이 n=정다각형의 변의 수	단면 각뿔	$V=\frac{h}{3}(A+a+\sqrt{Aa})$ A,a=양단면의 면적	구	$V=\frac{4}{3}\pi r^3=4.1888r^3$ $=\frac{\pi}{6}d^3=0.5236d^3$
구형 크라운	$V=\frac{\pi h^2}{3}(3r-h)$ $=\frac{\pi h}{6}(3a^2+h^2)$ a는 반지름	구형 부분	$V=\frac{2}{3}\pi r^2h$ $=2.0944r^2h$	구형벨트	$V=\frac{\pi h}{6}(3a^2+3b^2+h^2)$
타원체	$V=\frac{4}{3}\pi abc$ 회전 타원체 (b=c) 일 때는 $V=\frac{4}{3}\pi ab^2$	원환	$V=2\pi^2 Rr^2$ $=19.739Rr^2$ $=\frac{\pi^2}{4}Dd^2$ $=2.4674Dd^2$	통형	원주가 원호에 가까운 만곡을 형성할 때는 $V=\frac{\pi\ell}{12}(2D^2+d^2)$ 주위가 포물선에 가까운 만곡을 형성할 때는 $V=0.209\ell\,(2D^2Dd+1/4d^2)$

- 금속 재료의 물리적 성질

재료	밀도 [g/cm³]	열팽창계수 X 10⁻⁶ / °C	종탄성 계수 GPa	[Kgf/mm²]
연강	7.85	11.7	214	21000
NAK80	7.8	12.5	209	20500
STD61	7.75	10.8	214	21000
SKH51	8.2	10.1	227	22300
초경V40	13.9	6.0	551	54000
주철	7.3	9.2~11.8	76~107	7500~10500
STS440C	7.78	10.2	208	20400
무산소동 C1020	8.9	17.6	119	11700
6/4황동 C2801	8.4	20.8	105	10300
베릴륨동 C1720	8.3	17.1	133	13000
알루미늄 A1100	2.7	23.6	70	6900
두랄루민 A7075	2.8	23.6	73	7200
티탄	4.5	8.4	108	10600

① 중량 구하는 방법
 W[g] = 체적[cm³] x 밀도

② 열팽창에 의한 치수변화
 δ[mm]=열팽창계수 X
  전장[mm] X 온도변화[°C]

③ 종탄성계수 E에 의한 휨량
 $\lambda[mm]=\frac{AE}{PL}$
 여기서, P[Kgf] : 하중
  L[mm] : 전장길이
  A[mm²] : 단면적
  E[Kgf/mm²]:종탄성계수

끼워 맞춤 선택 기준

사출금형설계이론 DS6-003-1

1) 부품이 상대적으로 움직일 수 있는 끼워 맞춤

		H6	H7	H8	H9	적용부분	기능상의 분류	적용예
부품이 상대적으로 움직일 수 있다	틈새 끼워 맞춤							
	느슨한 맞춤				c9	-특별히 큰 틈이 있어도 되거나 틈이 필요한 동작 부분. -조립을 용이하게 하기 위해 틈을 크게 해도 되는 부분. -고온 시에도 적당한 틈을 필요로 하는 부분.	-기능상 큰 틈이 필요한 부분. (팽창한다) (위치 오차가 크다) (접합 길이가 길다)	-피스톤 링과 링 홈 -느슨한 고정 핀의 접합
	가볍게 돌려 맞춤			d9	d9	-큰 틈이 있어도 되거나 틈이 필요한 부분	-비용을 낮추고 싶다. (제작비용) (보수비용)	-크랭크 웹과 핀 베어링 (측면) -배기 밸브 박스와 스프링 슬라이딩부 -피스톤 링과 링 홈
	돌려 맞춤		e7	e8	e9	-약간 큰 틈이 있어도 되거나 틈이 필요한 동작 부분. -약간 큰 틈으로 윤활이 좋은 베어링부 -고온 고속 고부하의 베어링부 (고도의 강제 윤활)	-일반 회전 또는 슬라이딩 부분. (양호한 윤활성이 요구 된다)	-배기 밸브 장착부의 접합 숄더 볼트 (e9) -크랭크 축용 주 베어링 스톱 볼트 (eg) -일반 슬라이딩부 풀러 볼트 (eg)
	돌려 맞춤	f6	f7	f7 f8		-적당한 틈이 있어 운동이 가능한 접합 (상질의 접합) -그리스·윤활유의 일반 상온 베어링부.	-보통의 접합 부분 (분해 하는 일이 많다)	-냉각식 배기 밸브 박스 삽입부 리턴 핀 (f6) -일반적인 축과 부시 런너 로크 핀 (f6) -링크 장치와 부시
	정밀 돌려 맞춤	g5	g6			-경하중 정밀 기기의 연속 회전 부분. -틈이 작은 운동이 가능한 접합 (스피코트, 위치결정) -정밀 슬라이딩 부분.	-틈새가 거의 없는 정밀한 운동이 요구되는 부분	-링크 장치 핀과 레버 -키 와 키홈 -정밀한 제어 밸브 봉 푸셔 핀 (g6)

2) 부품이 상대적으로 움직일 수 없는 끼워 맞춤 (1)

		H6	H7	H8	H9	적용부분	기능상의 분류	적용예
부품이 상대적으로 움직일 수 없다	중간 끼워 맞춤							
	활합	h5	h6	h7 h8	h9	-윤활제를 사용하면 손으로 움직일 수 있는 접합 (상질의 위치결정) -특히 정밀한 슬라이딩 부분. -중요하지 않은 정지 부분.	접합의 결합력만으로는 힘을 전달할 수 없다.	-램과 보스의 접합 -정밀한 톱니바퀴 장치의 톱니 접합 맞춤 핀 (h7) 스프루 부시 (h6)
	압입	h5 h6	js6			-약간의 체결여유가 있어도 좋은 장착 부분. -사용 중 서로 움직이지 않도록 하고 고정밀도의 위치 결정 -나무·납 해머로 조립·분해할 수 있는 정도의 접합.		-조인트 플랜지간의 접합 -거버너(조속기)웨어와 핀 -톱니바퀴 림과 보스의 접합
	박아넣기	js5	k6			-조립·분해에 철 해머나 핸드 프레스를 사용할 정도의 접합. (부품 상호간의 축 회전 방지에는 키 등이 필요) -고정밀도의 위치 필요.	부품을 손상시키지 않고 분해·조립할 수 있다.	-톱니바퀴 펌프 축과 케이싱의 고정 -리머볼트 테이퍼 핀세트의 압입부 (k6)
	박아넣기	k5	m6			-조립·분해에 대해서 상기와 동일 -약간의 틈도 허용되지 않는 고 정밀 위치 결정		-리머 볼트 맞춤핀 (m6) -유압기기 피스톤과 축의 고정 볼버튼 (k5) -조인트 플랜지와 축의 접합
	경압입	m5	n6			-조립·분해에 상당한 힘을 필요로 하는 접합. -고정밀도의 고정 장착 (큰 토크의 전동에는 키 등이 필요)	작은 힘이면 접합의 결합력으로 전달할 수 있다.	-변형 축 조인트와 톱니바퀴 (수동측) -고정밀도 접합 가이드핀 & 부시 (m5) -흡입밸브, 밸브안내 삽입 앵귤러 핀 (m5)

사출금형설계이론
DS6-003-2

끼워 맞춤 선택 기준

3) 부품이 상대적으로 움직일 수 없는 끼워 맞춤 (2)

			H6	H7	H8	H9	적용부분	기능상의 분류	적용예
부품이 상대적으로 움직일 수 없다	억지 끼워 맞춤	압입	n5 n6	p6			-조립·분해에 큰 힘을 필요로 하는 접합 (큰 토크의 전동에는 키 등이 필요) 단, 비철 부품끼리의 경우에 압입력은 경압력 정도가 된다. 철과 철, 청동과 동의 표준적인 압입 고정.	작은 힘이면 접합의 결합력으로 전달할 수 있다	-흡입 밸브, 밸브 안내 삽입 **맞춤핀(p6)** -톱니바퀴 축의고정 **스톱핀(p6)** -변형 조인트 축과 톱니바퀴 (구동측)
		강압입 ·수축 끼워맞춤 ·냉각 끼워맞춤	p5	r6			-조립·분해에 대해서는 상기와 동일. -큰 치수는 부품에서는 수축 끼워맞춤, 냉각 끼워 맞춤, 강압입이 된다.	부품을 손상시키지 않고는 분해·조립이 어렵다.	-조인트 축
									-베이링 부시의 접합 고정
			r5	s6 t6 u6 x6			-서로 단단하게 고정되어, 조립에는 수축 끼워맞춤, 냉각 끼워맞춤, 강압입 필요하며, 분해할 일이 없는 영구적 조립이 된다. -경합금의 경우에는 압입 정도가 된다.	접합의 결합력으로 상당한 힘을 전달할 수 있다.	-흡입밸브,밸브 시트 삽입 -조인트 플랜지와 축 고정 (큰 토크)
									-구동 톱니바퀴 림과 보스의 고정 -베이링 부시 접합 고정

4) 표준 홀 공차 등급 및 표준 축의 공차 등급
   (부표 1, 부표 2 참조)

제6장 사출 금형 설계이론 181

구멍(홀)의 공차 등급 (단위: μm)

기준치수 구분 (mm) 초과	이하	B10	C9	C10	D8	D9	D10	E7	E8	E9	F6	F7	F8	G6	G7	H6	H7	H8	H9	H10	JS6	JS7	K6	K7	M6	M7	N6	N7	P6	P7	R7	S7	T7	U7	X7
—	3	+180 +140	+85 +60	+100 +60	+34 +20	+45 +20	+60 +20	+24 +14	+28 +14	+39 +14	+12 +6	+16 +6	+20 +6	+8 +2	+12 +2	+6 0	+10 0	+14 0	+25 0	+40 0	±3	±5	0 −6	0 −10	−2 −8	−2 −12	−4 −10	−4 −14	−6 −12	−6 −16	−10 −20	−14 −24	—	−18 −28	−20 −30
3	6	+188 +140	+100 +70	+118 +70	+48 +30	+60 +30	+78 +30	+32 +20	+38 +20	+50 +20	+18 +10	+22 +10	+28 +10	+12 +4	+16 +4	+8 0	+12 0	+18 0	+30 0	+48 0	±4	±6	+2 −6	+3 −9	−1 −9	0 −12	−5 −13	−4 −16	−9 −17	−8 −20	−11 −23	−15 −27	—	−19 −31	−24 −36
6	10	+208 +150	+166 +80	+138 +80	+62 +40	+76 +40	+98 +40	+40 +25	+47 +25	+61 +25	+22 +13	+28 +13	+35 +13	+14 +5	+20 +5	+9 0	+15 0	+22 0	+36 0	+58 0	±4.5	±7	+2 −7	+5 −10	−3 −12	0 −15	−7 −16	−4 −19	−12 −21	−9 −24	−13 −28	−17 −32	—	−22 −37	−28 −43
10	14	+220 +150	+138 +95	+165 +95	+77 +50	+93 +50	+120 +50	+50 +32	+59 +32	+75 +32	+27 +16	+34 +16	+43 +16	+17 +6	+24 +6	+11 0	+18 0	+27 0	+43 0	+70 0	±5.5	±9	+2 −9	+6 −12	−4 −15	0 −18	−9 −20	−5 −23	−15 −26	−11 −29	−16 −34	−21 −39	—	−26 −44	−33 −51
14	18																																		−38 −56
18	24	+244 +160	+162 +110	+194 +110	+98 +65	+117 +65	+149 +65	+61 +40	+73 +40	+92 +40	+33 +20	+41 +20	+53 +20	+20 +7	+28 +7	+13 0	+21 0	+33 0	+52 0	+84 0	±6.5	±10	+3 −11	+6 −15	−4 −17	0 −21	−11 −24	−7 −28	−18 −31	−14 −35	−20 −41	−27 −48	—	−33 −54	−46 −67
24	30																																−33 −54	−40 −61	−56 −77
30	40	+270 +170	+182 +120	+220 +120	+119 +80	+142 +80	+180 +80	+75 +50	+89 +50	+112 +50	+41 +25	+50 +25	+64 +25	+25 +9	+34 +9	+16 0	+25 0	+39 0	+62 0	+100 0	±8	±12	+4 −13	+7 −18	−4 −20	0 −25	−14 −28	−8 −33	−21 −37	−17 −42	−25 −50	−34 −59	−39 −64	−51 −76	
40	50	+280 +180	+192 +130	+230 +130																													−45 −70	−61 −86	
50	65	+310 +190	+214 +140	+260 +140	+146 +100	+174 +100	+220 +100	+90 +60	+106 +60	+134 +60	+49 +30	+60 +30	+76 +30	+29 +10	+40 +10	+19 0	+30 0	+46 0	+74 0	+120 0	±9.5	±15	+4 −15	+9 −21	−5 −24	0 −30	−14 −33	−9 −39	−26 −45	−21 −51	−30 −60	−42 −72	−55 −85	−76 −106	
65	80	+320 +200	+224 +150	+270 +150																											−32 −62	−48 −78	−64 −94	−91 −121	
80	100	+360 +220	+257 +170	+310 +170	+174 +120	+207 +120	+260 +120	+107 +72	+126 +72	+159 +72	+58 +36	+71 +36	+90 +36	+34 +12	+49 +12	+22 0	+35 0	+54 0	+87 0	+140 0	±11	±17	+4 −18	+10 −25	−6 −28	0 −35	−16 −38	−10 −45	−30 −52	−24 −59	−38 −73	−58 −93	−78 −113	−111 −146	
100	120	+380 +240	+267 +180	+320 +180																											−41 −76	−66 −101	−91 −126	−131 −166	
120	140	+420 +260	+300 +200	+360 +200	+208 +145	+245 +145	+305 +145	+125 +85	+148 +85	+185 +85	+68 +43	+83 +43	+106 +43	+39 +14	+54 +14	+25 0	+40 0	+63 0	+100 0	+160 0	±12.5	±20	+4 −21	+12 −28	−8 −33	0 −40	−20 −45	−12 −52	−36 −61	−28 −68	−48 −88	−77 −117	−107 −147	—	
140	160	+440 +280	+310 +210	+370 +210																											−50 −90	−85 −125	−119 −159	—	
160	180	+470 +310	+330 +230	+390 +230																											−53 −93	−93 −133	−131 −171	—	
180	200	+525 +340	+355 +240	+425 +240	+242 +170	+285 +170	+355 +170	+146 +100	+172 +100	+215 +100	+79 +50	+96 +50	+122 +50	+44 +15	+61 +15	+29 0	+46 0	+72 0	+115 0	+185 0	±14.5	±23	+5 −24	+13 −33	−8 −37	0 −46	−22 −51	−14 −60	−41 −70	−33 −79	−60 −106	−105 −151	—	—	
200	225	+565 +380	+375 +260	+445 +260																											−63 −109	−113 −159	—	—	
225	250	+605 +420	+395 +280	+465 +280																											−67 −113	−123 −169	—	—	
250	280	+690 +480	+430 +300	+510 +300	+271 +190	+320 +190	+400 +190	+162 +110	+191 +110	+240 +110	+88 +56	+108 +56	+137 +56	+49 +17	+69 +17	+32 0	+52 0	+81 0	+130 0	+210 0	±16	±26	+5 −27	+16 −36	−9 −41	0 −52	−25 −57	−14 −66	−47 −79	−36 −88	−74 −126	—	—	—	
280	315	+750 +540	+460 +330	+540 +330																											−78 −130	—	—	—	
315	355	+830 +600	+500 +360	+590 +360	+299 +210	+350 +210	+440 +210	+182 +125	+214 +125	+265 +125	+98 +62	+119 +62	+151 +62	+54 +18	+75 +18	+36 0	+57 0	+89 0	+140 0	+230 0	±18	±28	+7 −29	+17 −40	−10 −46	0 −57	−26 −62	−16 −73	−51 −87	−41 −98	−87 −144	—	—	—	
355	400	+910 +680	+540 +400	+630 +400																											−93 −150	—	—	—	
400	450	+1010 +760	+595 +440	+690 +440	+327 +230	+385 +230	+480 +230	+198 +135	+232 +135	+290 +135	+108 +68	+131 +68	+165 +68	+60 +20	+83 +20	+40 0	+63 0	+97 0	+155 0	+250 0	±20	±31	+8 −32	+18 −45	−10 −50	0 −63	−27 −67	−17 −80	−55 −95	−45 −108	−103 −166	—	—	—	
450	500	+1090 +840	+635 +480	+730 +480																											−109 −172	—	—	—	

기준 치수의 구분 (mm)		b9	c9	d8	d9	e7	e8	e9	f6	f7	f8	g5	g6	h5	h6	h7	h8	h9	js5	js6	js7	k5	k6	m5	m6	n5	n6	p6	r6	s6	t6	u6	x6
초과	이하																																
—	3	−140 −165	−60 −85	−20 −34	−20 −45	−14 −24	−14 −28	−14 −39	−6 −12	−6 −16	−6 −20	−2 −6	−2 −8	0 −4	0 −6	0 −10	0 −14	0 −25	±2	±3	±5	+4 0	+6 0	+6 +2	+8 +2	+8 +4	+10 +4	+12 +6	+16 +10	+20 +14	—	+24 +18	+26 +20
3	6	−140 −170	−70 −100	−30 −48	−30 −60	−20 −32	−20 −38	−20 −50	−10 −18	−10 −22	−10 −28	−4 −9	−4 −12	0 −5	0 −8	0 −12	0 −18	0 −30	±2.5	±4	±6	+6 +1	+9 +1	+9 +4	+12 +4	+13 +8	+16 +8	+20 +12	+23 +15	+27 +19	—	+31 +23	+36 +28
6	10	−150 −186	−80 −116	−40 −62	−40 −76	−25 −40	−25 −47	−25 −61	−13 −22	−13 −28	−13 −35	−5 −11	−5 −14	0 −6	0 −9	0 −15	0 −22	0 −36	±3	±4.5	±7	+7 +1	+10 +1	+12 +6	+15 +6	+16 +10	+19 +10	+24 +15	+28 +19	+32 +23	—	+37 +28	+43 +34
10	14	−150 −193	−95 −138	−50 −77	−50 −93	−32 −50	−32 −59	−32 −75	−16 −27	−16 −34	−16 −43	−6 −14	−6 −17	0 −8	0 −11	0 −18	0 −27	0 −43	±4	±5.5	±9	+9 +1	+12 +1	+15 +7	+18 +7	+20 +12	+23 +12	+29 +18	+34 +23	+39 +28	—	+44 +33	+51 +40
14	18																																+56 +45
18	24	−160 −212	−110 −162	−65 −98	−65 −117	−40 −61	−40 −73	−40 −92	−20 −33	−20 −41	−20 −53	−7 −16	−7 −20	0 −9	0 −13	0 −21	0 −33	0 −52	±4.5	±6.5	±10	+11 +2	+15 +2	+17 +8	+21 +8	+24 +15	+28 +15	+35 +22	+41 +28	+48 +35	—	+54 +41	+67 +54
24	30																														+54 +41	+61 +48	+77 +64
30	40	−170 −232	−120 −182	−80 −119	−80 −142	−50 −75	−50 −89	−50 −112	−25 −41	−25 −50	−25 −64	−9 −20	−9 −25	0 −11	0 −16	0 −25	0 −39	0 −62	±5.5	±8	±12	+13 +2	+18 +2	+20 +9	+25 +9	+28 +17	+33 +17	+42 +26	+50 +34	+59 +43	+64 +48	+76 +60	—
40	50	−180 −242	−130 −192																												+70 +54	+86 +70	—
50	65	−190 −264	−140 −214	−100 −146	−100 −174	−60 −90	−60 −106	−60 −134	−30 −49	−30 −60	−30 −76	−10 −23	−10 −29	0 −13	0 −19	0 −30	0 −46	0 −74	±6.5	±9.5	±15	+15 +2	+21 +2	+24 +11	+30 +11	+33 +20	+39 +20	+51 +32	+60 +41	+72 +53	+85 +66	+106 +87	—
65	80	−200 −274	−150 −224																										+62 +43	+78 +59	+94 +75	+121 +102	—
80	100	−220 −307	−170 −257	−120 −174	−120 −207	−72 −107	−72 −126	−72 −159	−36 −58	−36 −71	−36 −90	−12 −27	−12 −34	0 −15	0 −22	0 −35	0 −54	0 −87	±7.5	±11	±17	+18 +3	+25 +3	+28 +13	+35 +13	+38 +23	+45 +23	+59 +37	+73 +51	+93 +71	+113 +91	+146 +124	—
100	120	−240 −327	−180 −267																										+76 +54	+101 +79	+126 +104	+166 +144	—
120	140	−260 −360	−200 −300	−145 −208	−145 −245	−85 −125	−85 −148	−85 −185	−43 −68	−43 −83	−43 −106	−14 −32	−14 −39	0 −18	0 −25	0 −40	0 −63	0 −100	±9	±12.5	±20	+21 +3	+28 +3	+33 +15	+40 +15	+45 +27	+52 +27	+68 +43	+88 +63	+117 +92	+147 +122	—	—
140	160	−280 −380	−210 −310																										+90 +65	+125 +100	+159 +134	—	—
160	180	−310 −410	−230 −330																										+93 +68	+133 +108	+171 +146	—	—
180	200	−340 −455	−240 −355	−170 −242	−170 −285	−100 −146	−100 −172	−100 −215	−50 −79	−50 −96	−50 −122	−15 −35	−15 −44	0 −20	0 −29	0 −46	0 −72	0 −115	±10	±14.5	±23	+24 +4	+33 +4	+37 +17	+46 +17	+50 +31	+60 +31	+79 +50	+66 +77	+151 +122	—	—	—
200	225	−380 −495	−260 −375																										+109 +80	+159 +130	—	—	—
225	250	−420 −535	−280 −395																										+113 +84	+169 +140	—	—	—
250	280	−480 −610	−300 −430	−190 −271	−190 −320	−110 −162	−110 −191	−110 −240	−56 −88	−56 −108	−56 −137	−17 −40	−17 −49	0 −23	0 −32	0 −52	0 −81	0 −130	±11.5	±16	±26	+27 +4	+36 +4	+43 +20	+52 +20	+57 +34	+66 +34	+88 +56	+126 +94	—	—	—	—
280	315	−540 −670	−330 −460																										+130 +98	—	—	—	—
315	355	−600 −740	−360 −500	−210 −299	−210 −350	−125 −182	−125 −214	−125 −265	−62 −98	−62 −119	−62 −151	−18 −43	−18 −54	0 −25	0 −36	0 −57	0 −89	0 −140	±12.5	±18	±28	+29 +4	+40 +4	+46 +21	+57 +21	+62 +37	+73 +37	+98 +62	+144 +108	—	—	—	—
355	400	−680 −820	−400 −540																										+150 +114	—	—	—	—
400	450	−760 −915	−440 −595	−230 −327	−230 −385	−135 −198	−135 −232	−135 −290	−68 −108	−68 −131	−68 −165	−20 −47	−20 −60	0 −27	0 −40	0 −63	0 −97	0 −155	±13.5	±20	±31	+32 +5	+45 +5	+50 +23	+63 +23	+67 +40	+80 +40	+108 +68	+166 +126	—	—	—	—
450	500	−840 −995	−480 −635																										+172 +132	—	—	—	—

표면 거칠기(조도)

사출금형설계이론
DS6-004

1) 표면조도의 종류

공업 제품의 표면 거칠기(조도)를 나타내는 파라미터로 중심선 평균 거칠기(Ra), 최대 높이(Rmax), 10점 평균 거칠기(Rz), 요철의 평균 간격(Sm), 국부 정점의 평균 간격(S) 및 부하 길이 비율(tp)의 정의와 표시에 대해 규정한다.
표면 거칠기는 대상물의 표면에서 무작위로 선정한 각 부분의 산술 평균치이다.

표면 거칠기를 구하는 대표적인 방법

중심선 평균 거칠기 Ra

거칠기 곡선에서 평균선의 방향으로 기준 길이만큼 추출하여, 추출한 부분의 평균선 방향으로 X축을, 종배율(縱倍率) 방향으로 Y축을 잡아 거칠기 곡선을 y = f(x) 로 표시 하였을 때, 다음 식으로 구할 수 있는 값을 마이크로 미터(㎛)로 나타낸 것을 말한다.

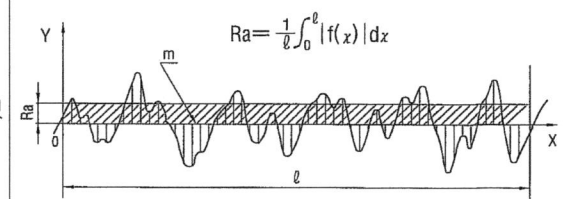

$$Ra = \frac{1}{\ell}\int_0^\ell |f(x)|dx$$

최대 높이 Rmax

거칠기 곡선에서 평균선의 방향으로 기준 길이만큼을 추출하여, 추출한 부분의 꼭대기선과 골짜기선과의 간격을 조도 곡선으로 종배율 방향으로 측정하여 이 값을 마이크로미터(㎛)로 나타낸 것을 말한다.

비고 Rmax 를 구할 경우에는 흠집으로 보이는 높은 꼭대기 및 낮은 골짜기가 없는 부분에서 기준 길이만큼을 추출한다.

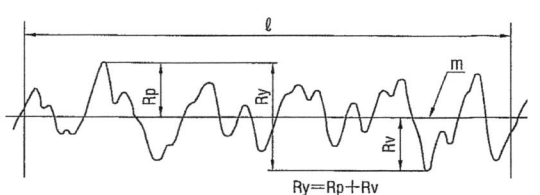

$$Ry = Rp + Rv$$

10점 평균 거칠기 Rz

거칠기곡선에서 평균선 방향으로 기준 길이만큼을 추출하여, 추출한 부분의 평균 선에서 종배율 방향으로 측정한, 가장 높은 꼭대기에서 5번째 꼭대기까지 꼭대기의 표고(Yp) 절대 값의 평균치와 가장 낮은 골짜기 바닥부터 5번째 바닥 표고(Yv)의 절대값 평균치의 합을 구해 이 값을 마이크로미터(㎛)로 나타낸 것을 말한다.

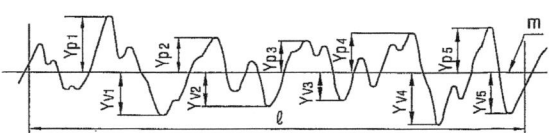

$$Rz = \frac{|Yp_1 + Yp_2 + Yp_3 + Yp_4 + Yp_5| + |Yv_1 + Yv_2 + Yv_3 + Yv_4 + Yv_5|}{5}$$

2) 중심선 평균 거칠기(Ra)와 기존 표기의 관계

산술 평균 조도 Ra			최대높이 Ry	10점 평균 조도 Rz	Ry·Rz의 기준 길이 ℓ (mm)	기존의 다듬질 기호
표준 수열	Cut-off값 λc(mm)	면표면의 표시	표준 수열			
0.012 a	0.08		0.05 s	0.05 z	0.08	
0.025 a			0.1 s	0.1 z		
0.05 a	0.25	0.012/ ~ 0.2/	0.2 s	0.2 z	0.25	▽▽▽▽
0.1 a			0.4 s	0.4 z		
0.2 a			0.8 s	0.8 z		
0.4 a	0.8		1.6 s	1.6 z	0.8	
0.8 a		0.4/ ~ 1.6/	3.2 s	3.2 z		▽▽▽
1.6 a			6.3 s	6.3 z		
3.2 a	2.5	3.2/ ~ 6.3/	12.5 s	12.5 z	2.5	▽▽
6.3 a			25 s	25 z		
12.5 a	8	12.5/ ~ 25/	50 s	50 z	8	▽
25 a			100 s	100 z		
50 a		50/ ~ 100/	200 s	200 z	—	~
100 a	—		400 s	400 z		

※ 3종류의 상호관계는 편의상 위와 같이 구분하였으므로 엄격하게 일치하지는 않는다.
※ Ra : Ry, Rz의 평가 길이는 cut-off 값과 기준 길이를 각각 5배 한 값이다.

사출금형설계이론	금형의 강도 계산
DS6-005-1	

1) 허용 휨량의 결정

(1) 휨에 의해 Flash가 발생할 우려가 없을 경우 : 0.1~0.2mm 적용

(2) 휨에 의해 Flash가 발생할 우려가 있을 경우
- 나일론(PA) 이외의 수지 : 0.05~0.08mm 적용
- 나일론 (PA) 수지 : 0.025 mm 적용

대형 제품일수록 적용 수치를 큰 쪽으로 택한다.

(3) 고급 정밀금형의 휨량은 다음의 경험식에서 얻어지는 값 이하로 결정한다.
- 휨량 = 성형품의 평균 살 두께 X 성형 수축률

(4) 수지 내압(전 사출압력)은 500~700 Kg/㎠을 적용한다.

2) 사각형 캐비티의 측벽 치수 계산

(1) 바닥이 일체형이 아닌 경우

(양단 고정보의 등분포 하중을 받는 걸로 간주하여 계산)

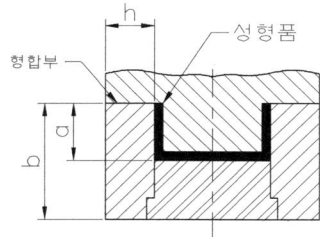

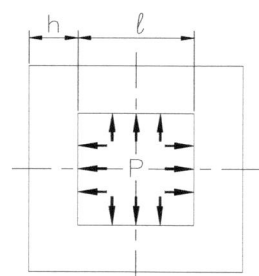

$$h = \sqrt[3]{\frac{12 p l^4 a}{384 E b \delta}}$$

h : 측벽의 두께 [mm]
p : 성형압력 [Kg/㎠] 500~700 [Kg/㎠]
l : 빔의 길이 [mm]
a : 압력을 받는 부위의 높이 [mm]
E : 영(young)계수 (강, 2.1 X 10⁶ [Kg/㎠])
b : 캐비티 높이 [mm]
δ : 허용 변형량 [mm]

(2) 바닥이 일체형인 경우

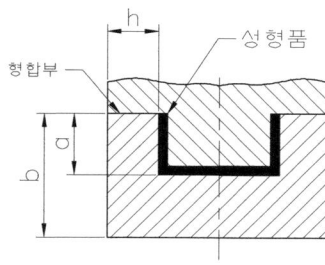

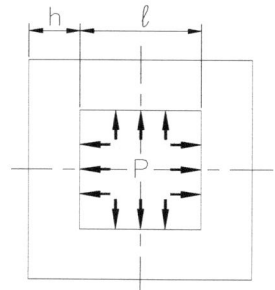

$$h = \sqrt[3]{\frac{c p a^4}{E \delta}}$$

h : 측벽의 두께 [mm]
p : 성형압력 [Kg/㎠] 500~700 [Kg/㎠]
l : 캐비티의 길이 [mm]
a : 압력을 받는 부위의 높이 [mm]
E : 영(young)계수 (강, 2.1 X 10⁶ [Kg/㎠])
b : 캐비티 높이 [mm]
δ : 허용 변형량 [mm]
c : 상수 값

l/a	1.0	1.1	1.2	1.3	1.4	1.5	1.6
c	0.044	0.053	0.062	0.070	0.078	0.084	0.090
l/a	1.7	1.8	1.9	2.0	3.0	4.0	5.0
c	0.096	0.102	0.106	0.111	0.134	0.140	0.142

금형의 강도 계산

사출금형설계이론 DS6-005-2

3) 원형 캐비티의 측벽 치수 계산

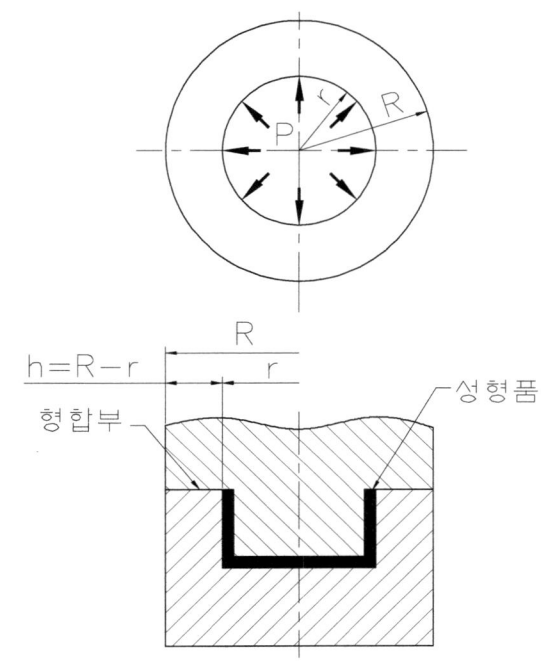

(1) 안지름의 변형량 (δ)

$$\delta = \frac{r\rho}{E}\left[\frac{R^2+r^2}{R^2-r^2}+m\right]$$

(2) 원형 캐비티의 측벽 두께 (h)

h = R - r

여기서,

$$R = \sqrt{\frac{r^2\left(\frac{E\delta}{r\rho}-m+1\right)}{\frac{E\delta}{r\rho}-m-1}}$$

δ : 안지름의 변형량 [mm]
p : 성형압력 [Kg/㎠] 500~700 [Kg/㎠]
l : 빔의 길이 [mm]
E : 강의 영(young)계수 (2.1 X 10⁶ [Kg/㎠])
r : 캐비티의 안쪽 반지름 [mm]
R : 캐비티의 바깥쪽 반지름 [mm]
m : 포아슨 비 (강, 0.25)
h : 측벽의 두께 [mm]

- 일반적으로 안지름의 변형량 (δ)은 0.02mm 이하로 억제한다.

4) 받침판 (Support Plate)의 두께 계산

(1) 서포트 필러 (받침봉)이 없는 경우

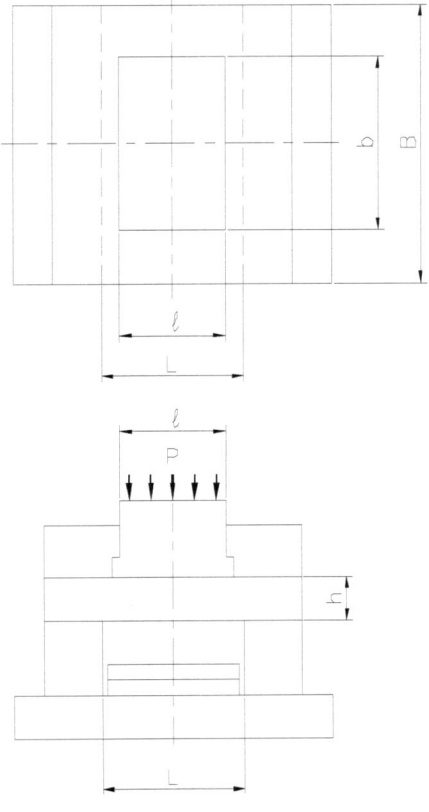

$$h_1 = \sqrt[3]{\frac{p \, b \, L^4}{32 \, E \, B \, \delta}}$$

h : 받침판의 두께 [mm]
p : 성형압력 [Kg/㎠] 500~700 [Kg/㎠]
L : 스페이스 블록의 간격 [mm]
l : 성형 압력을 받는 길이 [mm]
b : 성형 압력을 받는 폭 [mm]
B : 금형의 폭 [mm]
E : 강의 영(young)계수 (2.1 X 10⁶ [Kg/㎠])

금형의 강도 계산

사출금형설계이론 DS6-005-3

(2) 서포트 필러 (받침봉)이 있는 경우

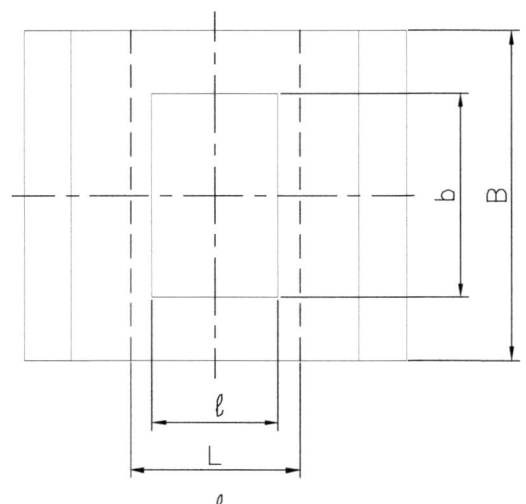
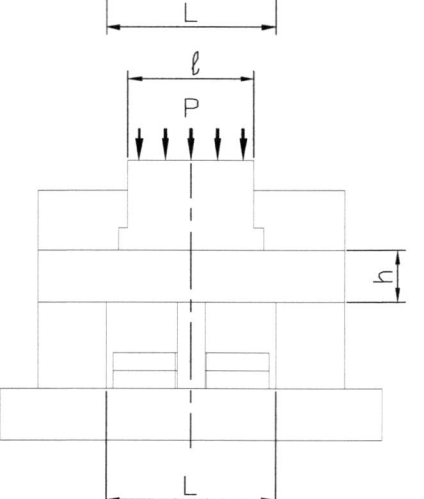
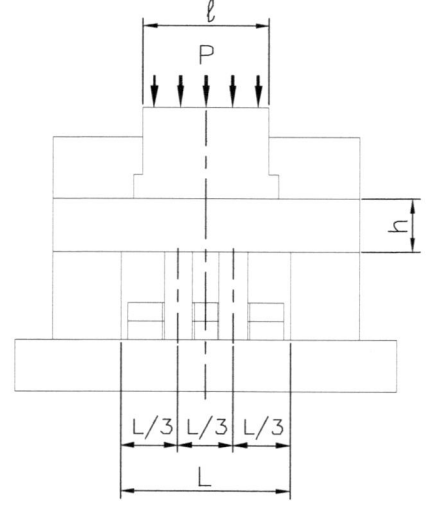

① 중앙에 1개의 서포트 필러가 있는 경우,

$$h_1 = \sqrt[3]{\frac{5p\,b\,(\frac{L}{2})^4}{32\,E\,B\,\delta}}$$

② 중앙에 2개의 서포트 필러가 있는 경우,

$$h_2 = \sqrt[3]{\frac{5p\,b\,(\frac{L}{3})^4}{32\,E\,B\,\delta}}$$

③ 중앙에 n개의 서포트 필러가 있는 경우,

$$h_n = \sqrt[3]{\frac{5p\,b\,(\frac{L}{n+1})^4}{32\,E\,B\,\delta}}$$

h : 받침판의 두께 [mm]
p : 성형압력 [Kg/㎠] 500~700 [Kg/㎠]
L : 스페이스 블록의 간격 [mm]
l : 성형 압력을 받는 길이 [mm]
b : 성형 압력을 받는 폭 [mm]
B : 금형의 폭 [mm]
E : 강의 영(young)계수 (2.1 X 10^6 [Kg/㎠])

결국 서포트 필러가 없는 경우를 h라 하면,

서포트 필러가 1개 있을때 : $h_1 = \frac{1}{2.52}h$

서포트 필러가 2개 있을때 : $h_2 = \frac{1}{4.33}h$

서포트 필러가 3개 있을때 : $h_3 = \frac{1}{6.35}h$

위의 공식에서와 같이 서포트 필러 갯수가 많아 질수록 두께가 얇아진다.

사출금형설계이론	사출이론 관련 계산식
DS6-006-1	

1) 사출 용량 (Shot Capacity)

- 사출 실린더의 가소화 수지가 1 쇼트(shot)당 노즐을 통해 분사되는 최대 사출량을 말한다.

(1) 사출 용적 (Shot Capacity)

$$V = \frac{\pi}{4} d_1^2 \times S$$

V : 사출용적 [cm³]
d_1 : 사출 스크류의 직경 [cm]
S : 스트로크 [cm]

(2) 사출량 (Shot Weight)

$$W = V \times \rho$$

W : 사출량 [g] or [oz]
 (1 oz (온즈) = 28.35 g)
V : 사출용적 [cm³]
ρ : 용융 수지의 밀도 [Kg/cm³]

주,
  1 Shot당 중량(스프루, 런너 포함)은 사출기 용량의 70~80% 정도로 사용한다.
  - 여유를 너무 많이 주면 내열수지의 경우 실린더 내의 체류시간이 길어져 열화에 의한 물성치 변성 및 탄화가 발생될 수 있다.
  - 여유가 너무 적으면 보압에 관한 잔량(쿠숀량)을 확보하기가 어렵다.
  (충전 부족으로 인한 미성형 및 수축 발생)

2) 가소화 능력(Plasticating Capasity)

- 가열 실린더가 시간당 어느 정도의 성형재료를 가소화 할 수 있는 최대한의 능력을 말하고 단위는 [kg/hr]이다, 이때 기준이 되는 수지는 폴리스티렌(GPPS)이다.

3) 사출력(Total Injection Pressure)

- 유압 펌프에 의해 실린더에 가해지는 최대힘 (사출 실린더의 외경에 비례)

P_t = 사출실린더의 단면적 X 유압펌프의 압력

$$= \frac{\pi D_1^2}{4} \times P_h \times 10^{-3}$$

P_t : 사출력 [Ton]
D_1 : 사출 실린더의 외경 [cm]
P_h : 유압펌프의 압력 [Kg/cm³]

4) 사출 압력(Injection Pressure)

- 스크류 끝에서 발생하는 계산상의 최대 압력 (사출 실린더의 사출 유압력과 비례)

$$P_i = \frac{사출력}{스크류 단면적} = \frac{P_t}{A_S}$$

$$= \frac{\frac{\pi D_1^2}{4} \times P_h}{\frac{\pi d_1^2}{4}} = \frac{D_1^2}{d_1^2} \times P_h$$

P_i : 사출압력 [Kg/cm³]
P_t : 사출력 [Kg], [Ton]
A_S : 스크류 단면적 [cm³]
D_1 : 사출 실린더의 외경 [cm]
d_1 : 사출 스크류 직경 [cm]
P_h : 유압펌프의 압력 [Kg/cm³]

사출금형설계이론	사출이론 관련 계산식
DS6-006-2	

5) 사출률 (Injection rate)
- 노즐에서 단위 시간당의 사출량을 말한다.

$$I_R = \frac{d_1^2}{D_1^2} \times Q$$

- I_R : 사출률 [cm³/sec]
- D_1 : 사출 실린더의 외경 [cm]
- d_1 : 사출 스크류 직경 [cm]
- Q : 펌프 토출량 [cm³/sec]

6) 사출 속도 (Injection Speed)
- 단위 시간동안 스크류가 움직인 이송거리를 말한다.

$$S = \frac{Q}{\frac{\pi D_1^2}{4}}$$

- S : 사출 속도 [cm/sec]
- d_1 : 사출 스크류 직경 [cm]
- Q : 펌프 토출량 [cm³/sec]

7) 사출 시간 (Injection Time)
- 실제 원재료를 사출한 시간을 말하며 사출속도의 개념이 포함되어 있다.

$$사출시간(\sec) = \frac{l}{S}$$

- l : 사출 스크류의 이동거리 [cm]
- S : 사출 속도 [cm/sec]

8) 캐비티 내의 평균 유효 사출압력
- 성형기 노즐에서 분사된 수지는 금형의 스프루, 런너, 게이트를 통과 할때 큰 압력 손실이 발생한다. 이때의 충진 완료시 캐비티 내의 유효 사출 압력의 개략적인 값[P_e]은 다음과 같다.

품 명		사용수지	P_e (Ton/cm²)
일용 잡화	비누 케이스, 대야 등	PE, PP	0.2~0.3
의료용품, 두께가 얇은 용기	주사기, 시험관, 컵 등	PS, PP	0.3~0.4
공업용 하우징	라디오, TV 하우징 등	PS, ABS	0.35~0.45
일반 공업용 부품	카세트 허브, 캠, 레버 등	AS, POM, PC	0.4~0.5
두께가 얇은 공업용 부품	전자제품, 절연제품	PC, POM, PBT	0.5~0.6
정밀 치자, 캠, 기계부품	기어(JIS3~5급), 캠, 기구물 등	POM	0.6~0.8

9) 형체력 (Mold Clamping Force)
- 금형에 강한 사출압력이 작용될 때 파팅면이 열리지 않도록 금형을 조여주는 힘을 말한다.

$$F_c = P_e \times A \times 10^{-3}$$

- F_c : 형체력 [Ton]
- A : 제품의 투영면적 [cm²]
- P_e : 캐비티 내의 평균 유효 사출압력 [Kg/cm²]

주,
- 제품의 투영 면적은 노즐 방향에서 직각으로 투영 했을 때의 면적으로 스프루와 런너의 투영 면적도 포함된다.
- 일반적으로 사출 성형기의 형체력에 80% 이내의 범위에서 사용한다.
  (초과시 금형의 파팅면이 열러 Flash가 발생 될 우려가 있음)

사출 성형기의 구조

1) 사출 성형기의 구조

(1) 사출기구
용융된 수지의 일정량을 높은 압력으로 금형 캐비티 내로 유입시키는 장치이다.
- 호퍼(hopper) : 수지를 저장하고 실린더에 공급하는 장치이다.
- 재료 공급 장치(feeder) : 사출에 필요한 수지를 계량하여 실린더에 보내는 장치이다.
- 가열실린더 : 수지를 공급받아 열을 가해 용융시키는 부분이다.
- 노즐(nozzle) : 실린더 선단부에 설치하여 금형의 스프루 부시에 접촉하여 용융 수지가 금형으로 흘러 들어가는 유로이다.
- 사출 실린더 : 스크류, 플런저를 전진시키고 사출압력, 사출속도, 배압을 발생한다.

(2) 형체기구
- 금형 설치판 : 금형을 설치하는 판으로 고정판과 가동판이 있다.
- 타이바(tie bar) : 금형 설치판을 지지하고 금형의 개폐동작을 가이드 해주는 봉이다.
- 금형 체결 실린더 : 금형의 개폐동작을 하면서 형체력을 발생시키는 실린더이다.
- 이젝터(ejector) : 성형품을 금형으로부터 밀어내기 위한 장치이다.
- 안전문 : 작업자의 보호를 위해 문이 열린 상태에서는 형 개폐동작이 안된다.

(3) 본체(frame)
금형 체결기구, 사출기구, 유압 구동부가 조립되어 있는 기계의 본체이다.

(4) 유압 구동 장치
금형 체결기구, 사출 기구의 동작을 위한 유압실린더, 유압모터의 구동력을 제어하는 장치이다.

(5) 전기 제어 장치
사출기구나 금형 체결 기구의 동작과 가열 실린더나 노즐의 온도를 제어한다.

2) 금형의 크기와 성형기 타이바 간격과의 관계
금형의 크기(가로 x 세로) 한계를 결정하는 것으로 다음과 같이 금형 크기를 결정한다.

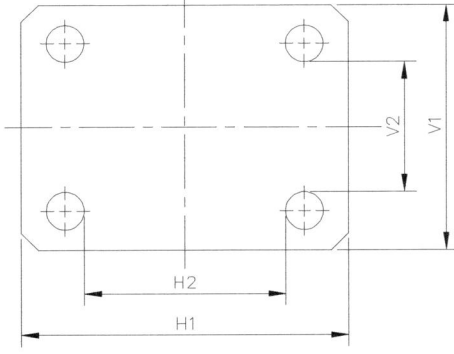

- 금형을 가로로 설치할 경우
    H1 x V2
- 금형을 세로로 설치할 경우
    H2 x V1
- 실제 금형의 크기는 타이바 간격보다 5~10mm 정도 작게 하는 것이 좋고 세로로 설치하는 것이 편리하다.

사출금형설계이론
DS6-007-2

사출 성형기의 구조

3) 금형 두께, 성형품의 높이와 다이 플레이트 간격과의 관계
   - 클램핑 스트로크와 성형품 길이와의 관계
     - 2단 금형 구조의 경우
       클램핑 스트로크 > 성형품의 최대길이 x 2
     - 3단 금형 구조의 경우
       클램핑 스트로크 > 성형품의 최대길이 x 2 + 런너 이젝팅 간격 및 스트로크

       비고 : 직압식은 클램핑 스트로크를 변화시킬 수 있으나 토글식은 금형 두께에 관계없이
              클램핑 스트로크가 일정하다.

   - 다이 플레이트 간격과 금형 두께
     최대 다이 플레이트 간격 > 금형 두께 + 클램핑 스트로크
     최소 다이 플레이트 간격은 금형의 최소 두께를 결정하는 것으로 금형 두께가 최소 다이플레이트 간격보다 작을 경우는 적당한 스페이스 블록을 사용하여 보충한다.
     통상 최소 다이 플레이트 간격(최소 금형 두께)이상으로 금형을 설계 하는 것이 바람직하다.

4) 이젝터 바아의 크기, 위치 및 이젝터 방식
   금형에 이젝터 바아의 설치 구멍 크기, 위치, 수량, 성형품의 이젝터 필요 스트로크, 이젝터 플레이트의 되돌림 구조 가능 여부, 자동화 등을 검토한다.

사출금형설계이론
DS6-008

성형 수축률 적용 기준

용융수지가 금형의 캐비티 내에 유입되고 냉각에 의해 수지가 고화되면서 성형품은 수축하게 된다. 이때, 성형품은 원래의 금형치수보다 작아지게 된다.
그러므로 금형 치수를 정할 때는 주어진 성형품 치수보다 수축 여유분만큼 금형을 크게 하여야 한다. 성형 수축률과 금형, 성형품에는 다음의 관계식이 성립된다.

$$S = \frac{M-m}{M} \times 100 \, (\%)$$
$$m = M(1-S)$$
$$M = m(1+S)$$

S : 성형수축률
M : 금형치수 [mm]
m : 성형품 치수 [mm]

(예) 제품 치수가 100mm 이고 수지는 ABS수지인 경우 금형 치수를 구하면
　　금형치수 = 100 X 1.005 = 100.5 mm

수지별 성형 수축률

		성형재료		성형수축률(%)
		수지명	충진재(강화재)	
열가소성수지	결정성	PE	폴리에틸렌(저밀도)		1.5 ~ 5.0
		PE	폴리에틸렌(중밀도)		1.5 ~ 5.0
		PE	폴리에틸렌(고밀도)		2.0 ~ 5.0
		PP	폴리프로필렌		1.0 ~ 2.5
		PP	폴리프로필렌	GF (유리섬유)	0.4 ~ 0.8
		NYLON	나일론(6)		0.6 ~ 1.4
		NYLON	나일론(6/10)		1.0
		NYLON	나일론	GF 20~40%	0.3 ~ 1.4
		POM	폴리아세탈		2.0 ~ 2.5
		POM	폴리아세탈	GF 20%	1.8 ~ 2.8
	비결정성	PS	폴리스틸렌(일반용)		0.2 ~ 0.6
		PS	폴리스틸렌(내충격용)		0.2 ~ 0.6
		PS	폴리스틸렌	GF 20~30%	0.1 ~ 0.2
		AS	AS수지		0.2 ~ 0.7
		AS	AS수지	GF 20~33%	0.1 ~ 0.2
		ABS	ABS수지(내충격용)		0.3 ~ 0.8
		ABS	ABS수지	GF 20~40%	0.1 ~ 0.2
		PMMA	아크릴		0.2 ~ 0.8
		PC	폴리카보네이트		0.5 ~ 0.7
		PC	폴리카보네이트	GF 10~40%	0.1 ~ 0.3
		PVC	염화비닐수지(경질)		0.1 ~ 0.5
		CA	셀룰로우스,아세테이트		0.3 ~ 0.8

제 7 장

사출 금형 설계 실제

2단 - 사이드 게이트 금형

사출금형설계실제
DS7-001-1

NOTE
1. 재 료 : ABS
2. 수축률 : 0.005
3. 캐비티 : 1*2
4. 게이트 : 사이드 게이트

| 사출금형설계실제 DS7-001-2 | 2단 - 사이드 게이트 금형 |

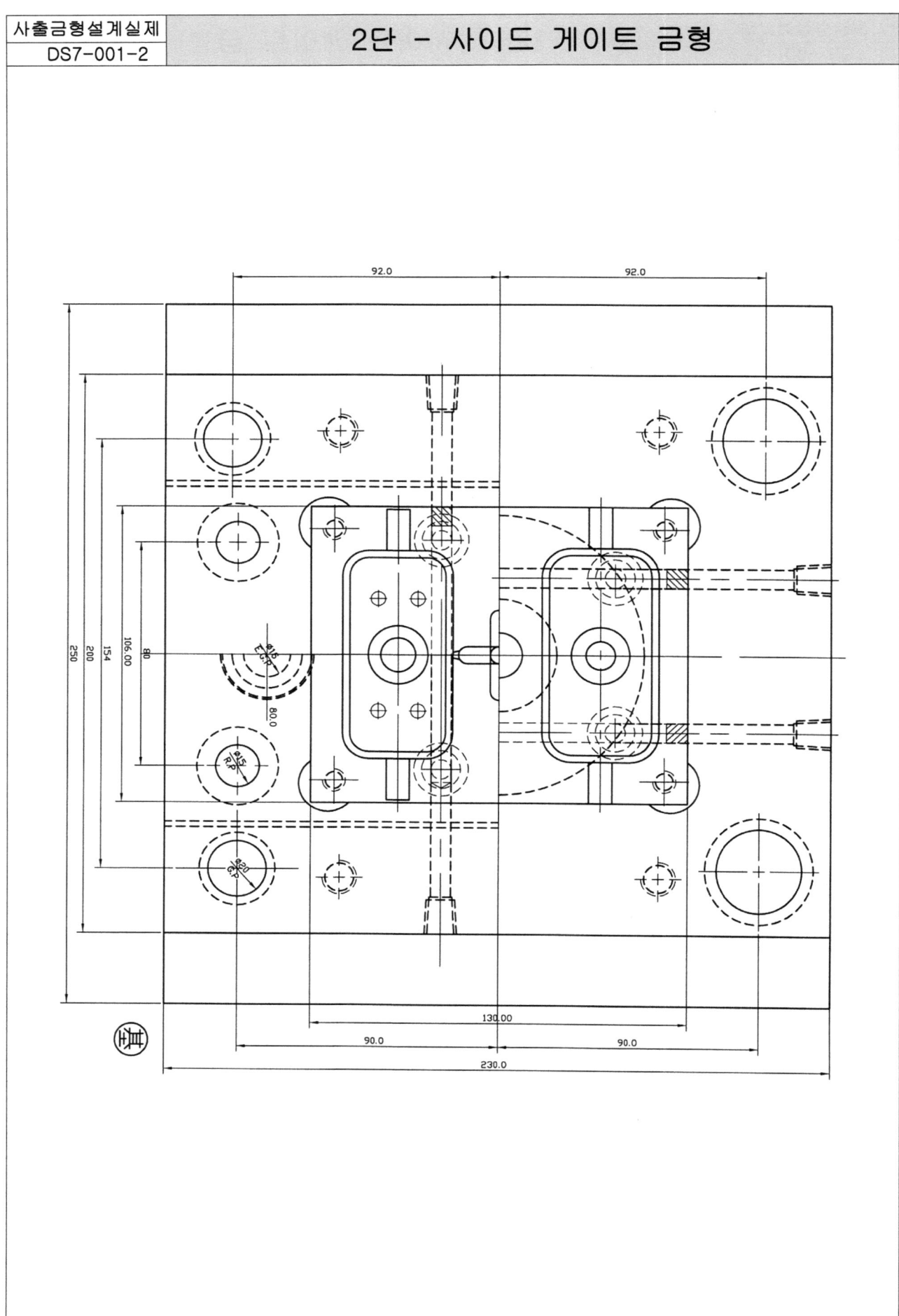

2단 - 사이드 게이트 금형

DS7-001-3

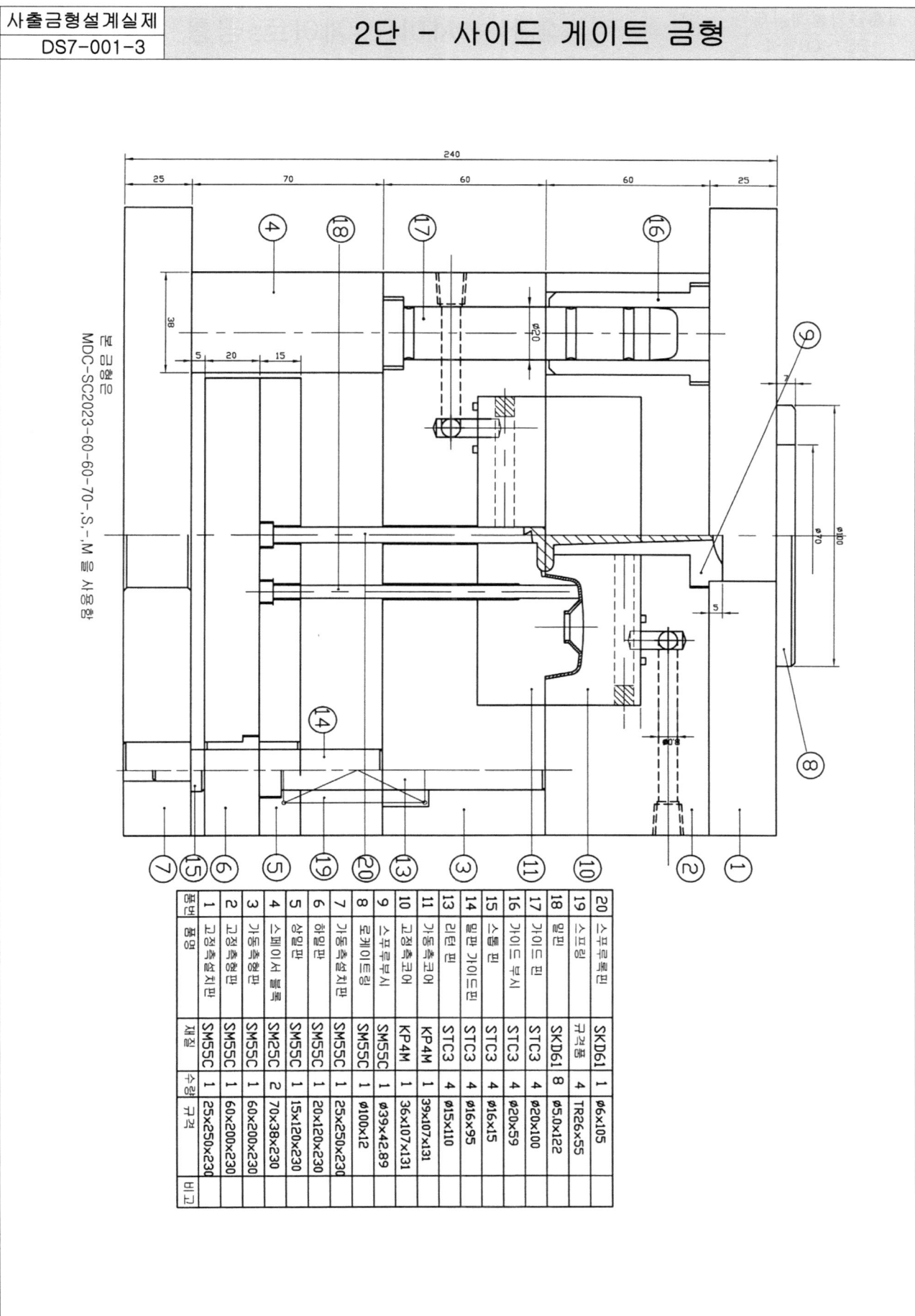

본 금형은 MDC-SC2023-60-60-70-,S,-M을 사용함

면번	품명	재질	수량	규격	비고
1	고정측설치판	SM55C	1	25x250x230	
2	고정측형판	SM55C	1	60x200x230	
3	가동측형판	SM25C	1	60x200x230	
4	스페이서블록	SM55C	2	70x38x230	
5	상형판	SM55C	1	15x120x230	
6	하형판	SM55C	1	20x120x230	
7	가동측설치판	SM55C	1	25x250x230	
8	로케이링	SM55C	1	ø100x12	
9	스푸루부시	SM55C	1	ø39x42.89	
10	고정측코어	KP4M	1	36x107x131	
11	가동측코어	KP4M	1	39x107x131	
13	리턴핀	STC3	4	ø15x110	
14	밀판가이드핀	STC3	4	ø16x95	
15	스톱핀	STC3	4	ø16x15	
16	가이드부싱	STC3	4	ø20x59	
17	가이드핀	STC3	4	ø20x100	
18	밀판	SKD61	4	ø5.0x122	
19	스프링	규격품	4	TR26x55	
20	스푸루록핀	SKD61	1	ø6x105	

| 사출금형설계실제 DS7-001-4 | 2단 - 사이드 게이트 금형 |

고정측 코어

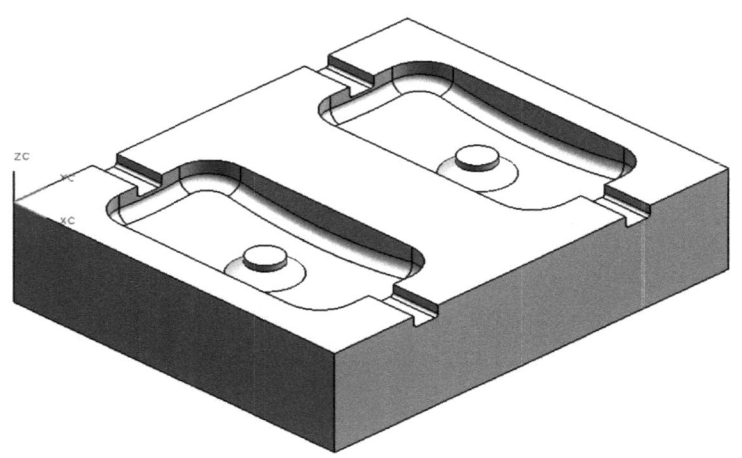

가동측 코어

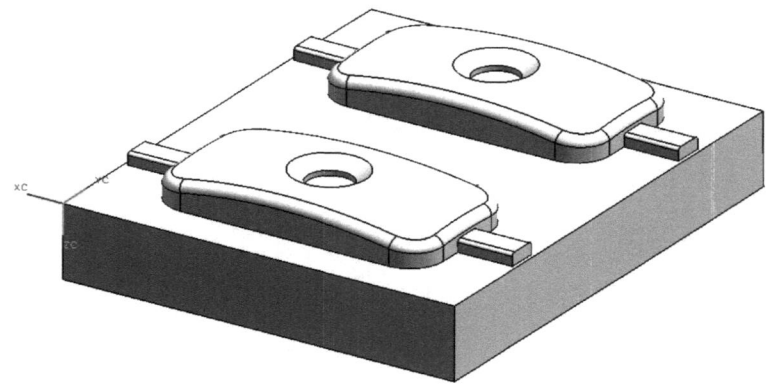

2단 - 터널 게이트 금형

NOTE
1. 재료 : ABS
2. 수축률 : 0.005
3. 캐비티 : 1*2
4. 게이트 : 터널 게이트

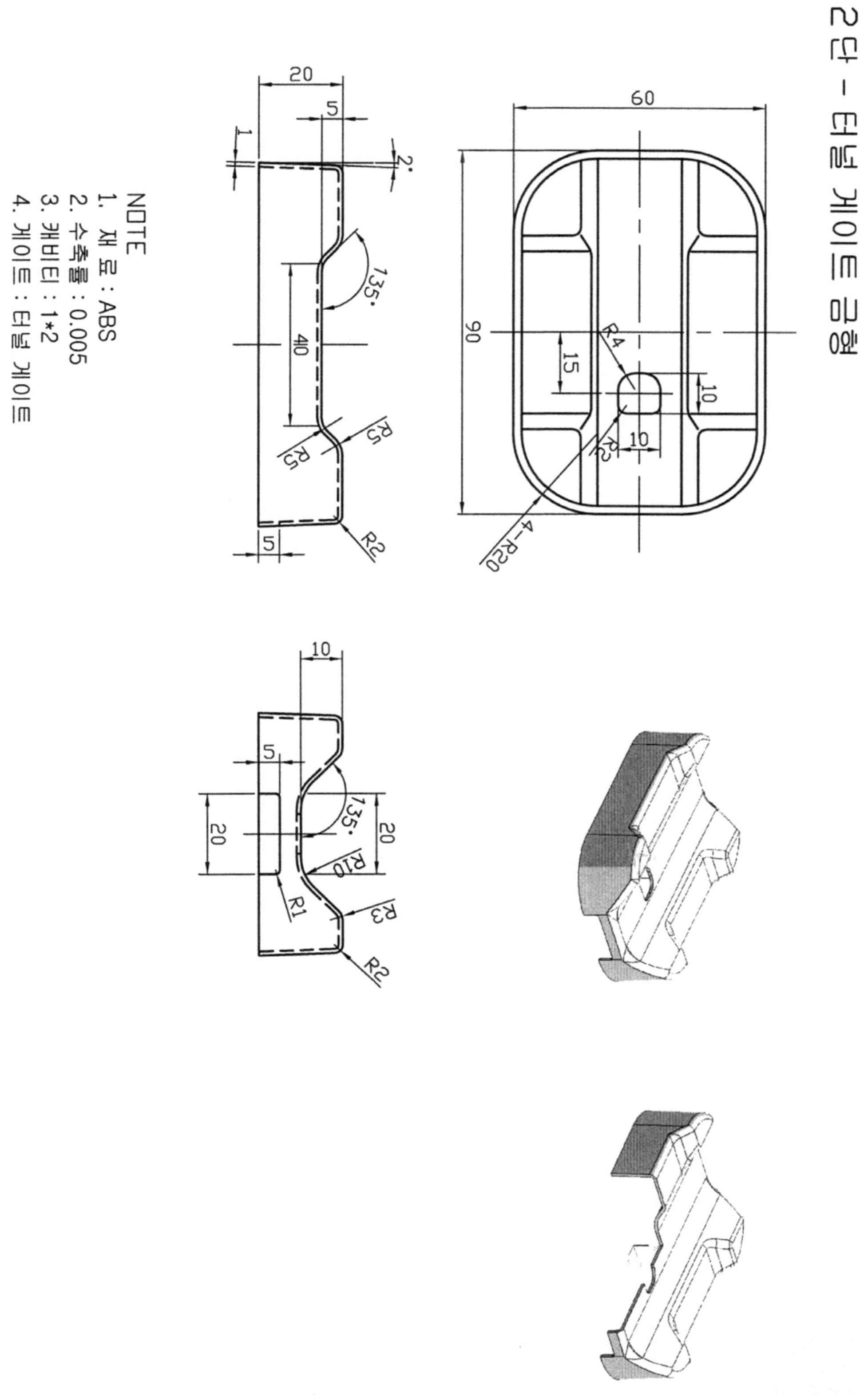

| 사출금형설계실제 DS7-002-2 | 2단 - 터널 게이트 금형 |

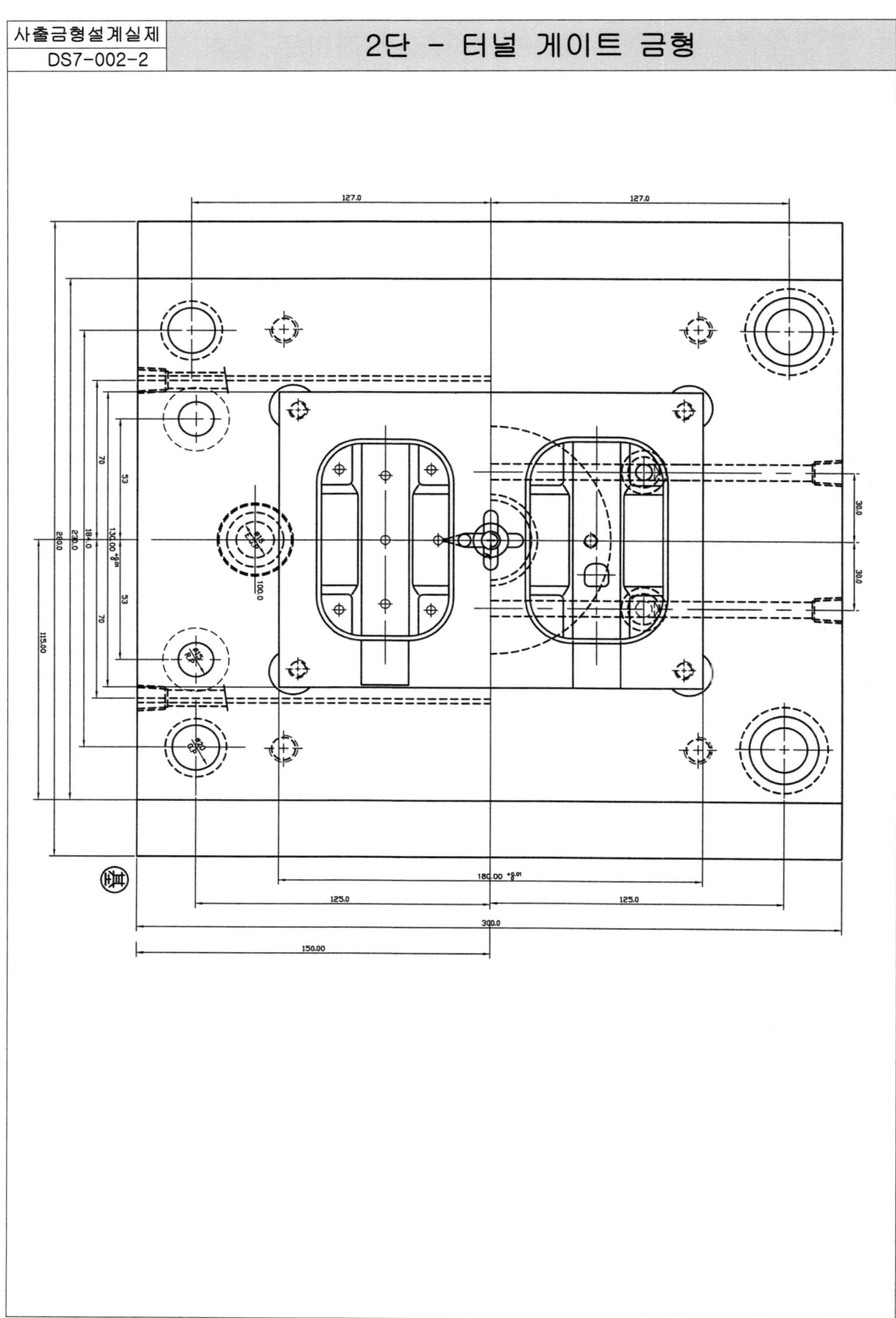

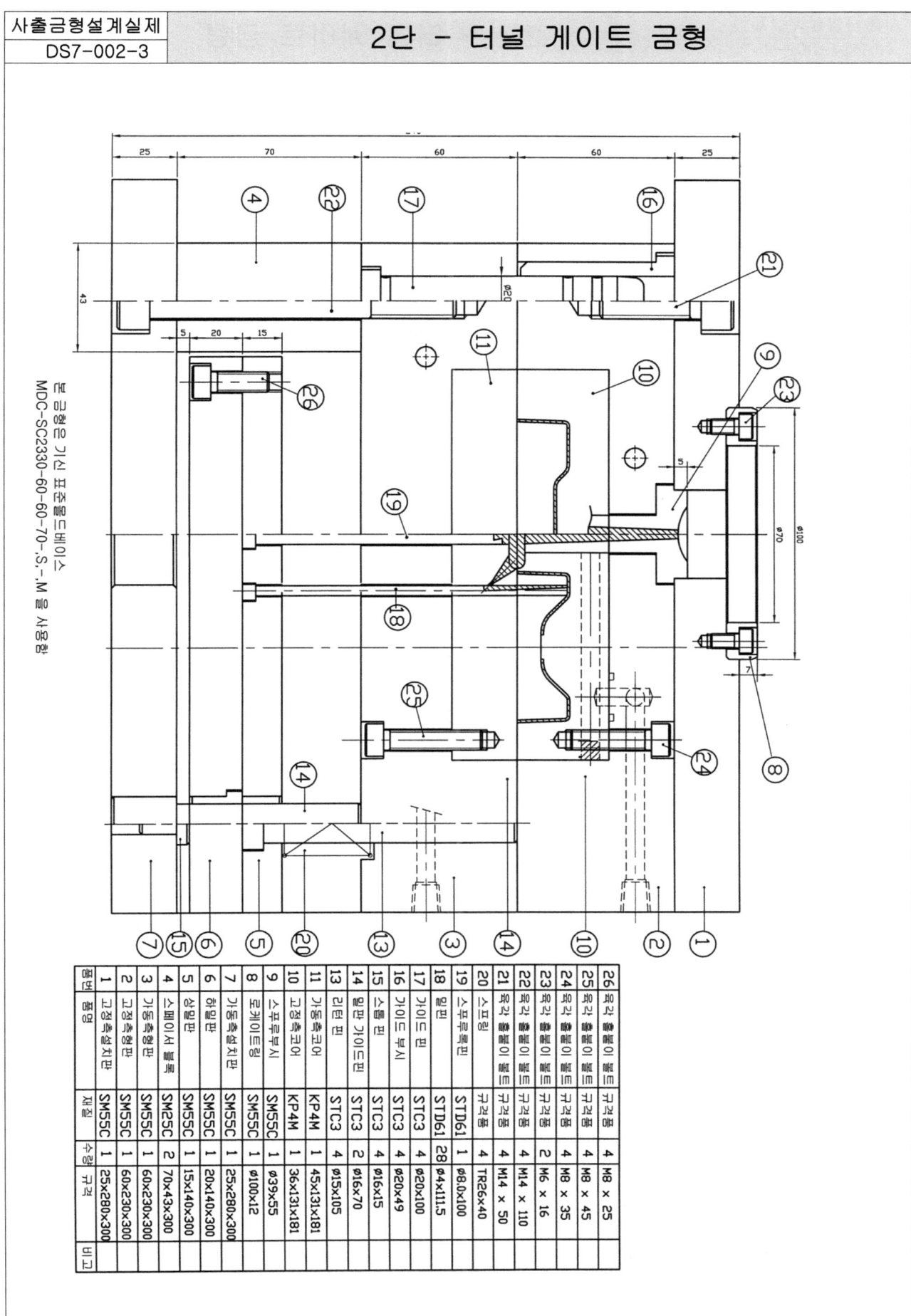

| 사출금형설계실제 DS7-002-4 | 2단 - 터널 게이트 금형 |

고정측 코어

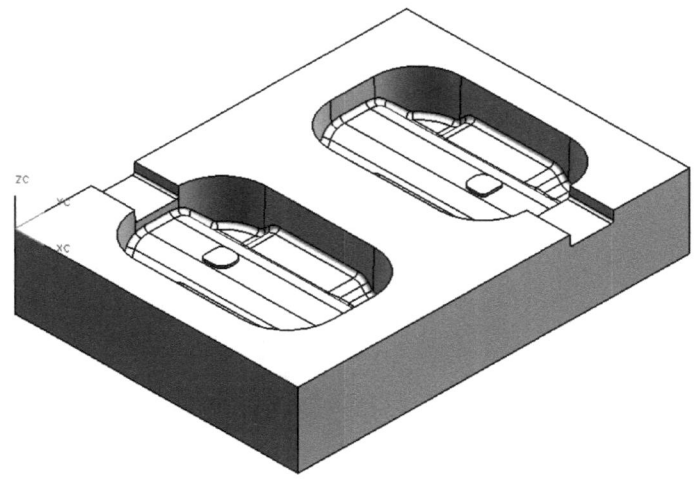

가동측 코어

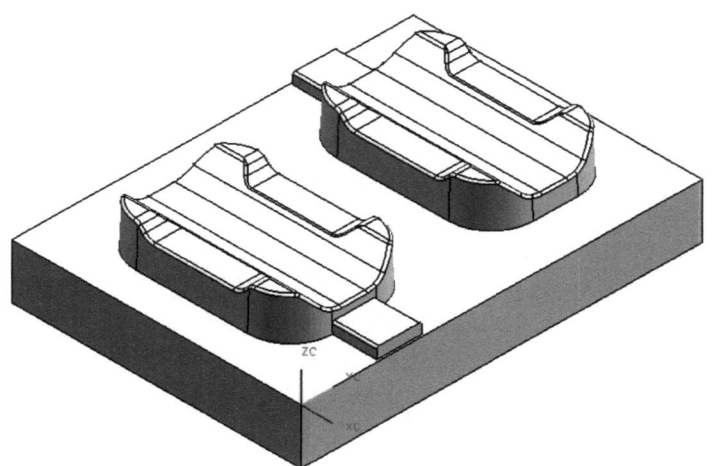

■ 참고문헌

1. 사출 금형 설계, 보성각, 2002, 임상헌
2. 사출 금형, 한국산업인력공단, 2007, 민현규
3. 사출 금형 설계 도면집, 기전 연구사, 2008, 이상민
4. 사출 금형용 표준 부품 편람, (주) 한국 미스미
5, 표준 몰드 베이스 편람, (주) 기신정기
6. 사출 금형설계 자료집, 선학 출판사, 2007, 김휘동
7. 플라스틱 金型設計·製圖, (주)한국산업정보센터, 2001, 신남호
8. 프레스 금형설계 편람, 기전 연구사, 2008, 이춘규 외

■ 저자 약력

전 대 선
現) 한국폴리텍대학교 익산캠퍼스 자동차융합기계과 교수
국립 전북대학교 공학박사
국립 서울과학기술대학교 공학석사
금형 기능장

이 춘 규
現) 국립 공주대학교 디지털융합금형공학과 교수
국립 공주대학교 공학박사
국립 서울과학기술대학교 공학석사
금형 기술사

이 영 주
前) 대한상공회의소 교수 / LG산전 금형과
국립 서울과학기술대학교 공학석사
금형 기능장

이 상 민
前) 청학 공업 고등학교 교사 / LG전자 생산기술센터
연세대학교 공학석사
금형 기술사

최신
사출 금형 설계 편람

2025년 10월 20일 제1판제1인쇄
2025년 10월 24일 제1판제1발행

공저자   전대선 · 이춘규
이영주 · 이상민
발행인   나 영 찬

발행처 **기전연구사**

경기도 하남시 하남대로 947 하남테크노밸리U1센터
B동 1406-1호
전 화 : 02)2235-0791/2238-7744/2234-9703
FAX : 02)2252-4559
등 록 : 1974. 5. 13. 제5-12호

정가 17,000원

◆ 이 책은 기전연구사와 저작권자의 계약에 따라 발행한 것이므로, 본 사의 서면 허락 없이 무단으로 복제, 복사, 전재를 하는 것은 저작권법에 위배됩니다.
ISBN 978-89-336-1074-9
www.kijeonpb.co.kr

불법복사는 지적재산을 훔치는 범죄행위입니다.
저작권법 제97조의 5(권리의 침해죄)에 따라 위반자는 5년 이하의 징역 또는 5천만원 이하의 벌금에 처하거나 이를 병과할 수 있습니다.